F O O D C O O K I N G S C I E N C E

이론과 실무를 겸한

식품조리과학

김숙희 · 진양호 · 노용환 · 안미영 · 전태연

지구문화사
JIGU PUBLISHING Co.

머 리 말

미래학자 앨빈 토플러는 〈미래의 충격〉이란 책에서 다음과 같이 말하고 있습니다.

"세상은 엄청나게 빠른 속도로 변화하고 있으며 미래는 혼돈과 불확실성으로 가득 차 있다. 지금까지의 상식, 방식, 제도, 조직들은 한결같이 심한 곤경에 처해 있다. 우리가 모르는 사이 새로운 기술, 새로운 지식, 새로운 사고, 새로운 직업, 새로운 조직, 새로운 규칙 등이 기존의 것들을 잠식하고 있다. 이러한 때 우리가 변화에 대한 아무런 대처방안이나 전략도 없이 그저 따라가기만 한다면 영원히 다른 사람의 뒤치다꺼리만 하게 될 뿐이다."

또 "조리는 예술이다"라고 흔히들 말하는데 조리라는 그 예술 자체에 밑받침이 없다면 예술의 가치를 지닐 수 없습니다.

따라서 조리를 하는 사람이라면 조리에 대한 과학적 개념을 먼저 터득하고 조리에 임하는 자세를 지녀야 합니다. 맛있고 훌륭한 요리를 만든다는 것도 조리과학에 대한 기초지식이 완벽한 사람이어야만 맛과 위생 및 영양의 조화를 이루어 모든 사람이 공감하는 예술의 가치를 창조해 낼 수 있는 것이라 생각됩니다.

이 책은 조리과학에 대한 이론을 실제로 이어지는 실무적인 조리와 접목시켜 한식, 양식, 일식, 중식 등 세계 각국의 요리를 곁들여 설명함으로써 배우는 사람들로 하여금 쉽고 실용성이 있도록 꾸며 보고자 노력했습니다.

실제로 삶는 것 하나만 보더라도, 어떤 식품은 찬물에 뚜껑을 덮고, 어떤 식품은 찬물에 뚜껑을 열고 삶습니다. 또 어떤 식품은 뜨거운 물에 뚜껑을 덮고 삶는가 하면, 어떤 식품은 뜨거운 물에 뚜껑을 열고 삶습니다.

이와같이 다양한 조리과학을 이해하는 사람과 그렇지 못한 사람 사이에는 엄청난 맛과 영양, 그리고 예술의 차이가 있다고 생각합니다.

모쪼록 조리를 하는 모든 이에게 좀더 많은 보탬이 되기를 바라며, 본서의 부족하고 미흡한 부분에 대해서는 배우며 전진하는 자세로 계속 수정 · 보완해 나아갈 것을 약속드립니다. 그 동안 본서가 공동집필되기까지 물심양면으로 도움과 격려 해주신 (주) 한국외식정보 박형희 사장님과 원고정리를 도와준 제자 김진영씨에게 고마움을 전합니다. 아울러 학계, 업계 선후배, 동료 교수님들께도 깊이 감사를 드리며, 끝으로 이 책의 출간을 위해 힘써주신 지구문화사 주병오 사장님을 비롯하여 편집부 여러분들에게 진심으로 감사드립니다.

2012년 봄

저 자

차 례

PART Ⅰ 조리과학

Chapter 1 조리와 조리과학

1-1 조리의 의의 및 목적 ········ 12

1. 조리의 의의 / 12
2. 조리의 목적 / 12

1-2 조리과학 ········ 13

Chapter 2 조리의 기초지식

2-1 계량도구 및 계량법 ········ 14

1. 계량기구 / 14
2. 계량방법 / 15

2-2 조리의 기초과학 ········ 17

1. 조리과학의 기초지식 / 17

Chapter 3 조리방법의 분류

3-1 조리조작의 분류 ········ 24

3-2 조리의 예비조작 ········ 25

1. 계 량 / 25
2. 세 정 / 25
3. 침 수 / 26
4. 절 단 / 27
5. 혼합, 교반, 성형 / 31
6. 압착, 여과 / 31
7. 냉각, 동결 / 31
8. 해 동 / 32
9. 생식품의 조리 / 32

3-3 건열조리 ········ 34

1. 굽 기 / 34
2. 볶 기 / 37
3. 튀기기 / 39

3-4 습열조리 ········ 44

1. 데치기(삶기)−Blanching / 44
2. 찌기 / 46

3-5 Microwave 조리 ········ 47

PART Ⅱ 식품의 가공 및 조리

Chapter 4 곡류 및 서류가공품의 조리

4-1 전분의 특성 ······ 50

1. 전분의 종류와 구조 / 50
2. 전분의 호화(gelatinization) / 52
3. 전분의 노화(retrogradation) / 56
4. 전분의 호정화(dextrinization) / 59
5. 전분의 당화(saccharification, 가수분해) / 59
6. 전분의 조리 / 60

4-2 쌀을 이용한 조리 ······ 61

1. 쌀 / 61
2. 쌀밥을 이용한 조리 / 66
3. 쌀로 만든 가공식품 / 67

4-3 밀을 이용한 조리 ······ 69

1. 정 의 / 69
2. 글루텐 형성 / 69
3. 글루텐 형성에 영향을 미치는 다른 물질 / 70
4. 조리에 의한 변화 / 70
5. 밀가루제품과 조리 / 71

4-4 보리를 이용한 조리 ······ 74

4-5 호밀을 이용한 조리 ······ 76

4-6 옥수수를 이용한 조리 ······ 76

1. 옥수수로 만든 가공식품 / 76

4-7 귀리를 이용한 조리 ······ 78

4-8 수수, 조, 기타 곡류를 이용한 조리 ······ 78

1. 수 수 / 78
2. 조 / 79
3. 율 무 / 79
4. 그밖의 곡류 / 80

4-9 서 류 ······ 80

1. 고구마 / 81
2. 감 자 / 83
3. 곤 약 / 88
4. 마 / 89
5. 캐사바 / 89
6. 토란 / 89

Chapter 5 두류 및 가공품의 조리

5-1 대두를 이용한 조리 ········ 91

1. 정 의 / 91
2. 대두의 조리성 / 91
3. 대두의 가공품 / 93
4. 대두 발효식품 / 95
5. 대두의 조리식품 / 107

5-2 팥을 이용한 조리 ········ 108

5-3 녹두를 이용한 조리 ········ 108

5-4 완두를 이용한 조리 ········ 109

5-5 땅콩을 이용한 조리 ········ 109

5-6 강낭콩, 동부, 잠두를 이용한 조리 ········ 110

1. 강낭콩 / 110
2. 동 부 / 110
3. 잠 두 / 110

Chapter 6 채소류의 조리

6-1 채소류의 분류 및 성분 ········ 111

1. 채소류의 분류 / 111
2. 채소류의 성분 / 125

6-2 채소류의 갈변반응 및 억제방법 ········ 128

1. 효소적 갈변 / 128
2. 비효소적 갈변 / 129

6-3 채소류를 이용한 조리(색과 영양소의 변화) ········ 129

1. 채소류의 색소의 변화 / 129
2. 탄닌에 의한 색의 변화 / 130
3. 영양소의 변화 / 131

6-4 채소의 발효식품 ········ 132

1. 김 치 / 132
2. 피클류 / 143

Chapter 7 과일류의 조리

7-1 과일의 분류 및 성분 ········ 144

1. 과일의 성분 / 144
2. 과일의 분류 / 144

7-2 과일의 수확 후 변화 155
7-3 과일의 변색 및 억제방법 157
7-4 과일을 이용한 조리(색, 향미와 영양소 변화) 159
7-5 과일류의 가공방법 161

Chapter 8 해조류의 조리

8-1 해조류의 종류와 성분 162
1. 해조류 / 162
2. 해조류의 종류 / 162
3. 해조류의 성분 / 167

Chapter 9 버섯류의 조리

9-1 버섯의 종류와 성분 170
1. 버섯의 성분 / 170
2. 버섯의 종류 / 172

Chapter 10 유지를 이용한 조리

10-1 유지의 종류 및 성분 177
1. 유지의 성분 / 178
2. 식용유지의 종류 / 179
3. 동식물 재료에 따른 분류 / 181
10-2 유지를 이용한 조리 183
1. 기름을 매개체로 한 조리법의 종류와 특징 / 184
2. 한식, 양식에서의 기본 조리법 / 184
3. 중식에서의 기본 조리법 / 187
4. 일식에서의 기본 조리법 / 188
10-3 가열에 의한 변화 188

Chapter 11 육류의 조리

11-1 쇠고기 ········ 191

1. 국내산과 한우의 차이점 / 193
2. 한우의 등급 분류 / 194
3. 한우의 부위별 특징 / 195

11-2 돼지고기 ········ 208

1. 돼지고기의 부위별 특징 / 209
2. 돼지고기를 이용한 조리 / 216

11-3 닭고기 ········ 220

11-4 오리고기 ········ 223

11-5 양고기 ········ 224

11-6 육류 조리시 주의할 사항 ········ 224

Chapter 12 어패류의 조리

12-1 어패류의 종류 ········ 227

12-2 어류의 구성 성분 ········ 227

12-3 해수어와 담수어의 종류 ········ 228

1. 해수어 / 228
2. 담수어 / 232
3. 두족류 / 234
4. 갑각류 / 234
5. 조개류 / 236
6. 복족류 / 237
7. 극피동물 / 237

12-4 패류의 구성성분 ········ 238

12-5 어류의 선택과 손질 ········ 238

12-6 어패류 조리시의 변화 ········ 238

12-7 생선 조리법 ········ 240

Chapter 13 알류의 조리

13-1 달걀의 구조 ········ 241

13-2 구성성분 ········ 241

13-3 조리에 의한 변화 ········ 242

13-4 달걀의 조리법 ······ 243
13-5 달걀의 조리성 응용 ······ 245

Chapter 14 우유 및 유제품의 조리

14-1 우유를 이용한 조리 ······ 246
1. 젖소의 종류 / 246
2. 우유의 성분 / 247
3. 우유의 조리성 / 248
4. 조리시 일어나는 문제점 / 249
14-2 유제품을 이용한 조리 ······ 250
1. 우유가공품 / 250
2. 우유와 조리 / 257

Chapter 15 젤라틴과 한천을 이용한 조리

15-1 젤라틴(동물성 젤리) ······ 258
15-2 한천(식물성 젤리) ······ 259

PART Ⅲ 기호식품과 식초

Chapter 16 음료와 주류

16-1 음 료 ······ 262
1. 차의 종류 / 262
16-2 술(주류) ······ 267
1. 맥 주(Beer) / 267
2. 청 주(정종) / 268
3. 과일주(Fruitwine) / 270
4. 위스키(Whisky) / 272
5. 소주, 증류주 / 273
6. 탁주, 막걸리 / 274
7. 약용주 / 275
16-3 발효식초 ······ 276
1. 분류 / 276

PART Ⅳ 식품의 성분

Chapter 17 식품의 맛과 냄새 성분

17-1 맛을 느끼는 최적 온도 ······ 282

17-2 미각의 생리현상 ······ 283

1. 대비효과 / 283
2. 맛의 억제 / 284
3. 맛의 상승 / 284
4. 맛의 상쇄 / 284
5. 맛의 변조 / 284
6. 미각의 피로 / 284
7. 맛의 상실 / 285
8. 미맹 / 285

17-3 맛 성분의 종류와 성질 ······ 285

1. 단맛 성분의 종류와 성질 / 285
2. 짠맛 성분의 종류 / 287
3. 신맛 성분의 종류와 특징 / 287
4. 쓴맛 성분의 종류와 특징 / 288
5. 매운맛 성분의 종류와 특징 / 290
6. 감칠맛 성분의 종류와 특징 / 291
7. 떫은맛 성분의 종류와 특징 / 292

17-4 후각의 생리현상 ······ 293

1. 냄새의 전환 / 293
2. 냄새의 조화 / 293
3. 후각의 피로 / 293
4. 후각의 생리적 이상 / 293

17-5 향기성분 ······ 294

1. 향신료의 향기성분 / 294
2. 식물성 식품의 향에 관계 있는 알코올 및 알데히드류 / 295
3. 식물성 식품의 향에 관계있는 에스테르(ester) 류 / 295

부록
1. 함께 먹으면 좋은 식품배합과 영양학적 효능 ······ 299
2. 함께 먹으면 좋지 않은 음식배합의 예 ······ 308
3. 섭취시 주의를 요하는 식물성 식품 ······ 309
4. 섭취시 주의를 요하는 동물성 식품 ······ 312
5. 음식 알레르기 식사요법시의 식품선정표 ······ 313
6. 보양식품의 종류 ······ 315
7. 계절에 따른 대표적인 보양식 ······ 318
8. 각종 질병에 대해 알려진 보양식품 ······ 319

- 참고 문헌 / 322
- 찾아 보기 / 324

Part I 조리과학

CHAPTER 01 조리와 조리과학
02 조리의 기초지식
03 조리방법의 분류

Chapter 1

조리와 조리과학

1-1 조리의 의의 및 목적

1. 조리의 의의

조리는 식재료를 먹을 수 있도록 만드는 최종단계의 작업이다. 모든 식품은 반드시 어떤 조작이 가해진 후 먹을 수 있는 음식물의 형태로 된다. 이처럼 음식물의 형태로 되는 가장 최종단계를 맡고 있는 것이 조리의 몫이다.

2. 조리의 목적

1) 식품의 기호적 가치를 높인다

음식의 맛은 냄새, 온도, 입에서 음식물을 씹을 때 느끼는 압력, 그리고 혀 표면에 산재하고 있는 미뢰의 자극에서 얻어지는 여러 가지 맛의 총체이다. 식품의 영양가도 중요하지만 먹을 때 느끼는 맛 또한 무시될 수 없다. 따라서 조리하는 과정에서 식품의 성분을 조화시켜 외관을 좋게 하고 질감을 기호에 맞게 조절함으로써 식욕을 자극하게 한다.

2) 식품의 영양적 가치를 높인다

식품 내에 함유되어 있는 영양가의 변화는 조리과정에서 수세 · 가열조작 등에 의해 발생되는 영양소의 유출과 파괴 등의 손실로 인해 일어난다. 이러한 손실을 최소화하고, 식사계획을 통해 각종의 식품을 조합해서 균형된 영양을 섭취하도록 해야 한다.

소화하기 어려운 것은 자르거나 익혀서 소화되기 쉬운 것으로 만들며, 단일 식품보다 양념 등 부재료를 첨가시킴으로써 영양가를 높일 수 있다.

3) 식품의 안전성을 높인다

식품섭취로 인하여 건강을 해치는 때가 종종 생긴다. 이러한 일을 방지하기 위해서 세척, 침수, 가열하는 동안 아린맛이나 독한맛 등 불쾌한 성분과 병원균, 기생충, 농약 등을 제거하여 식품의 부패를 막고, 가식부를 최대한 이용하도록 고려해야 한다. 식품에 대한 건강장애를 방지하려면 무엇보다 식품위생에 대한 올바른 지식을 가져야 한다.

1-2 조리과학

조리란 식품을 가공하여 우리가 먹을 수 있는 음식으로 만드는 과정이다. 즉, 식품을 끓이거나, 굽거나, 튀기거나, 볶거나, 조미하면서 식품의 기본적인 특성을 향상시키고 먹기 좋은 음식을 만드는 수단을 말한다.

그러므로 음식은 위생상 안전하고 미각적 · 시각적으로 식욕을 돋울 수 있으며, 몸에 필요한 영양소를 고루 섭취할 수 있게 하는 것이 주목적이라 할 수 있다. 즉, 이러한 조건을 만족시키기 위해서는 기본적 조리기술 외에 식품학 · 영양학 · 위생학 등 기초 학문의 이론 습득이 필수적이다.

우리가 음식을 섭취하는 목적은 맛있는 음식을 즐겁게 먹는 것과 함께 필수 영양소들을 공급하기 위한 것이다. 그러므로 기초학문에 대한 이론적 배경 지식없이 조리를 한다면 그 요리의 안전성과 영양학적 가치는 기대할 수 없을 것이다.

그러므로 조리시에 이러한 학문적 지식과 식품의 특성을 파악하여 합리적 조리기술을 개발하는 연구가 필요하다. 즉, 맛있는 색과 맛 등을 반복적으로 만들어 내거나 또는 대량화하기 위해서는 더욱이 과학적 방법으로 조리하는 것이 필요하다.

조리과정에서 일어나는 변화과정을 연구하여 식품의 구조와 일반적인 성질을 이해하고, 열량 · 산 · 알칼리와 같은 성분이 어떠한 영향을 미치는가를 과학적으로 규명하며 이론적으로 체계화하여 조리과정과 방법에 응용하는 것을 조리과학이라 할 수 있다.

Chapter 2

조리의 기초지식

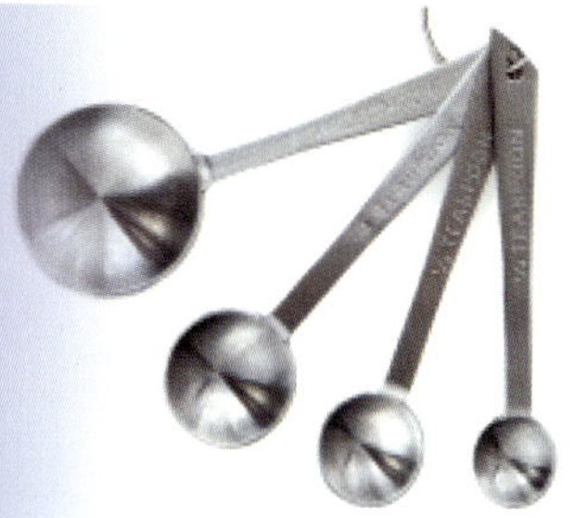

2-1 계량도구 및 계량방법

1. 계량기구

1) 체적계기

측정기구로는 계량컵과 계량스푼 등을 일반적으로 쓰는데, 정밀도가 필요한 때에는 메스실린더와 메스피펫을 사용한다. 고체인 경우는 물을 쓰거나 좁쌀과 같은 작은 입자를 사용하여 측정하는 방법이 있다.

① 실린더 : 50 cc, 100 cc, 200 cc, 1,000 cc

② 계량컵 : 200 cc

③ 계량스푼 : 5 cc, 15 cc

2) 중량계기

중량을 계측하는 것으로, 여러 가지 종류의 저울이 있다. 예를 들면, 자동저울 · 천평 · 전자저울 등이다. 최근에는 전자저울이 많이 사용된다.

① 저 울(소) : 100 g

② 저 울(중) : 500 g

③ 저 울(대) : 1,000 g

3) 온도계

온도는 물질의 차갑고 뜨거운 정도를 수치로 나타낸 것으로, 분자가 움직이는 정도를 열의 세기라고 볼 수 있다. 열은 물체의 온도나 상태를 변화시키는 원인이 되는 것으로 온도계에 의해 측정된다. 흔히 쓰이는 온도는 섭씨(Celsius, centigrade)와 화씨(Fahrenheit)가 있으며, 과학적 목적으로 사용되는 켈빈 온도(Kelvin, 절대온도)가 있다.

절대온도는 영국의 과학자 켈빈(William Thomson Baron Kelvin, 1824~1907)이 물질을 이루는 분자의 운동이 활발한 정도를 수치로 나타낸 것으로, 온도가 높을수록 분자운동이 활발하다. 단위는 K, 켈빈을 쓰고 섭씨온도와의 관계는 다음과 같다.

$$절대온도 (K) = 섭씨온도 + 273$$

흔히 쓰이는 온도계는 수은 온도계로 여러분야에서 널리 쓰인다. 스웨덴의 물리학자 셀시우스(Anders Celsius, 1701~1744)가 규정한 섭씨는 라틴어로, 물의 비점을 100℃로 하고 빙점을 0℃로 구분하여 그 사이를 100등분한 것이다.

화씨는 독일 물리학자 파렌하이트 (Daniel Gabriel Fahrenheit, 1686~1736)의 이름을 딴 것으로 빙점을 32°F, 비점을 212°F로 하여 그 사이를 180등분한 것으로 미국이나 유럽에서 많이 사용하고 있다.

① 수은 온도계 : 100℃, 200℃, 300℃
② 알코올 온도계 : 50℃, 100℃
③ 튀김용 온도계 : 300℃

알코올과 수은은 열에 의해 팽창하는 정도가 비교적 일정하다. 따라서 열을 받으면 액체의 부피가 팽창하는 현상을 통해 온도 차이를 측정하게 된다.

4) 시 계

초침이 잘 보이는 탁상시계 · 손목시계 · 스톱 워치 · 타이머 등이 있는데, 간단히 시간 경과를 보는 데 쓰며, 타임 스위치는 시간 관리에 편리하다.

① 스톱 워치(stop watch) : 단시간용
② 타임 스위치(time swatch, 눈금 하나가 1분을 표시) : 장시간용
③ 초침이 붙은 시계(손목시계, 기타) : 단시간용

2. 계량방법

가장 대표적인 계량기구로는 저울 · 계량컵 · 계량스푼이 있다. 저울은 반드시 수평으로 놓고 눈금을 정면에서 읽으며, 바늘은 0에 고정시켜야 한다. 저울을 사용하지 않을 때에는 저울접시에 물건을 올려놓지 말고, 이동할 때는 몸체를 들어 이동한다. 그리고 사용 후에는 항상 깨끗이 닦아 놓아야 하며, 계량컵이나 계량스푼은 물이나 기름 등의 이물질이 묻지 않은 상태에서 사용해야 한다.

밀가루 · 백설탕 등의 가루로 된 재료가 덩어리졌을 때에는 잘게 부수어서 체에 친 다음, 계량기의 윗면이 수평이 되도록 깎아서 잰다. 가루는 흔들거나 꼭꼭 눌러 담지 않도록 한다. 반면에 쌀 · 콩 등의 곡류는 컵에 가득 담아 살짝 흔든 후, 윗면이 수평이 되도록 깎아서 잰다.

흑설탕이나 버터 · 마가린 · 된장 · 고추장 · 다진 고기 등은 수분함량이 많은 식품이기 때문에 계량기구에 담을 때에는 빈 공간을 채우고 깎아 잰다.

1) 무게와 용량을 나타내는 단위 (guart법)

3 tsp.	1 Tbsp.
16 Tbsp. = 16×15 = 240cc	1 C.
2 cups	1 pint
2 pints	1 quart
4 quarts	1 gallon
16 ounces	1 pound
28.35 grams	1 ounce
453.59 grams	1 pound
2.2 pounds	1 kilogram
$^3/_4$ Tbsp. = $2^1/_4$ tsp.	1 C. = 16 Tbsp.
$^1/_2$ Tbsp. = $1^1/_2$ tsp.	$^1/_2$ C. = 8 Tbsp.
$^1/_4$ Tbsp. = $^3/_4$ tsp.	$^1/_4$ C. = 4 Tbsp.
Liter(L) : 1	
deciliter(dL) : 1/10	
Centiliter(cL) : 1/100	

Guide

- **한국** : meter법 사용
  1C = 200 mL(cc)
- **외국** : guart법 사용
  1C ≒ 240 mL(cc)
  = 236.6 mL
  = 8 ounces
  = $^1/_2$ pint
  = $^1/_4$ guart
  = $^1/_{16}$ gallon

2) 길이를 나타내는 단위

100 Centimeter(1 meter) ≒ $39^3/_8$ inches
1 Centimeter ≒ $^3/_8$ inches
2.54cm = 25.4mm = 1 inches

3) 섭씨와 화씨의 온도 전환 공식

℃ = 5/9(°F − 32)
°F = 9/5℃ + 32
℃ = Centigrade, °F = Fahrenheit의 약자이다.

4) 생략부호

qt. = quart	tsp. = tea spoon	in. = inch
cm. = centimeter	pt. = pint	lb. = pound
L = liter	bch = bunch	C. = cup
oz. = ounce	mL = milliliter	g = gram
Tbsp. = table spoon	gal. = gallon	

2-2 조리의 기초과학

1. 조리과학의 기초지식

1) 점성 (viscosity)

액체 내부의 분자 밀도가 커지면 분자가 운동할 때 충돌하여 마찰을 일으키는데, 이 액체 내부의 분자마찰저항력을 점성이라 한다. 액체 상태인 식품에는 점성이 있고, 점성이 클수록 액체는 끈끈해지며, 온도가 낮아지면 점성은 높아진다.

화이트소스(white sauce)를 만들 경우, 뜨거울 때에는 점성이 낮으나 식어감에 따라 점성이 높아지게 되므로 밀가루의 사용량을 잘 조절해야 한다. 달걀 흰자, 젤라틴, 설탕액, 전분액 등은 점성도가 높다. 또 수프나 죽 등 점도가 높은 물질의 가열 시에는 잘 교반하여 열의 이동을 도와주어야 한다.

POINT 생선식품의 세포내액은 모두 콜로이드 상태(용액을 sol, 고체상을 gel)

2) 표면장력 (surface tension)

액체 내의 분자들이 서로 끌어 주는 힘으로 그의 표면을 될 수 있는 한 작게 하려는 힘이다. 기체에 접하는 액체의 표면에는 항상 표면장력이 작용하므로 액체를 공기 중에 떨어뜨리면 그 표면은 구상에 가깝게 되고, 물을 왁스나 종이 등의 표면에 떨어뜨릴 경우에는 동그란 물방울이 된다.

표면장력은 dyne/cm의 단위로써 나타내는데, 물의 표면장력은 비교적 높아서 18℃에서 73이고, 에틸알코올은 20℃에서 21.7이다. 표면장력은 온도의 상승에 따라 감소된다. 이것은 표면에 있는 분자의 열운동 때문이고, 표면장력을 증가시키는 물질은 설탕이며, 감소시키는 물질은 지방 · 알코올 · 탄닌 · 사포닌 · 단백질 등 많은 유기화합물이 있다.

POINT
- 온도가 감소할수록 표면장력은 증가한다.
- 표면장력을 증가시키는 물질 : 설탕
- 표면장력을 감소시키는 물질 : 지방산, 지방, 알코올, 단백질 등

3) 거품 (foam)

Guide
- **머랭** (meringues)

설탕과 달걀 흰자 등을 섞어 구워서 파이 등에 입히는 것.

거품을 이용한 식품으로는 머랭(meringue), 아이스크림, 맥주, 젤라틴, 젤리 등이 있다.

이 거품은 먹을 때의 촉감과 큰 관계가 있으며, 액체의 표면장력과도 관계가 있다. 표면장력이 큰 것은 거품이 생기기 어려우나 한 번 생긴 거품은 없어지기 어렵다. 그러나, 표면장력이 작은 것은 그와는 반대이다. 거품의 표면에는 여러 가지 물질이 농축되고 흡착된다.

거품은 온도와 관계가 있어 차게 한 맥주의 거품은 오래 지속되나 더운 맥주는 거품이 생겨도 금방 없어진다. 맥주의 거품이 안정한 것은 그 속에 녹아 있는 단백질이나 분해물이 기체와 액체의 계면에 흡착되어 안정화된 것이다.

탄산음료는 기포제가 함유되어 있지 않기 때문에 거품이 쉽게 소실된다. 스펀지 케이크를 만들 때 달걀 흰자의 수용성 단백질은 기포제의 구실을 한다. 식품에 거품이 불리할 경우는 우유를 끓일 때나 발효제품 · 두부 · 물엿 등을 만들 때이다.

예전에는 거품을 없애기 위해 찬 공기를 보내 유지 또는 고급 알코올을 사용하였으나, 요즈음은 소포제를 사용하면 거의 완전히 방지된다.

4) 콜로이드 (colloid, 교질) M : 10^{-6}

0.1 ~ 0.001μm 정도의 미립자가 어떤 물질에 분산되어 있는 상태를 말한다. 식품 중에서 젤리와 버터는 모두 콜로이드의 일종이며, 생선 식품의 세포 내에 함유되어 있는 액은 전부 콜로이드 상태이다.

보통의 콜로이드는 액체를 분산매로 하여 액체 내에 고체가 분산되어 있는데, 이것을 졸(sol) 또는 콜로이드 용액이라 한다. 졸은 조건에 따라서 젤리상으로 고화된다. 이와 같이 고체상으로 변하는 것을 젤(겔, gel)이라 한다. 예를 들면, 액체상태(sol)에는 우유 · 된장 · 잣죽 · 마요네즈 등이 있고, 고체상태(gel)에는 묵 · 소스 · 푸딩 · 커스터드 · 알찜 · 양갱 · 두부 · 족편 등이 있다.

Guide

- **커스터드** (custard)
  우유나 달걀에 설탕을 섞어 크림처럼 만든 과자

POINT

토장국을 쌀뜨물(콜로이드 용액)로 끓이면 맛있는 이유는, 맹물로 끓일 때보다 쌀뜨물을 이용할 때 채소의 풋내도 덜 나고 쌀뜨물 속의 여러 가지 효소가 채소를 부드럽게 해주며 쌀뜨물 속의 많은 영양소를 이용할 수 있기 때문이다. 된장과 고추장을 끓는 쌀뜨물에 풀어 넣으면 전분과 단백질이 서로 어우러져서 안정한 콜로이드 체계를 이루어 온도가 유지되고 맛 성분이 유리되지 않아 국물이 훨씬 맛있게 된다.

콜로이드 용액은 나쁜 맛이나 냄새를 흡착하는 성질이 있기 때문에 비린내 혹은 나쁜 맛 성분을 제거하는 데 사용한다.

표 2-1 식품에서의 콜로이드 상태

콜로이드 상태	비연속상	연속상	식품의 예
졸(sol)	고 체	액 체	사골국, 젤라틴 용액
젤(gel)	액 체	고 체	달걀찜, 족편
유화(emulsion)	액 체	액 체	샐러드 드레싱
거품(foam)	기 체	액 체	달걀 흰자 거품

POINT

졸이 젤화 된 젤리, 묵, 우무는 재료에 따라 차이가 있다.

- 젤리 (jelly) : 젤라틴이 재료
- 묵 (starch gel) : 전분가루가 재료
  - 도토리묵 : acorn starch gel
  - 메밀묵 : buckwheat starch gel
  - 청포묵 : mungbean starch gel
- 우무 (虞无, Agar) : 우뭇가사리(해조류)가 재료

5) 용해도 (solubility)

용해도는 용액 속에 녹을 수 있는 용질의 농도를 말한다. 보통은 용액 100g 중에 녹을 수 있는 용질의 양으로 표시하거나 용매 100g 중의 용질의 양으로써 나타내기도 한다. 용해속도는 온도의 상승과 함께 증가하고 용질의 상태나 결정의 크기 및 교반이나 삼투에 의해서도 영향을 받는다.

식염은 온도가 올라가도 용해도는 별로 상승되지 않는다. 그러나 설탕은 온도가 높아짐에 따라서 용해도가 급속히 증가한다. 설탕액을 높은 온도에서 포화상태로 만들었다가 식히면 과포화상태로 되는데, 이때 강한 자극을 주면 미세한 설탕 결정이 석출된다. 퐁당(fondant) 등은 이러한 원리를 이용한 것이다.

- 20% 소금물 100 g 만들기 : 소금 20 g + 물 80 g
- 바닷물 4% : 소금 4 g + 물 96 g (% = 용질 g / 용액 100 g)

POINT

- fondant(퐁당) : 설탕과 물과 cream of tartar의 혼합물을 soft ball stage가 되도록 가열한 것이다. 가열 후 식힌 다음, 이 혼합물을 휘저어 주고 매우 유연해질 때까지 치댄다. 장식품이나 캔디로 만들며 초콜릿으로 옷을 입히기도 한다.

6) 삼투압 (osmosis)

삼투압은 서로 농도가 다른 용액을 반투막 사이에 두면 용매가 반투막을 통해서 고농도의 용액 쪽으로 옮겨가는데, 이때 필요한 압력이다(수분이 빠져 나오는 힘).

즉, 진한 설탕액을 컵에 넣고 그 위에 가만히 물을 넣으면 처음에는 경계가 눈에 보이지만, 장시간 그대로 두면 얼마 안 가서 용액 전체가 균일한 농도로 된다. 용액은 이와 같이 항상 같은 농도가 되려는 성질이 있다.

조리에서 삼투압의 작용은 채소와 물고기를 소금에 절이거나 김치를 만들 때 이용한다. 그러나 농도를 진하게 끓인 것에 수분이 많은 완두콩 등을 가하면 삼투압의 작용으로 콩에서 수분이 빠져 나오기 때문에 보기도 나쁘고 맛도 나쁘게 되므로 주의해야 한다.

조미료를 사용할 때 분자량에 따라 침투속도가 다르므로 분자량이 적은 것이 빨리 침투한다. 소금과 설탕을 동시에 조미하게 되면 소금맛이 더 강해지므로 설탕을 먼저 넣은 뒤에 소금을 넣는 것이 좋다.

(조미순서 : 설탕 → 소금 → 간장 → 식초)

POINT

명반수는 고구마를 썰어 조리할 때 부스러지는 것을 방지하는 역할을 한다. 명반은 고구마 즙의 단백질을 응고시켜 조직을 치밀하게 하고 세포막에 존재하는 펙틴질이 명반과 결합하여 불용성염을 형성하기 때문에 고구마가 부스러지는 것을 막는다. 명반으로 가장 많이 사용되는 것은 포타슘 알루미늄 설페이트[$KAl(SO_4)_2 \cdot 12H_2O$]로 단맛과 수렴성이 있다. 이 물질은 수중에서 K^+, Al^{3+}, SO_4^{2-} 등으로 해리되어 물의 삼투압을 높이고, 이들 이온이 단백질 · 펙틴질과 결합하여 식품의 조직을 치밀하게 만든다.

7) 팽 윤(swelling)

쌀, 콩, 곡물이나 표고, 다시마와 같이 건조된 것을 물에 넣으면 몇 배로 불어나는 현상을 팽윤이라고 한다.

전분 · 단백질 · 지방 등은 생물체 내에서 다량의 물과 결합하고 콜로이드를 이루어 젤 조직을 형성하며, 일정한 팽윤체가 된다. 동식물체 또는 이것을 원료로 한 식품이 일정한 형을 지니고 있는 것도 젤의 팽윤에 의한 것이다. 전분에 물을 넣고 가열하면 호화하는 것이나, 건조식품을 물에 담그면 흡수 연화하는 것도 팽윤현상의 하나라고 할 수 있다.

조리에서는 식품을 팽윤시켜 수분이 함유되면, 이 함유된 수분에 열을 가하는 등의 조작을 하는 경우가 많다. 이 팽윤이 진행될 때 부피가 상당히 커지게 되므로 밀폐된 용기 속에서는 크고 강한 압력이 용기에 가해지는데, 이 압력을 팽윤압이라고 한다.

POINT

- **유한팽윤** : 어느 정도 팽윤되면 더 이상 팽윤되지 않는 것 (쌀, 콩, 다시마 등)
- **무한팽윤** : 무한정 팽윤되어 결국에는 액체가 되는 것 (젤라틴)

8) 탄 성(elasticity)

식품은 대개 탄력성을 가지고 있다. 탄성체가 밖으로부터 힘을 받아서 모양이 변화될 때 원래의 형태로 되돌아가려는 응력이 그 내부에 생기는데, 이 응력에 의해서 탄성체가 다른 물체에 주는 힘을 탄력성이라고 한다. 탄력이 있는 것은 탄성을 가졌다고 한다. 탄성은 식품의 조성에 따라 다르며, 생선묵과 같이 쫄깃쫄깃한 식품은 탄성이 많다고 볼 수 있다. 탄성도 점성과 함께 식품의 맛에 커다란 영향을 준다.

9) pH(수소이온농도)

식품과 조리에 있어서 pH 작용에 의해서 여러 가지 성질이 달라지는데, pH가 산성(pH<7)일 때는 신맛이 있고, 알칼리성(pH>7)일 때는 맛이 없게 느껴진다. 일반적인 조리는 pH 7 부근에서 이루어지는데, 때때로 중조($NaHCO_3$)를 사용하거나 식초를 사용하여 pH를 변화시켜 조리하는 경우도 있다. pH 2에서 9까지는 적당히 응용할 수 있다.

Guide
- **소다** (soda)

POINT

알칼리 사용 물질 : 중조 (소다, 중탄산나트륨, 탄산수소나트륨, $NaHCO_3$ (sodium bicarbonate))
예) : 호떡 반죽, 중국면, 뽑기, 베이킹파우더 재료

10) 산 화(oxidation)

어떤 물질이 산소와 화합하여 산화물이 되는 반응을 말한다. 넓은 의미로는 어떤 물질에서 수소를 탈취하거나 금속의 원자가를 증가(Fe^{2+}에서 Fe^{3+}로)시키는 것도 산화라고 한다. 산화되기 쉬운 것은 유지(油脂)류로 공기 중에서 가열하면 즉시 산화되고 산화된 것끼리 다시 중합을 일으켜 부패의 원인이 된다.

또 유지류를 오랫동안 공기에 접촉시켜 두면 산화가 일어나기 때문에 맛이 나쁘게 되며, 비타민 A나 C도 산화되기 쉽다. 식품 중에는 여러 가지 색소가 함유되어 있으나 산소에 의해서 산화되어 나쁘게 변색되는 경우가 많다. 육류의 미오글로빈(myoglobin) 색소는 산화되면 메트미오글로빈(metmyoglobin)으로 변해 갈색화되고, 식물 색소인 카로틴(carotin) 등도 산화에 의해서 퇴색된다.

11) 용 출(extraction)

재료 중의 성분이 용매(물) 속에 녹아 나오는 것은 용출이라 하고, 목적한 물질을 녹여내는 것을 추출이라 한다. 용출되어 나오는 물질은 용액의 농도가 낮을수록 용출이 빠르므로, 떫은 맛을 빼는 경우에는 물을 자주 갈아주는 것이 좋다. 온도가 높은 쪽이 용출이 좋기 때문에 수프를 맛있게 하기 위하여 끓기 직전의 온도에서 성분을 용출시킨다.

12) 유화액(emulsion)

하나의 액체가 서로 섞이지 않는 다른 액체 내에 콜로이드상으로 분산되어 있는 상태이다. 유화액에는 수중유적형과 유중수적형의 두 가지 형태가 있는데, 식품에서는 수중유적형이 대부분이다.

POINT

- 유중수적형 : 버터, 마가린
- 수중유적형 : 마요네즈, 난황, 크림수프, 샐러드 드레싱, 케이크 반죽, 홀랜다이즈 소스(Hollandaise Sauce)

guide **흔히 쓰이는 유화제**

- **프렌치 드레싱** : 재료는 기름, 식초, 파프리카, 겨자가루, 소금 등이다. 일시적으로 생긴 유화액은 파프리카와 겨자에 의해 안정이 되고, 겨자는 물의 표면장력을 낮게 해주어 분산상이 되며 물이 연속상이 된다.

- **마요네즈** : 대표적 영구유화액으로 기본재료는 기름 1컵에 달걀 노른자 1개, 1/8컵의 식초 또는 레몬즙이다. 처음에는 기름을 조금씩 넣어서 완전히 유화시킨 다음, 기름을 다시 조금 넣는 것이 중요하다. 달걀노른자 1개에는 2~3컵의 기름을 유화시킬 수 있는 만큼의 유화제가 들어 있다.

- **조리된 드레싱** : 전분과 산성용액(물, 우유, 과일 주스), 달걀 또는 전분만으로 존재하는 것이다. 들어가는 기름의 양은 매우 적어서 이미 혼합된 단백질과 쉽게 유화될 수 있다.

(예) 경화유 : 마가린, 쇼트닝

값싼 액체유에 Ni 촉매제를 사용하여 수소를 포화시켜 고체지로 만든 것(트랜스 지방산이 생성되어 사용을 많이 하지 않도록 권고되고 있음)

13) 에너지 전달

나무 · 숯 · 석탄 · 기름 · 가스 · 전기 등의 재래의 열원에 의한 에너지의 전달은, 전도 · 대류 · 복사 등에 의해 이루어진다.

① 전 도(conduction) : 접촉한 두 물체 사이에서 분자운동이 전달되어 열이 이동하는 현상으로, 주로 고체에서 일어난다. 이때 열이 전해지는 속도를 열전도율이라 하는데, 열전도율이 클수록 열이 전달되는 속도가 빠르고 빨리 더워지지만 그 반면에 식는 속도도 빠른 특성을 가진다.
(예) 뜨거운 국물 속에 잠긴 국자가 뜨거워짐.

② 대 류(convection) : 액체나 기체를 밑에서 가열하면 가벼워지므로 가열된 것은 위로 올라가고 찬 것은 무거우므로 아래로 내려오게 된다. 이와 같이 가열되는 물질이 상하로 이동되면서 열이 전해지는 것을 대류라고 한다.
(예) 주전자에 물을 넣고 가열하면 전체적으로 뜨거워짐.

③ 복 사(radiation) : 열원으로부터 중간매체 없이 가열될 물체로 열이 직접 전달되는 현상을 복사라고 한다. 조리에 있어서 복사 가열의 예는 레인지나 토스터 및 캠프파이어의 숯 위에서 고기를 굽는 경우 등을 들 수 있다.

> **POINT**
>
> 극초단파 가열원리와 H_2O 분자의 좌우진동
>
> 전기오븐(전도) → 컨벡션 오븐(대류) → 스팀드 컨벡션 오븐(표면 마르는 것 방지)

14) 비열 (Specific Heat)

어떤 물질 1kg의 온도를 1℃ 올리는 데 필요한 열량으로, 단위는 kcal/℃이다.

(예) 빨리 음식을 데우고 싶을 때 구리냄비를 사용.

열량 = 비열 × 질량 × 온도변화
= 열용량 × 온도변화

$$\text{비열} = \frac{\text{열량}}{\text{질량} \times \text{온도변화}}$$

표 2-2 여러 가지 물질의 비열 (단위 : kcal/kg · ℃)

물질	물	식용유	모래	철	은	구리
비열	1.00	0.40	0.19	0.11	0.06	0 . 099

15) 열용량 (Heat Capacity)

어떤 물질의 온도를 1℃ 높이는 데 필요한 열량으로, 단위는 kcal/℃이다.

열용량(kcal/℃) = 비열(kcal/kg · ℃) × 질량(kg)

> **POINT**
>
> - 열용량이 큰 돌솥을 사용하면 금속판 사용 때보다 음식을 오랫동안 따뜻하게 먹을 수 있다.
> - 열용량이 큰 한옥은 금속이나 콘크리트로 된 아파트보다 여름에 시원하고 겨울에 따뜻하다.

Chapter 3 조리방법의 분류

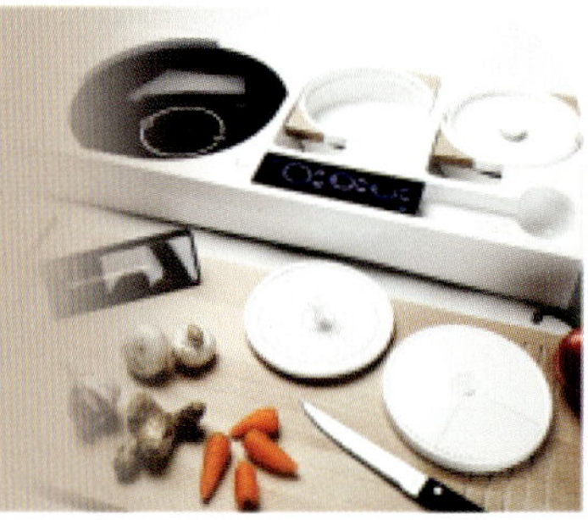

3-1 조리조작의 분류

조리조작에는 씻기나 썰기 등의 사전 준비를 위한 방법과 굽거나 삶기 등의 가열처리법, 혼합 · 냉각 등 가열 이외의 처리법 등이 있는데, 이는 어느 것이나 물리적인 방법이며, 열을 가함으로써 완전 처리되는 것이다. 결과적으로 식품은 물리적 · 화학적 · 가열 조리학적인 변화를 받는다.

화학적 조리조작은 특정의 화학변화를 일으키는 것을 주목적으로 하는데, 어떤 경우에는 가열이라는 조작을 가한 결과로 화학변화가 일어나기도 하여 물리적 · 가열적 조리조작의 중간이라고 하기도 한다. 조리조작을 크게 분류해서 각각 어떠한 조작이 있는가를 종합하여 표 3-1에 나타내었다.

표 3-1 조리조작의 분류

물리적 조리조작	세 정	씻기
	침 지	흡수, 추출, 침투
	절단, 정형	썰기, 깎기, 벗기기
그밖의 물리적 조리조작	혼합, 교반	섞기, 휘젓기, 버무리기, 거품내기
	분쇄, 마쇄	찧기, 갈기, 거르기
	압 착	밀기, 짜기, 반죽하기, 개기
	냉각, 동결	차게 하기, 식히기, 말리기, 녹이기
가열 조리조작	건식가열	굽기, 튀기기
	습식가열	삶기, 찌기
화학적 조리조작		분해, 발효, 응고, 탈수 등

3-2 조리의 예비조작

1. 계 량

음식을 만들 때에는 식품재료의 양과 조미료의 적당량에 대한 결정이 음식의 맛을 좌우한다. 따라서 조리를 능률적 · 합리적으로 하기 위해서는 계량을 정확히 할 필요가 있으므로 조리할 때에는 계량기를 사용해야 한다.

식품은 부피보다는 무게를 재는 것이 용이하고 정확하지만, 조미료는 편의상 부피로 계량하는 경우가 많으므로 부피와 무게를 미리 알고 기억해 놓으면 조리에 편리하다(표 3-2 참조).

표 3-2 조미료 부피별 무게 (단위 : g)

식품명	작은술	큰술	컵	식품명	작은술	큰술	컵
물 · 식초	5	15	200	우스터소스	6	17	250
정제염	5	15	200	마요네즈소스	5	14	170
설 탕	3	9	120	카레 가루	2	7	90
간장 · 우유	6	17	230	화학조미료	3	–	–
된 장	6	18	230	베이킹파우더	2.5	8	100
참 깨	2.5	8	100	탈지분유	2.5	8	100
기름 · 버터 · 라드	4	13	180	전 분	3	10	120
토마토 케첩	6	18	230				

POINT

- tomato ketchup(토마토 케첩) : 토마토 · 식초 · 소금 · 양파 · 파우더 · 향초 등을 재료로 하여 만든 것으로, 핫도그나 샌드위치 등에 곁들여 사용한다.
- tomato paste(토마토 페이스트) : 캔이나 튜브에 들어있는 것이 있으며, 토마토를 여러 시간 동안 가열한 다음 체에 거르고 짙은 빨간색의 풍부한 향미를 가진 농축액이 될 때까지 졸여서 만든다.
- tomato puree(토마토 퓌레) : 살짝 익혀서 체에 거른 토마토로, 걸쭉한 액체 상태이다.
- tomato sauce(토마토 소스) : 조금 묽은 토마토 퓌레이며, 다른 소스의 기초로 사용된다.

2. 세 정

모든 조리의 제1단계이다. 서양식 · 중국식 · 한국식, 어떤 형식의 조리에서도 씻지 않고 조리를 하는 경우는 없다.

씻기의 주목적은 식품에 부착된 불결물, 유해물이나 불미성분을 제거하기 위해서이며, 색과 외관을 좋게 하고 맛과 식감을 좋게 하기 위해서이다. 조리 전에 씻는 것은 깨끗이 하기 위한 조작이므로 필요 이상으로 씻어서 영양분의 손실을 가져오는 일이 없도록 주의해야 한다.

세정은 보통 물을 사용하며, 이때 마찰 등의 물리적 조작도 겸해진다. 세정할 때 사용하는 물 또는 세제액은 식품으로의 침투 혹은 식품성분의 용출이 일어나므로, 각 식품에 따라 적절한 취급방법이 필요하다.

세정에는 아래와 같은 방법들이 있다.

① 흐르는 물에 씻는 법 (모든 식재료에 다 해당됨)
② 솔로 문질러 씻는 법 (근채, 과채류 등)
③ 저어 흔들어 씻는 법 (교반하는 법 : 쌀, 콩류 등)
④ 흔들어 씻는 법 (소쿠리에 담아 흔들어 씻는 법 : 패류, 소어류 등)

3. 침 수

침수는 식품을 상온 이하의 물 또는 그 외의 액체에 넣어서 경계면을 통해 용출 · 침투 등의 변화를 일으키게 하는 조리조작이다.

표 3-3 침수의 목적과 특징

<table>
<tr><th rowspan="3">침수의 목적</th><th rowspan="3">식품, 조리예</th><th colspan="2">비 고</th></tr>
<tr><th colspan="2">일반건물의 흡수량</th></tr>
<tr><th>건 물</th><th>환원시의 중량(배)</th></tr>
<tr><td>수분의 부여</td><td>일반건물
곡류
두류
샐러드에 쓰는 야채</td><td>미 역
무말랭이
당 면
목이버섯
고 사 리
두 류</td><td>7
5
6.5
8
7
2.4</td></tr>
<tr><td>식품성분의 침출</td><td>떫은 맛을 우려냄
(우엉, 고사리, 고비)
소금기를 뺌(염장품)
좋은 맛 성분(다시마)</td><td colspan="2">• 식품 중의 쓴맛, 떫은 맛, 불미성분을 제거한다.
• 1.5% 식염수로 간빼기를 한다.
• 좋은 맛 성분의 침출에는 가열조리를 함께 한다.</td></tr>
<tr><td>식품의 변색방지</td><td>사과(설탕 1%)
감자(물)
토란(소금 1%)
우엉(식초 1%)</td><td colspan="2">• 물뿐만 아니라 소금물 · 식초에도 담근다.
• 공기 중의 산소를 차단해서 효소작용에 의한 갈변을 막는다.</td></tr>
<tr><td>조미료의 침투</td><td></td><td colspan="2">• 조리의 중간이나 나중의 단계에서도 실시되어 간다.</td></tr>
</table>

이 조작의 목적은 수분함유량을 증대시키고 조직을 연화하며, 식품성분의 용출을 일으키고 효소작용을 저지시키며, 쓴맛 등 불필요성분을 제거하는 데 있다. 또한 곡류나 건조물의 가열조리에 앞서 예비조작으로 물에 담가 다시 수분을 흡수시킴으로써 원래의 상태로 되돌려서 이용하고자 함이다.

이렇게 하는 것을 흔히 "불린다"라고 하는데, 침수시간 · 흡수속도 · 흡수량은 각 식품에 따라 차이가 있다. 흡수속도는 침수하는 수온이 높을수록 빠르다.

POINT

- 마리네이드 (marinade) : 육류 · 생선 · 야채 같은 식품을 담가 두는, 향미를 낸 액체로, 식품에 향미를 주거나 연하게 하기 위해 사용한다.
- 피클(pickle) : 양념을 한 소금물이나 식초 혼합액에 절인 음식. 피클은 시고 달고 매우며, 인기있는 dill 피클에서처럼 dill을 넣어서 다양한 맛을 가질 수 있다.
- 딜(dill) : 유럽이 원산지이며 독일의 정원초로 형태나 맛이 캐러웨이와 비슷하다. 씨를 쓰거나 가지 다발채로 이용할 수 있다. 피클, 샐러드, 사워크라우트, 수프, 소스, 특히 연어요리에 많이 이용된다.

Guide

- 캐러웨이 (Caraway)

그림 3-1 딜

4. 절 단

식품을 써는 것은 조리조작과정 중 가열과 더불어 매우 중요한 과정으로, 조리가 다 된 음식의 개성을 나타내는 직접적인 수단이다. 또한 식품을 먹기 쉽게 하고, 익기 쉽게 하며, 맛을 좋게 하기 위해 행해지는 조작이다. 식품을 써는 조작의 목적은 다음과 같다.

① 비가용 부분(어패류 : 40%, 감자류 : 15%, 채소류 : 15%, 과일류 : 40%, 기타 : 25%)을 제거하고 가식부분의 이용효율을 높인다.

② 재료의 표면적을 넓혀, 열의 이동 및 조미성분의 침투가 이루어질 수 있도록 한다.

③ 모양 · 크기 등을 정리하여 아름답게 하고 소화 · 흡수를 돕는다.

POINT

기본 야채 자르는 방법 〈용 어〉

- Allumette (알뤼메뜨) : 성냥개비처럼 길게 써는 것
- Batonnet (바또네) : 작은 막대기형으로 길게 써는 것
- Brunoise (브리누아) : 가로와 세로 3mm의 주사위형으로 써는 것
- Chateau (샤또) : 계란 모양으로 가운데가 굵고 양끝이 가늘게 5cm 정도의 길이로 써는 것
- Cheveux (쉬브) : 머리카락처럼 가늘게 써는 것
- Chiffonade (쉬포나드) : 가는 실처럼 가늘게 써는 것
- Concasser (꽁까세) : 가로와 세로 0.5cm 정사각형으로 얇게 써는 것
- Cornet (꼬흐네) : 나팔 모양으로 써는 것
- Cube (뀌브) : 가로와 세로 1.5cm 주사위형으로 써는 것
- Emincer (에멩세) : 얇게 저미는 것
- Hacher (아셰) : 잘게 다지는 것
- Julienne (줄리안) : 5cm 정도의 길이로 가늘고 길게 써는 것
- Macedoine (마세두안) : 과일 종류를 1~1.5cm 주사위형으로 써는 것
- Noisette (누아제뜨) : 지름 3cm 정도의 둥근형으로 써는 것
- Olivette (올리베트) : 올리브형으로 써는 것
- Parisienne (빠리지엔) : 둥근 구슬같이 써는 것인데, 스쿱(scoop)을 이용한다.
- Paysanne (빼이잔느) : 가로와 세로 1cm로 삼각형이나 장방형으로 얇게 써는 것
- Pont-Neuf (뽕느프) : 가로와 세로 1.5~2cm, 길이 6cm로 써는 것
- Printanier (쁘랭따니에) : 가로와 세로 3.5cm의 주사위형이나, 가로와 세로 1cm의 다이아몬드형으로 써는 것
- Rondelle (롱델) : 고리 모양으로 중앙 부분에 구멍 나게 써는 것
- Russe (뤼스) : 가로와 세로 5mm, 길이 2~3cm 정도로 써는 것
- Salpicon (살피콘) : 고기 종류를 작은 정사각형으로 써는 것
- Tourner (뚜흐네) : 돌리면서 모양을 내는 것
- Troncon (트랑송) : 토막으로 자르는 것

절단은 예비동작 중 가장 많이 행해지는데, 곤약 · 오징어 · 전복 등 조미하기 어려운 식품은 특히 절단법을 연구해서 표면적을 넓힌다.

식품 그 자체의 맛을 기대하는 경우에는 크게 자르는 것이 좋다. 또한 일정한 방향으로 섬유가 있는 식품(고기, 우엉 등)은 크기나 표면적뿐만 아니라 섬유의 방향도 고려해야 한다.

식품의 크기와 가열시간의 관계는 큰 모양의 것은 작은 모양의 것보다 중량당 가열시간이 적어진다. 즉, 식품의 형태가 크면 표면적과 중량도 증가하나, 중량증가의 비율은 표면적의 비율보다도 크다.

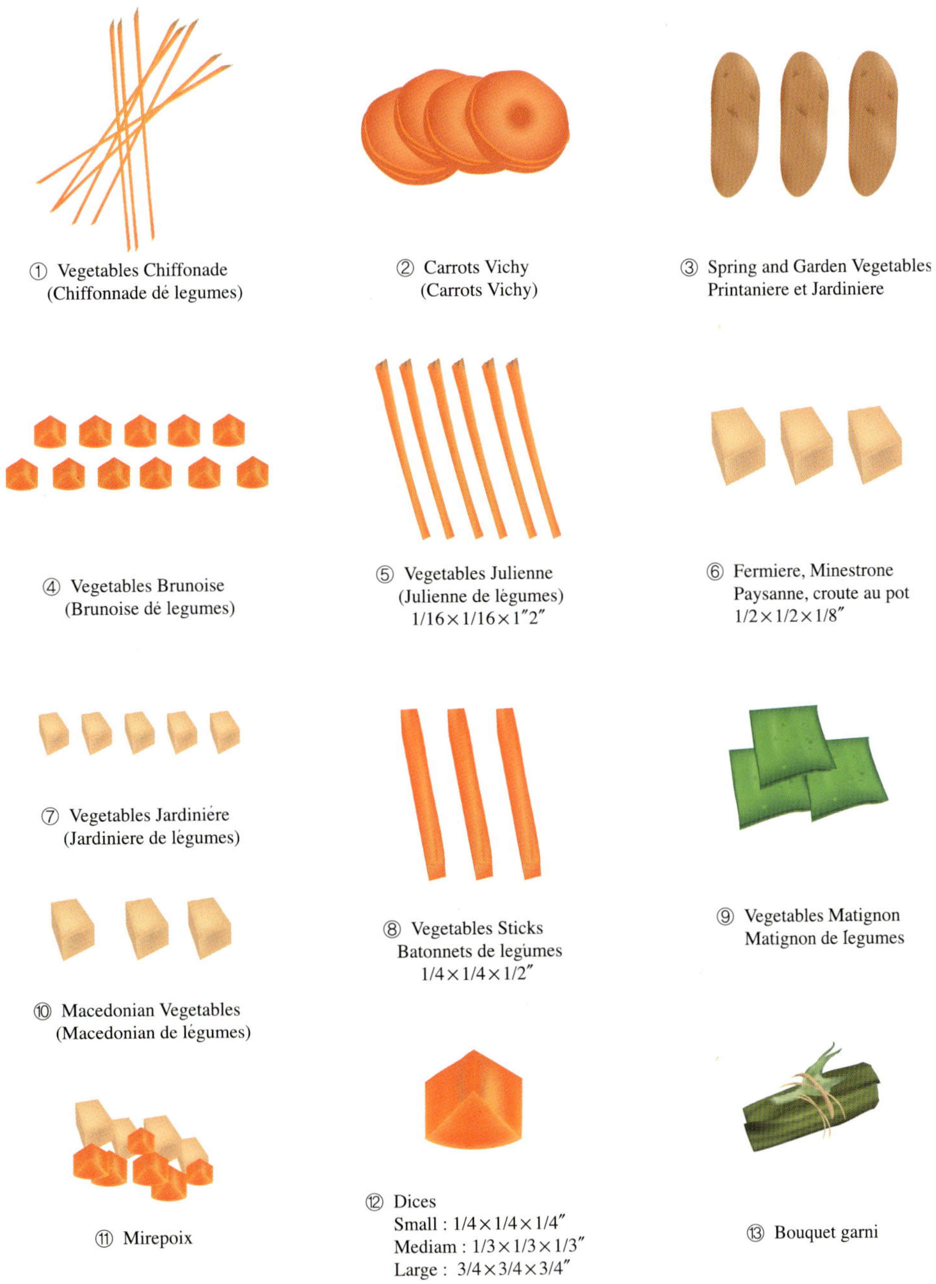

그림 3-2 야채 썰기의 형태

그림 3-2 야채 썰기의 형태

5. 혼합, 교반 및 성형

Guide

물질의 변화나 개선에는 용해, 콜로이드 상태의 형성, 점탄성의 변화, 냉각, 거품, 유화, 글루텐 형성 등이 있다.

조리를 하는 과정에서 많이 행하는 중간 조작이다. 혼합과 교반은 동시에 행하는 경우도 많으며, 각각 단독으로 행하는 일도 많다. 혼합과 교반의 목적에는 균일화(재료의 분포, 온도의 분포, 맛의 분포 등), 물질의 변화 및 개선, 성분의 교환(맛, 색깔, 향기, 영양소의 이행 등)촉진 이라고 할 수 있다.

성형은 음식의 외모를 적당한 모양으로 만들거나 두께를 조절하기 위하여 행해지는 조작이다.

6. 압착과 여과

대부분의 경우 혼합과 교반 등에 병용하는 조작으로, 압착과 여과의 목적은 고형물과 액체를 분리하고 조직을 파괴시켜 균일한 상태가 되게 하며, 모양을 변화시키거나 성형할 수 있도록 하는 데 있다.

7. 냉각과 동결

냉각은 조리과정에서보다 다 된 요리를 보관할 때에 많이 행해진다. 이것은 단순하게 음식의 온도를 내려 차가운 감촉을 얻는 것 외에, 미생물의 번식이나 효소 및 성분 간의 상호반응을 억제시키고 물성을 변화시키는 것을 목적으로 한다.

냉동은 식품을 0℃ 이하로 냉각시켜 동결시킨 것이다. 물의 결정은 동결이 완료하는 데 요하는 시간이 짧을수록 작다. 따라서 미세한 결정을 이루기 위해서는 급속동결법(−40℃ 이하)이 이용된다.

이와 같이 일단 급속동결시킨 다음, 냉동고에서 −18℃ 이하로 냉각하는 것이 단백질의 변성이나 전분의 노화 등을 막을 수 있는 방법이다. 변성은 어육에서는 −1~5℃, 쇠고기에서는 −1.5~3℃에서 가장 현저하며, −20℃에서는 최소라고 알려져 있다.

표 3-4 냉동어류에 의한 저장 한계

어 종	온 도	저장한계
대 구	−12℃	2~3개월
가자미	−22℃	10~11개월
넙 치	−12℃	6~7개월

8. 해 동

냉동식품의 빙결정을 용해시켜 원상태로 복구시키는 것을 목적으로 한다. 야채류, 수조육류, 조리가공식품 등에 널리 사용된다.

해동(解凍)에 있어서 문제가 되는 것은 단백질의 변성으로 인한 조직의 열화로 드립핑 현상(dripping phenomenon)을 일으킴으로써 정미성분과 그 밖의 성분이 손실되는 것이다. 이러한 변화는 얼음의 결정으로 세포를 파괴하고, 세포 간 간격에 수분이 이동하거나 혹은 단백질의 교질성이 변화하여 해동 시에 수분의 흡수에 변화가 일어나기 때문이다.

일반적으로 많이 이용되고 있는 해동방법과 사용되는 식품을 보면 다음과 같다.

1) 공기나 물을 매체로 하는 해동

(1) **공기해동** : 수육, 어육

① 실내의 정지공기 중에 방치(완만해동)
② 냉장고 중에 방치(저온정지, 공기해동) : 포장한 채로 저온에서 장기간 방치하여 완전히 해동하며, 해동 후에는 즉시 조리해야 한다.

(2) **청수해동** : 계육, 어육, 액난

① 정지수중해동
② 유동수중해동

2) 가열해동

① 가열해동 : 조리식품, 채소
② 조리해동 : 조리식품, 반조리식품
③ 열유해동
④ 열판해동

3) 전기해동

조리식품, 반조리식품
고주파유전가열해동(전자레인지에 의한 해동)

9. 생식품의 조리

1) 생 식

식품 그대로의 감촉과 맛을 느끼기 위해 식품을 날것 그대로 이용하는 조리방법으로, 식품의 조직과 섬유는 부드러워야 하고 불미성분이 없어야 한다. 일반적으로 신선한 생선 · 채소 · 과일 등을 쓰며, 취급할 때에는 특히 위생적으로 하지 않으면 안 된다.

그 특색을 들어보면 다음과 같다.

① 생식품 조리는 영양성분의 손실이 적고 소화도 잘 된다. 특히 수용성 비타민과 열분해성 비타민의 이용률이 높다. 어류를 날것으로 먹어도 소화가 잘 되는 이유는 어류의 단백질은 섬유상이나 구상 단백질의 근원질이 다량의 수분과 공존하여 소화효소가 침투하기 쉽기 때문이다.
② 식품고유의 풍미를 살릴 수 있다. 이를 위해서는 제철의 식품을 선택해야 한다.
③ 조리가 간단하여 시간이 절약되며 필요한 조리기구의 수도 적다.
④ 위생적으로 취급하지 않으면 기생충, 농약, 병원균의 오염으로 피해를 입을 우려도 있다.
⑤ 생식품요리는 여름철에는 차게 해서 먹으면 맛이 더 좋아진다.

2) 무 침

전처리한 어패류나 채소에 혼합조미료를 넣고 섞는 것이다. 날 어패류를 사용할 때는 먼저 소금이나 식초로 살을 단단하게 하고, 날 채소를 사용할 때는 소금으로 탈수시켜 사용한다. 무침은 찬요리이므로 무침재료와 조미료는 반드시 식혀서 무쳐야 한다.

무침의 종류는 초무침, 고추장무침, 된장무침, 깨무침, 고추를 갈아서 무친 것, 겨자무침 등이 있다. 신맛이나 매운 맛이 식욕을 증진시킨다.

이들 조리는 열을 가하는 일이 비교적 적어 열에 약한 비타민류를 섭취하는데 좋은 방법이다. 그러나 방치시간이 길면 수분이 추출되어 맛이나 모양이 나빠지고 영양상으로도 좋지 않다.

무생채

오이생채

겨자채

그림 3-3 무침을 이용한 조리

3-3 건열조리

1. 굽 기

굽기는 특별한 조리기구 없이도 만들 수 있는 조리법으로 가장 먼저 발달된 것으로 보인다. 석쇠에 얹어 굽거나, 꼬챙이에 꽂아서 굽거나, 또는 프라이팬(Frypan)이나 오븐을 사용하여 간접적으로 구울 때도 있다.

굽기는 식품을 100℃ 이상의 고온에서 가열하는 것으로 가열조리 가운데 가열온도가 제일 높아 200℃를 넘는 경우도 있다. 찌는 방법이나 삶는 방법과는 달리, 굽기는 온도가 끝없이 상승하므로 방심하면 겉은 타고 속은 익지 않는다.

반대로 온도가 낮으면 시간이 걸려서 식품표면은 마르고 내부는 익지 않아서 즙이 나오게 되며, 맛이 없어지고, 영양가도 감소되는 경우가 있다. 그러니 온도조절에 주의해야 한다.

Guide

- 그릴링(Grilling)
  간접적으로 가열된 금속 표면에 굽는 방법
- 브로일링(Broilling)
  석쇠 위에서 직접 굽는 방법

우리나라에서는 불고기나 적 및 너비아니구이 등이 구이법을 이용한 대표적인 음식이나, 서양음식에는 grilling, broilling, barbecue, pan-broilling, roasting 또는 baking 등의 구이법이 많이 쓰이고 있다.

구움으로써 식품 중의 단백질이 응고하여 수분을 침출시키고 동시에 세포는 열을 받아 익으므로 식품이 연화된다. 또 지방의 분해나 당질의 캐러멜화로 맛있는 향기를 낸다. 이렇게 해서 소화력도 좋아지고, 식욕도 나게 하며, 식품의 살균효과도 있다.

1) 굽기 방법

꼬치나 석쇠를 사용해서 직접 불 위에서 굽는 직접구이와 냄비 · 철판 · 오븐 · 포일(Foil)을 이용해 굽는 간접구이가 있다. 냄비 · 철판 등을 매체로 하는 것은 매체가 불 조절의 역할을 하므로 열용량이 큰 두꺼운 것이 좋다. 구이의 종류와 기구는 표 3-5와 같다.

2) 굽기 요령

식품에 따라서 똑같지는 않으나, 다 구웠을 때 표면이 적당히 구워진 색(golden brown)이 되고 내부는 수분이 어느 정도 남아 있으면서 잘 가열된 상태가 바람직하다. 구울 때는 표면부터 가열한다.

어패류 · 수조육류의 단백질 식품은 표면의 단백질을 응고시켜 맛 성분을 갖게 하기 위해 강화(强化)에서 가열한다. 구운 맛을 목적으로 하는 토스트도 강화에서 가열하는데, 내부는 알맞게 부드러워야 하기 때문에 빵을 썰 때 두께에 유의해야 한다.

비교적 약화(弱化)에서 굽는 것은 김같이 수분이 적은 식품과 감자요리 · 호떡구이 · 팬케이크 등 전분성 식품의 조리이다.

맛들이기 위한 조미는 조미료별로 볼 때 소금구이 · 간장양념구이 · 고추장양념구이 · 바비큐 등이 있다.

(1) 살이 단단해진다.

고기나 생선 등 단백질 식품을 구우면 변성을 일으킴으로써 오그라들거나 굳어진다. 그러나 질감이 연하게 느껴지는 것은 결합조직이 고기 자신이 가지고 있는 물을 흡수해서 젤라틴화 되기 때문이다.

표 3-5 굽기의 종류와 특징

가열법		조작	
직접구이	방사열	꼬치구이	꼬치는 성형상 필요한데, 쇠꼬치는 열원도 된다. 구워지면 뜨거울 때 꼬치를 돌려 주어야 하고 식은 후에 꼬치를 뺀다.
직접구이	전도열	석쇠구이 그릴 브로일	석쇠는 용도에 따라 다르다. 석쇠가 뜨거워진 후 굽는다.
직접구이	방사열	매달아서 굽기	껍질은 바삭바삭하고 고기는 부드러운 특유의 풍미를 갖는다.
간접구이	전도열	팬 구이(프라이팬) 철판 그리들	식품에 따라 기름칠하기, 화력의 조절이 다르다. 대개는 동 · 철 · 스테인리스제를 사용한다. 두꺼운 것이 열용량이 크고, 평화되기에 알맞다(팬 케이크 등).
간접구이	방사열 전도열 대류열	오븐 구이 로스트 베이크	식품을 찌고 구우면 전체에 부드럽게 열이 전달된다. 목적에 따라 철판의 위치를 바꾼다. 그라탱 · 파이 등은 강화, 케이크 등은 중화, 푸딩은 약화에서 조리의 목적에 따라 온도 조절을 한다. 습식 가열보다 시간이 걸리지만 뒤적거릴 필요는 거의 없다.
간접구이	방사열 전도열 대류열	포일에 싸서 굽기 (papilleto)	밀봉상태에서 가열하는 것으로 눋고 탄맛은 없지만 식품이 갖고 있는 맛과 향이 살아 있다.
간접구이	전도열	불에 묻어 굽기 (뜨거운 재, 돌)	가열 속도가 완만해서 표면 온도에 무리가 없고 열의 방산도 없어서 감자류에 적당하다.
기타	마이크로파	전자 레인지	

3) 구이에 의한 식품의 변화

단백질은 가열하면 응고되는 성질을 가지고 있는데, 소금은 이러한 단백질 응고를 촉진시키는 작용을 한다. 고기나 생선에 소금을 뿌려서 구우면 표면이 먼저 응고되어 굳어지기 때문에 속에서 맛있는 성분이 밖으로 나오는 것이 방지된다. 그러나 소금을 뿌린 채로 오래 두지는 말아야 한다. 소금의 작용으로 식품 속의 수분이 빠져 나오면서 맛있는 성분도 같이 빠지게 되기 때문이다.

(2) 맛있는 냄새가 난다.

고기나 생선을 구우면 성분이 분해되어 맛있는 냄새가 나고 식욕을 돋운다. 이것은 당과 단백질 및 아미노산 등의 반응으로 생기는 물질의 냄새이다.

(3) 기름이 녹아 나온다.

식품 속의 지방이 녹는 온도는 35~50℃인데, 가열하여 구우면 온도가 100~200℃까지도 올라가므로 기름이 녹아서 흘러나오게 된다. 기름이 타면 고약한 냄새가 나고 연기 속에는 아크롤레인(acrolein)과 같은 성분이 포함되어 있으므로 식품에 배어들지 않도록 부채질을 하는 것도 좋은 방법이다.

4) 구울 때 영양소의 변화

삶거나 끓이는 것과는 달리, 물을 쓰지 않으므로 수용성 성분의 유출이 적고 가열함으로써 분해된 것도 표피 가까이의 조직 속에 보유된다. 이 분해물 중에는 맛있는 성분이 있으므로 적당히 구워진 것은 다른 조리법으로 한 것보다 맛이 있다. 다만 비타민 B_1의 파괴가 상당히 큰데, 기름을 두르고 볶아서 색깔나게 조리하면 감소를 훨씬 줄일 수 있다.

표 3-6 고구마를 구울 때 비타민 B_1의 변화

구 분	중 량(g)	B_1(Ig)	B_1 잔존율(%)	수 분(%)
날 것	100	148.5	100.0	65.7
썰어서 구운 것	82	122.7	82.6	58.2

표 3-7 쇠간의 각종 조리 시 비타민 B_2의 변화

조리방법	사용한 쇠간의 양(g)	조리품 중 B_2의 양(mg)	쇠간 100g을 사용했을 때 조리품 중 B_2량(mg)	손실률(%)
건 조	25	0.546	2.184	0
버터볶음	50	1.028	2.056	4
튀 김	50	1.012	2.024	5
소금구이	50	0.952	1.904	11

5) 구운 조리

Guide

• **살리스버리 스테이크** (Salisbury Steak)

쇠고기를 다지고 여러 재료를 섞어 원래의 고기모양으로 만들어 구운 것

(1) 양 식

등심 스테이크

살리스버리 스테이크

그림 3-4 양식 구이

(2) 한 식

너비아니구이

제육구이

생선양념구이

북어구이

갈비구이

더덕구이

그림 3-5 한식 구이

2. 볶 기

볶기는 유지와 철판의 고열을 식품에 전달하는 가열법으로, 고온의 냄비나 철판에 소량의 기름을 열의 매체로 하여 식품을 교반하면서 가열하는 조리법이며 튀김과 구이의 특징을 모두 가지고 있는 조리이다. 유지는 열매체인 동시에 식품이 냄비에 눋지 않도록 하는 역할을 한다.

고온에서 단시간 가열해야 하므로 식품의 색 · 향을 보유하며 기름지고 풍부한 맛을 더해서 풍미를 높이며 비타민의 손실도 적다. 단백질은 열변성을 하며 지용성 카로티노이드는 체내에서의 흡수를 높인다. 식품이 유지의 얇은 막에 둘러싸이므로, 조미료의 침투는 끓이기보다 늦다.

볶을 때는 일반적으로 화력은 강화로 하고 잘 저어 주어야 한다. 그러므로 단시간에 화기가 통하도록 재료를 자르든지, 큰 것은 미리 데쳐 둔다. 채소 등 수분이 많은 것은 어느 정도의 수분 유출을 막을 수 없으므로 전분으로 엉기게 하는 방법을 쓴다(중국 음식에서 피망볶음이 한 예이다).

어류 · 육류 등을 볶을 때도 즙의 유출을 막고 망가지지 않게 하기 위해서 전분이나 밀가루를 묻혀서 가열한다. 양파는 장시간 볶으면 단맛을 증가시킬 수 있기 때문에 약한 불에서 조금 오래 볶는다.

필래프(pilaf) · 볶음밥은 쌀 또는 밥을 볶아서 만드는데, 쌀을 볶아서 만드는 필래프는 찰기가 적고 단단하다. 그것은 유리지방산의 증대가 전분 호화에 필요한 물의 통과를 방해하기 때문이라고 한다. 볶음밥은 된밥이 볶기 쉽고 맛도 좋으므로 주로 찬밥을 사용한다.

1) 냄비와 식품의 양

냄비는 열용량이 큰 두터운 것이나 젓기가 쉬운 것이 좋다. 냄비 크기에 비해서 다량의 식품을 넣으면 충분히 젓기 어렵기 때문에 균일하게 가열되지 않는다. 또 온도가 내려가서 고온의 유지가 되지 않아 식품의 맛이 나빠진다.

2) 유지의 사용

볶음조리 시 식품의 양은 냄비 용량의 1/2 정도가 적당하다.

볶기에 주로 사용하는 유지는 식물성 기름, 버터, 라드(lard)이다. 볶기 재료가 공기에 닿는 면적이 많으면 유지의 산화가 쉽게 일어난다는 점을 항시 염두에 두어야 한다. 유지의 사용량은 식품 중량의 5~10%가 적당하다. 버터나 마가린은 수분을 15% 포함하기 때문에 이것보다 약간 많은 듯하게 이용한다.

냄비와 유지를 뜨겁게 한 후에 식품을 넣는다. 가열시간이 걸리는 햄버거나 전유어는 기름을 많이 넣어 재료가 움직이기 쉽게 하고, 단시간에 익힐 달걀프라이나 지진 면이 고와야 하는 팬케이크 등은 기름을 얇게 펴야 한다.

3) 볶음에 의한 영양소 변화

고온에 의한 단시간처리이기 때문에 비타민류의 손실이 적고 오히려 기능을 돕는 역할을 하기도 하며 유지를 가함으로써 영양의 효과를 높인다. 비타민 B_1 및 비타민 C는 80% 전후로 잔존한다.

4) 볶음(Sauteing, 소테) 조리

(1) 양 식

(1) 애호박 소테 (Sauted Zucchini)
(2) 시금치 소테 (Buttered Spinach)
(3) 버터 당근 (Buttered Carrots)
(4) 그린피스 (Buttered Green Peas)

그림 3-6 양식 볶음

(2) 한 식

오이숙장아찌

오징어볶음

홍합초

구절판

그림 3-7 한식 볶음

(3) 중 식

야채볶음

마파두부

고추잡채

그림 3-8 중식 볶음

3. 튀기기

튀김은 다량의 고온으로 가열된 기름의 대류작용으로 온도가 상승되어 식품에 열을 전달하는 조리법이다. 기름의 비열은 0.47로 열용량이 적으므로 기름의 양과 재료, 분량의 다소, 불조절, 튀김시간의 간격 등에 따라 기름의 온도를 조절한다.

식품을 튀기면 수분은 감소되고 기름을 흡수하여 향미가 가해지며, 가열시간이 짧아 영양소, 특히 비타민 C의 손실이 적다.

튀김조리 시 조미는 가열 전후에 한다.

소량의 기름에 많은 재료를 넣었을 경우에는 온도의 저하가 심하므로 불조절을 잘하여 적온을 유지시켜야 한다. 수분이 많은 식품이나 생선처럼 중심까지 충분히 가열해야 하는 식품은 150~170℃의 낮은 온도에서 익힌 후 온도를 높여 색깔을 좋게 하며, 크로켓(croguet)은 180~190℃에서 표면만 튀겨낸다.

튀김옷을 입힌 튀김은 180℃에서 튀기며, 튀김기름의 양은 재료의 2~5배 정도로 하고 그릇에 따라 차이가 있으나 기름의 깊이는 5cm 정도는 되어야 한다. 튀김 기름은 액체 상태의 식물성 기름이 많이 사용되지만 쇠기름이나 돼지기름도 사용된다(표 3-8 참조).

표 3-9 기름의 종류

조 리 용	기 름 종 류
튀 김 용	콩기름, 참기름, 면실유, 낙화생유, 돼지기름, 쇠기름
샐러드용	콩기름, 면실유, 미강유(米糠油), 채종유
제 과 용	버터, 마가린, 쇼트닝

1) 튀김껍질

튀김은 재료에 아무 것도 씌우지 않고 그대로 튀길 때와 껍질을 입혀 튀길 때가 있다. 전자는 직접 재료를 기름 속에 처리하는 것으로, 탈수와 풍미의 향상, 색의 유지, 질감(texture)의 변화, 좋지 않은 냄새 제거 등의 목적으로 행해진다. 후자는 재료의 수분과 지미성분을 잃지 않고자 행하는 튀김방법으로서 재료를 껍질에다 싸서 처리하는 것이다. 이는 영양가도 높으며 맛도 좋다.

Guide

• 밀가루의 종류

밀가루는 글루텐 함량에 따라 강력분(13% 이상), 중력분(10~13%), 박력분(10% 이하)으로 나뉜다.

(1) 밀가루

밀가루는 글루텐의 점착성을 이용하는데, 이 점성 때문에 껍질이 재료에서 떨어지지 않고 붙게 된다. 튀김껍질에 쓰이는 밀가루는 글루텐 함량이 적은 박력분이 좋다. 밀가루 반죽물의 온도는 너무 차거나 뜨거워도 안 되며, 15℃가 적당하다.

(2) 녹 말

녹말을 재료에 엷게 묻혀서 튀기면 바삭바삭하며 맛있다.

(3) 달 걀

달걀을 사용하는 것은 달걀이 열에 응고할 때에 생기는 점착력을 이용하는 것이다. 달걀과 물로써 밀가루를 풀면 물과 기름의 교대를 촉진함으로써 튀김껍질을 팽창시켜서 가볍게 튀겨질 수 있다.

(4) 설 탕

갈색의 맛있는 색을 내주고 질감이 연해지며 바삭하게 튀겨진다.

2) 튀김방법과 요령

튀김 온도와 시간이 튀김요리에 미치는 영향이 크다. 단백질 식품은 고온에서 단시간에 가열하여야 한다. 기름량을 많이 하고, 한 번에 식품량을 적당히 넣어 온도를 유지할 수 있게 한다.

생선을 통째로 튀길 때는 처음에는 저온에서, 두 번째 튀길 때는 고온에서 튀겨 풍미를 더한다. 수분이 많은 채소나 녹색채소 등은 탈수와 색을 좋게 하는 것이 목적이므로 비교적 저온에서 1~2분 동안 가열한다.

튀김 냄비는 온도를 일정하게 유지하기 위해서 두꺼운 냄비, 즉 열용량이 큰 것이 좋다. 냄비의 재질도 기름에 영향을 준다. 특히 동냄비는 산화 촉매작용이 커서 기름의 변질을 촉진시키므로 적당치 않다. 스테인리스(stainless)나 테프론(teflon) 가공을 한 것은 거의 영향을 주지 않는 것으로 알려져 있다.

(1) 새 우

새우는 꽁지만 남겨두고 머리와 껍질을 벗겨 없애고 씻은 다음, 물기 없이 닦은 후에 튀겨낸다.

(2) 오징어

몸과 머리를 떼고 껍질을 벗겨 깨끗하게 씻은 다음, 밀가루를 묻혀서 수분을 흡착시키고, 다시 튀김껍질을 묻혀서 튀기면 기름이 튀지 않는다.

(3) 어 류

통째이거나 토막이거나 모두 소금을 뿌린 후에 살이 딱딱해지도록 해서 튀긴다. 도미나 가자미를 통으로 튀길 때는 열이 내부까지 잘 통하도록 칼질을 3군데 정도 넣어 150℃ 전후에서 튀긴다. 생선은 수분이 많으므로 물기를 잘 닦아내고 튀김껍질을 진하게 묻혀 튀긴다.

(4) 야 채

물기 없이 잘 닦아서 튀김껍질을 입혀 튀긴다.

3) 튀김기름 사용 시 주의사항

① 음식 찌꺼기를 제거하기 위하여 자주 체로 걸러 준다.
② 기름은 매일같이 걸러 주어야 한다.
③ 꼭 스테인리스 기물을 사용하여야 한다.
④ 발연점이 낮은 기름, 어두운 색 기름, 폐기름은 폐기한다.
⑤ 베이컨이나 소시지 등은 튀김옷을 입히지 않고는 튀기지 않는다.
⑥ 튀기는 음식에는 소금을 넣지 않는다.
⑦ 깨끗하게 사용하고 사용하지 않을 때는 뚜껑을 덮어놓는다.
⑧ 많이 사용하지 않을 때는 튀김기 온도를 낮추어 놓는다.
⑨ 음식의 맛과 향에 영향을 미치기 때문에 꼭 좋은 기름을 사용한다.

4) 튀김에 의한 영양소의 변화

Guide

• 뫼니에르(meuniere)

어패류에 밀가루를 분혀서 Pan Fry하는 방법이나 그렇게 만든 요리

튀김은 기름을 흡착하므로 영양가가 높아진다. 기름 흡착성은 튀김 10~15%, 도넛 13%, 크로켓 20~30%, 달걀볶음 8~10%, 뫼니에르 5~7%, 기름에 볶은 것 3% 정도이다. 튀김은 처리시간이 아주 짧기 때문에 비타민류의 파괴가 적으며, 특히 비타민 A는 거의 파괴되지 않고 용출성분도 거의 없다.

표 3-10 튀김에 의한 각종 식품의 비타민 B_1 변화

종 류	수 분	생식품 중의 B_1 (r%)	온 도 (℃)	시 간 (분)	비타민 B_1 (r)	비타민 B_1 잔존율(%)
고구마	67.8	89.0	160	3	82.4	92.6
감 자	81.1	131.6	155	4	114.8	87.0
당 근	84.0	41.6	160	3	38.8	93.3
연 근	79.0	69.3	160	3	63.2	91.2
건완두	13.2	412.5	150	4	376.0	91.2

5) 튀김을 이용한 요리

(1) 서양식 튀김

부드럽고 바삭거림이 있으며 전채 · 주요리 · 후식에 사용된다.

Guide

• 커틀릿 (Cutlet)

얇게 저민 고기

생선 커틀릿

새우튀김(프랑스식)

그림 3-9 서양식 튀김

(2) 중국식 튀김

메뉴 중 전채, 주요리, 후식에 사용된다.

고구마탕

새우 토스트 튀김

그림 3-10 중국식 튀김

(3) 일본식 튀김

신선한 재료를 사용하고 고소하고 담백한 맛이 있다.

닭 튀김

튀김 정식

그림 3-11 일본식 튀김

(4) 한국식 튀김

메뉴 중 다과, 후식으로 사용된다.

기름에 튀기기

매작과

그림 3-12 한국식 튀김

3-4 습열조리

1. 데치기(삶기, Blanching)

1) 데치기의 요령

삶는 조작은 끓는 물 속에서 가열하는 방법으로 물을 매개체로 하는 습열조리이다. 데친 물은 가열한 후 거의 이용하지 않는다. 데침으로써 조직의 연화, 지미증가, 단백질응고, 불미성분의 제거, 탈지방, 살균소독 등의 효과가 있으며, 재료의 색을 아름답게 한다.

다량의 물을 쓰는 경우가 많은데 수용성 성분, 특히 비타민의 손실이 크다. 가열온도나 시간에 따라 변하는 것에 대해서도 고려해야 한다. 예를 들면 단백질의 열응고를 이용하는 달걀의 완숙과 반숙이 한 예이다.

(1) 물의 양

고온에서 단시간의 가열이 바람직한 경우에는 다량의 끓는 물을 준비하면 좋다. 데치는 물이 많으면 온도저하도 적고, 단시간에 다시 끓기 때문에 데치는 시간도 짧게 걸린다. 데치는 물은 일반적으로 수돗물, 소금물(0.5~2.0%), 초물(3~5%), 중조를 탄 물(0.2~0.3%), 잿물(10%의 나무재를 내린 물), 전분물(3% 내외), 쌀뜨물(10~15%), 백반물(0.5~1%) 등을 사용한다.

Guide

- **중조**(탄산수소나트륨, $NaHCO_3$)
  베이킹 소다, 중탄산소다라고도 하며, 알칼리제 · 팽창제 · 완충제 등으로 쓰이는 식품첨가물이다.

그러나 비교적 수분이 많고 떫은맛이 없는 것, 식품이 가지고 있는 맛을 살리고 싶은 것, 색 변화에 걱정이 없는 것 등은 적은 양의 물로 가열하여 조직이 연해졌을 때에 물이 없어진 상태로 찌고 삶기 또는 찌고 끓이기의 방법을 취한다.

(2) 재료 넣는 시기

동물성 단백질 식품은 대체로 끓는 물에 넣어야 한다. 그것은 표면의 단백질을 응고시켜서 가용성 맛 성분의 유출을 막기 위해서이다. 면류는 다량의 끓는 물 속에 삶아 도중에 찬물을 넣는다. 녹색채소도 다량의 끓는 물(소금물) 속에 넣어서 재빨리 데친다. 죽순(껍질 붙은 채)은 찬물(쌀겨, 쌀뜨물)에 넣어 천천히 충분히 삶는다.

계란은 실온에서부터 물속에 넣고 가열하는 것이 좋다. 온도가 급격히 변화하면 공기가 팽창해서 껍질이 파괴될 우려가 있다. 같은 의미로 냉장고에서 방금 꺼낸 계란은 잠시 실온에 두거나 삶는 물 온도의 상승속도를 느리게 하면 껍질이 깨지지 않는다.

(3) 불 조절 · 데치는 시간 · 냄비 뚜껑의 사용

Guide

• **클로로필** (chlorophyll)

녹색식물의 엽록소에 있는 화합물로 산(酸)이나 빛에 의해 분리되어 퇴색의 원인이 된다.

녹색채소와 같이 색을 곱게 내야 하는 경우는 센 불에서 단시간 가열하며 용액의 산성화를 방지하기 위해서 뚜껑은 사용하지 않는다. 녹색채소는 클로로필(chlorophyll)을 가지고 있기 때문에 가열 시간이 길면 분해되어 변색하므로 시간 관리가 중요하다.

계란을 삶을 때는 껍질째(완숙란 · 반숙란) 혹은 수란(poached egg) 등을 한다. 계란을 너무 가열하면, 난백에 접해 있는 난황의 표면이 암녹색이 되는 수가 있다. 난백에 포함된 유황과 난황의 철에서 황화제일철(FeS)이 형성되기 때문이다. 이것을 방지하려면 신선한 계란을 이용하든지, 가열 후 즉시 찬물에 담그면 좋다. 그러면 난백에 생긴 황화수소(H_2S)가 온도가 낮은 외부층으로 이동함으로써 난황과 접촉하는 것을 막을 수 있다.

면류와 같이 끓어 넘치기 쉬운 것, 떫은맛이나 불미 성분을 함유한 것은 뚜껑을 덮지 않는다. 감자 · 무처럼 단단한 것, 큰 것은 뚜껑을 사용하여 열의 발산을 막고 중심부까지 충분히 가열하여야 한다.

(4) 후처리

떫은맛이 강한 것은 데친 후에 냉수에 담가서 떫은맛을 제거한다. 푸른 채소의 녹색을 유지하고 싶을 때도 찬물에 담가서 필요 이상으로 고온이 되는 것을 피한다. 시금치는 수산을 제거하기 위해 잘 씻는 것이 중요하다. 마른국수는 삶은 후에 흐르는 물에서 씻어 소쿠리에 건진다.

시금치 데치기

국수 삶기

그림 3-13 데치기(삶기)

마카로니(macaroni)는 씻으면 맛이 없어지므로 데치는 물에서 건져 물기를 빼고 바로 처리한다. 죽순은 그대로 식힌 후 물에 씻어서 껍질을 벗긴다. 삶은 달걀은 찬물에 담가서 빨리 식힌다.

2) 블랜칭 (Blanching)

야채를 냉동할 때의 전처리로써 살짝 삶는 것을 블랜칭이라 한다. 일반적으로 80~100℃의 끓는 물 또는 증기에서 데친다. 야채에 포함된 효소는 냉동온도에서도 활성을 유지하기 때문에 품질의 저하를 가져오게 되므로 효소활성을 저지시키기 위해서 하는 조작이다.

2. 찌기

100℃의 수증기 속에서 물의 기화열을 잘 이용한 조리법을 찌기라고 한다.

온도 관리가 용이해서 물이 있는 동안에는 탈 염려가 없고 모양도 망가지지 않는다. 수용성 성분의 손실도 적다.

식품 자체가 가지고 있는 맛이 보존된다는 이점이 있는 반면, 가열 도중 조미하기 어렵다는 것과 끓이는 것보다 1/3~1/2의 시간이 더 걸리는 결점이 있다.

이 방법을 사용하면 단백질의 열변성과 전분의 α화가 일어난다. 따라서 수분이 적은 식품은 흡수하고 수분이 많은 식품에서는 물의 유출이 일어난다. 특히 지방이 많은 식품에서는 조직 연화와 함께 지방이 유출된다. 중국 요리에서 돼지고기를 오랜 시간 찐 후 기름기를 빼고 만드는 음식이 이를 응용한 예이다.

찔 때는 찜기 내의 온도가 상승한 후 식품을 넣는 것이 원칙이다. 찜통의 물이 저온일 때부터 식품을 넣고 가열하면 식품표면에 수증기의 응축이 일어나 식품이 수분을 흡수하여 물기가 많아진다.

그러므로 식품을 넣기 전에 충분히 수증기를 발생시켜 공기를 찜통 밖으로 방출한 뒤, 식품을 넣어야 한다. 찔 때의 물의 양은 물을 넣는 부분의 70~80% 정도가 적당하다.

알찜 · 푸딩 등 달걀의 희석 용액을 찌면 응고되어 겔화한다. 85~90℃에 가열하며 찐 후의 상태는 구멍이 없고 매끈매끈해야 한다. 그러기 위해서는 찜기의 뚜껑을 비켜 놓든지 불을 약하게 하든지 해서 온도 조절을 한다. 그릇의 재질은 금속보다도 열전도가 적은 도기가 좋다.

찰밥은 밥짓기로 하는 것보다 찌는 것이 더 맛있다. 찹쌀은 수분을 충분히 흡수시켜도 흡수량이 적으므로 전분이 α화하고 골고루 퍼지게 하기 위해서 물을 여러 번 뿌려 가면서 강화에서 쪄야 한다.

감자와 고구마는 통째로 찌는 쪽이 더 맛있다. 크기가 크면 열의 침투가 느려서 감자 · 고구마 속에 있는 당화효소의 활성이 길게 되어 단맛이 증가하기 때문이다.

한식(시루떡 찌기)

중식(야채만두 찌기)

중식(고기만두)

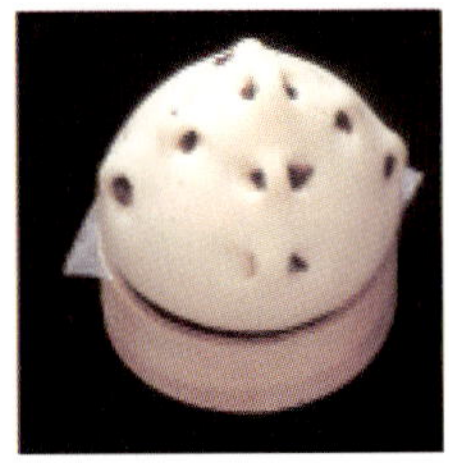

중식(설날빵)

그림 3-14 찌기

3-5 Microwave 조리

전자레인지는 초단파(주파수 2,450MHz/S)를 이용해서 식품을 가열하는 전자 조리기이며, 초단파가 식품에 조사되면 식품 내의 쌍극성 물분자를 급속히 진동시켜서 식품 자체 내의 열 에너지를 발생하도록 하여 극히 단시간에 가열된다.

최근 전자레인지의 이용은 가정이나 식품공장에서 여러 목적으로 실시된다. 수분을 함유하고 있는 식품은 극성(polarity)을 나타내기 때문에 전자파(radio frequency) 에너지를 효과적으로 받을 수 있다.

따라서 전자장(electric field)을 만들어 주어서 식품 내의 극성을 일 초당 수 백만 번 바꾸면 식품 내의 극성분자들이 매우 빠른 속도로 바뀌게 되기 때문에 마찰열이 발생한다. 이 열이 식품을 조리한다.

전자레인지 조리는 다른 조리법보다 매우 신속하고 간편하며, 에너지 도 절약할 수 있을 뿐만 아니라, 고기의 조리손실도 줄일 수 있다. 하지만 휘발성 풍미성분의 형성은 일반조리 방법의 30% 정도이며, 마이크로웨이브 에너지가 균일하게 조사되지 않기 때문에 식품전체가 골고루 조리되지 않는다. 조리용기도 유리 · 도자기 · 종이 등으로 제한되며, 비교적 수분함량이 높은 식품에서만 주로 이용된다.

Part Ⅱ 식품의 가공 및 조리

CHAPTER 04 곡류 및 서류가공품의 조리
05 두류 및 가공품의 조리
06 채소류의 조리
07 과일류의 조리
08 해조류의 조리
09 버섯류의 조리
10 유지를 이용한 조리
11 육류의 조리
12 어패류의 조리
13 알류의 조리
14 우유 및 유제품의 조리
15 젤라틴과 한천을 이용한 조리

Chapter 4 곡류 및 서류가공품의 조리

곡류의 영어명인 "cereal"의 어원은 로마의 곡식과 수확의 여신인 케레스(Ceres)이다. 쌀, 보리, 밀같이 식량으로 사용할 수 있는 곡물을 뜻한다.

식물학상 곡류는 주로 화본과(벼과, Graminae)에 속하며, 쌀 · 맥류 · 잡곡으로 분류하는데, 맥류에는 보리(겉보리 · 쌀보리 · 맥주보리) · 밀 · 귀리 · 호밀 등이 속하고, 잡곡에는 옥수수 · 조 · 기장 · 피 · 수수 · 메밀 등이 속한다.

전세계 생산량으로 보면 밀 · 옥수수 · 쌀 · 보리 · 수수 · 귀리 · 호밀 · 기장 등이 중요한 곡류이다. 우리나라의 오곡은 쌀 · 보리 · 조 · 기장 · 콩을 말한다.

4-1 전분의 특성

전분은 식품의 저장물질로서 곡류와 감자류의 주성분이다. 일반적으로 세포질에 존재하는 색소체 속에서 형성되고 그 속에 입자의 형태로 존재하며, 다당류의 일종으로 산 또는 효소로 분해하면 포도당으로 된다.

전분은 감자전분이나 옥수수전분과 같은 순수한 전분형과 단백질을 함유한 밀가루의 전분형이 있으며, 조리식품에 농후한 점조성을 주고 젤(gel)화성을 가지며 재료의 연결 등에 많이 쓰인다. 그 밖의 종류로서 쌀 · 밀가루 · 옥수수 혹은 서류나 두류 등 전분의 섭취는 여러 형으로 행해지고 있다.

모두 칼로리원으로서 중요한 역할을 하고 있으며, 독특한 점탄성을 가지고 있어서 조리 · 가공상 중요한 의미를 가진다.

1. 전분의 종류와 구조

전분은 미립자(微粒子)로서 모양과 크기가 작물의 종류에 따라 뚜렷이 차이가 난다. 전분은 중요한 다당류로 자연계에 널리 분포되어 있으며, 특히 곡류 · 감자 · 고구마 등에 많이 포함되어 있다.

전분은 여러 음식의 중요한 성분이 되는데, 예를 들면 우리의 주식이 되는 밥이나 떡 종류, 서양요리의 푸딩(pudding), 소스(sauce), 파이(pie) 내용물, 그 밖에도 국수, 빵, 케이크, 과자류 등을 만드는 데 밀가루는 기본적인 필수성분이 되고 있다.

POINT

단맛 순서

과당 > 전화당 > 설탕 > 포도당 > 맥아당 > 갈락토오스(galactose) > 유당

전분분자는 단당류인 포도당의 중합체(polymer)로서 400~4,000개에서부터 수십만 개의 포도당이 중합한 것이다.

전분의 종류는 사상의 아밀로오스(amylose)와 분지상의 아밀로펙틴(amylopectin)이 있으며, 모두 포도당(glucose)의 중합체이다. 아밀로오스는 300~3,000개 정도의 글루코오스가 α-1, 4 글루코시드 결합(gluycosidic bond)으로 중합한 것이며 직쇄분자이다.

아밀로펙틴은 아밀로오스와는 달리 가지가 많이 달린 분자구조를 갖고 있다. 이 아밀로펙틴의 구성단위인 α-포도당의 결합 양식은 아밀로오스와 마찬가지로 주로 α-1, 4 결합이나, 가지는 α-1, 6 결합에 의해서 형성된다.

식물체 내에서 전분입자 생성 시에 아밀로프라스트(amyloplast, 세포 중의 1과립) 중에 1개씩 되는 것을 단립, 아밀로프라스트 중에 다수의 전분립으로 된 것을 복립이라고 한다.

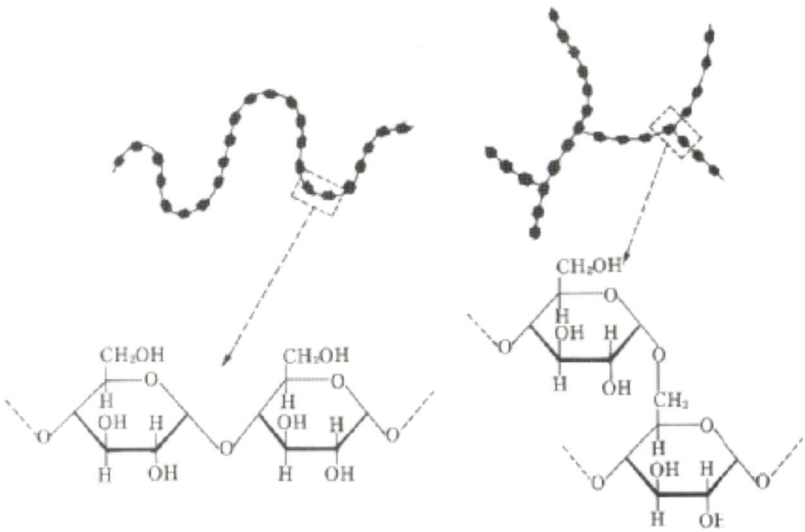

아밀로오스 분자의 일부와 아밀로펙틴 분자의 가지가 달린 부분의 일부 화학구조는 확대하여 표시하였다.

그림 4-1 직선상의 아밀로오스 분자와 여러 가지로 나뉜 아밀로펙틴 분자

단립은 감자나 밀가루 전분과 같이 모양이 매끄러운 것이며, 복립은 쌀전분과 같은 각이 진 모양을 나타내는 것을 말한다. 고구마전분에는 단립과 복립이 섞여 있다.

전분립은 동심원적인 층의 구성으로서 아밀로오스와 아밀로펙틴이 늘어져 있으며, 분자가 빽빽히 집합한 결정질 부분과 비교적 엉성한 비결정질 부분이 있다.

모두 다 분자 간에 다수의 수소결합이 형성되어 전체가 방사상으로 정밀한 구조를 하고 있는 것으로 생각된다. 따라서 광학적 이방성을 가짐으로써 편광현미경하에서 규칙적인 분자배열에 의한 복굴절성에 의하여 편광십자를 나타낸다. 복굴절성의 전분은 냉수에 녹지 않고 아밀라아제의 작용을 거의 받지 않는다. 이 상태의 전분을 생전분(β-전분)이라고 한다.

표 4-1 각종 전분의 아밀로오스 함량

종 류	아밀로오스 함량(%)	결정형	종 류	아밀로오스 함량(%)	결정형
찹 쌀	0	A	감 자	20	B
찰옥수수	0~6	A	보 리	27	A
찰보리	3	A	수 수	27	A
멥 쌀	18	A	메 밀	28	A
고구마	18	C	밀	22	A
타피오카	18	C	옥수수	24	A

* 찹 쌀 : 아밀로펙틴 100% 여서 점성이 강함

2. 전분의 호화 (gelatinization)

미셀(micell) 구조를 가진 전분을 β-전분이라고 하며 냉수에 용해되지 않으나 어느 정도 흡수 · 팽윤한다. 전분을 물과 함께 가열하면 60~65℃ 부근에서 전분입자는 급격히 팽윤(swelling)하고, 더 고온이 되면 전분액은 점성과 투명도가 증가되어 콜로이드상의 풀과 같이 된다.

일부에는 아밀로오스의 유출과 전분입자의 파괴도 일어난다. 이 현상을 전분의 호화라고 하며, 생전분을 β-전분이라 하고 호화된 전분을 α-전분이라 한다. 전분이 호화되면 반투명해진다. 가열된 전분용액이 걸쭉해지는 것은 전분의 각 입자가 물을 흡수하여 원 크기로 몇 배가 불어남으로써 산포되어 있는 공간이 좁아지기 때문이다.

전분의 호화는 전분의 종류, 농도, 온도, pH(수소이온농도) 및 염류에 의해 영향을 받는다. 특히 온도가 높을수록, 또한 수분 함량이 많을수록 호화가 빨라진다.

알칼리성인 경우에 전분의 팽윤과 호화가 촉진되고, 각종 염류에 의해서도 호화가 촉진되나 황산염은 예외이다.

POINT

- **밥** : 쌀에 물을 부어 가열하면 쌀의 입자는 팽창하여 붕괴한다. 이때 분자가 침입하면서 결정상의 전분이 녹아서 비결정상으로 된다. 그러나 모든 입자가 전부 녹아 비결정상으로 되는 것은 아니며, 인접분자와 결합하여 망상구조를 이루는 호화전분으로 바뀐다. 밥을 짓는 것은 생쌀의 β-전분이 가수 α-전분으로 되는 것이다.

1) 단 계

① **수화 단계** : 전분입자에 물을 가하면 물분자가 흡수되어 수화(hydration)되는 상태로, 외관상으로는 변화가 없으며 가역적인 변화(reversible)에 의해 다시 원상태로 돌아갈 수 있다. 이때 25~30%의 물을 흡수한다.

② **팽윤 단계** : 온도상승에 따라 전분입자가 팽윤(swelling)하는 단계로, 비가역적인 변화이다.

③ **콜로이드 상태로 되는 단계** : 전분입자들이 붕괴되고 형태를 잃어서 콜로이드 상태의 용액으로 되는 과정으로, 점도(viscosity)가 증가한다.

POINT

밥짓는 법

① **제 1단계** : 쌀을 불리는데 수분함량이 20~35% 정도로 될 수 있도록 30~50분 가량 침수한다.

② **제 2단계** : 수분흡수가 가장 많은 단계로 100℃(98℃ 이상)에서 20분간 가열하면 전분의 호화가 일어난다.

③ **제 3단계** : 뜸 들이면 된다.

* 밥맛을 촉진시키기 위해 0.03%의 소금을 넣을 수도 있다.

* 밥물은 쌀 중량의 1.5배, 부피의 1.2배

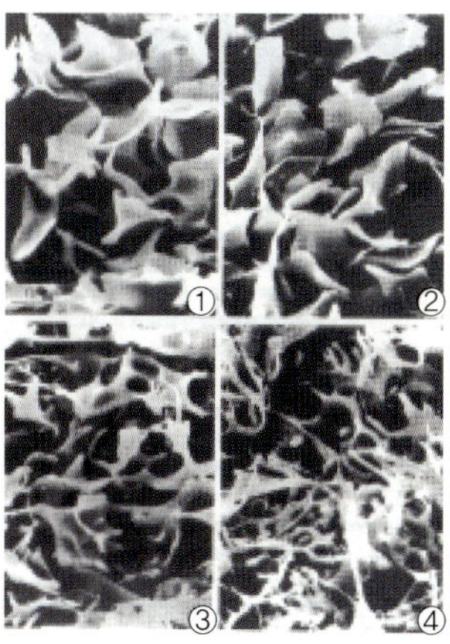

①80℃ ②85℃
③90℃ ④95℃
세포 내에서 작은 다각형의 전분입자 여러 개가 모여서 복합입자로 존재하던 것이, 하나씩 떨어지면서 모양이 길게 늘어난다. 내부 온도가 높을수록 변형이 심하다.

그림 4-2 쌀 전분이 호화될 때 온도에 따른 모양

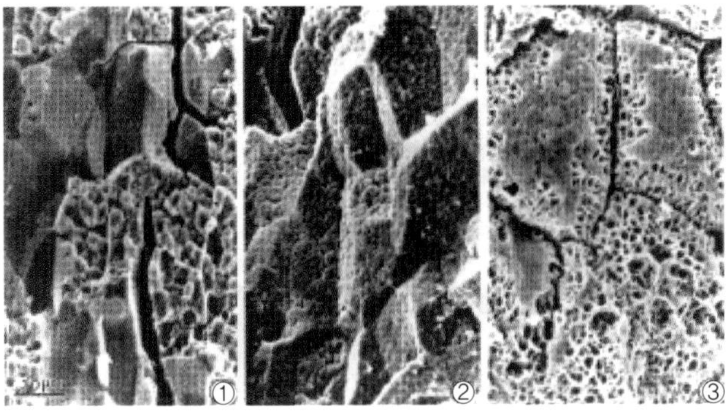

① 65℃ ② 75℃ ③ 95℃
온도가 올라감에 따라 세포와 세포 간의 구분이 불확실해진다. 즉, 세포벽이 변화를 일으키고 전분은 호화되며 모양이 변한다.

그림 4-3 밥을 지음에 따라 일어나는 세포벽의 변화와 전분 복합입자의 호화

2) 호화과정의 기구 (mechanism)

β-전분은 아밀로오스와 아밀로펙틴이 서로 수소결합으로 연결되어 미셀(micell)을 형성하고 있다. 물의 첨가와 온도의 상승으로 물분자가 전분분자들 사이에 들어가 전분분자와 수소결합을 하면(전분분자 사이에 수소결합이 약해져서) 전분입자의 붕괴가 일어나며, 미셀이 파괴되고 점성이 증가(전분분자가 물을 흡수하므로 본래 크기의 몇 배로 커져서 산포되어 있는 공간이 좁아지기 때문)하여 콜로이드 상태의 용액을 형성하게 된다.

3) 전분의 호화에 영향을 주는 조건

(1) 전분의 크기

전분입자의 크기가 클수록 빠른 시간 내에 호화된다. 감자나 고구마는 쌀이나 밀의 전분입자보다 크기 때문에 더 빨리 호화(糊化, gelatinization)한다. 그리고 정백도가 높을수록 호화하기 쉽다. 전분의 종류에 따른 호화온도는 표 4-2와 같다.

표 4-2 각 식품의 호화온도 범위

식 품	복굴성이 없어지는 온도 (℃)		
	시작온도	중간온도	끝나는 온도
옥수수	62	66	70
찰옥수수	63	68	72
수 수	68	73.5	78
찰수수	67.5	70.5	74
보 리	51.5	57	59.5
쌀	68	74.5	78
밀	59.5	62.5	64
감 자	58	62	66

(2) 가열온도

가열온도가 높을수록 단시간에 호화한다. 95℃로 가열하는 경우보다 100℃로 가열하는 경우에 호화시간이 단축된다.

POINT

전분+수분+가열=호화 (쌀, 면 등의 전분 식품)

(3) 전분의 농도

전분의 농도가 높으면 보다 낮은 온도에서 호화하고 고도의 점도를 나타낸다(일정량의 수분이 있을 때).

(4) 수분량

수분량이 많을수록 호화하기 쉽다. 전분이 호화하기 위해서는 30~40%의 수분이 필요하다.

(5) 수침시간

가열 전 수침시간이 길수록 호화하기 쉽다.

(6) 젓는 속도와 양

균등한 용액을 얻기 위해서 초기에 잘 저어 주어야 한다. 그러나 균일한 혼합액을 계속하여 지나치게 저어 주면 전분입자가 팽창 및 파괴되어 점도가 낮아진다.

(7) 산 도 (pH)

전분에 산을 가하여 가열하면 점도가 낮아지고 호화가 잘 되지 않는다. 과일을 넣고 만든 파이 속이나 탕수육 소스를 만들 때와 같이 전분 혼합물에 레몬즙이나 식초와 같은 산성분을 넣어주면 pH 4 이하에서 산과 열이 결합하여 가수분해 반응이 일어나고 전분분자를 조금 더 작은 분자로 쪼갬으로써 묽게 되는 원인이 된다.

설탕이 많이 들어 있으면 산의 영향을 덜 받게 되는데, 이유는 설탕은 전분입자의 팽윤을 제한하므로 산에 의한 가수분해가 덜 일어나기 때문이다(전분에 산을 첨가하고자 할 때는 전분이 완전히 호화된 후에 넣어야 묽게 되는 것을 방지할 수 있다).

(8) 다른 성분

조리를 할 때 여러 재료가 전분과 함께 이용되는데, 이들 재료 중 어떤 것은 호화에 현저한 영향을 미친다.

① **설 탕** : 전분이 호화되는 온도를 증가시킨다. 즉, 당의 흡수성으로 인하여 전분이 호화되는 데에 필요한 물을 당이 흡수하게 됨으로써 호화에 필요한 물이 경쟁적으로 사용되기 때문에 전분입자의 팽윤이 늦어지고 호화온도가 올라가게 된다(설탕을 많이 넣어야 할 경우, 조리 전에 설탕을 조금만 첨가하고 나머지 설탕은 전분이 호화된 후 첨가하여야만 점도에 영향을 덜 받게 된다).

② **지방/단백질** : 전분을 둘러싸는 경향이 있다. 그러므로 전분입자의 수화를 지연시키고 점도의 정도를 더 낮게 한다.

3. 전분의 노화 (retrogradation)

주로 아밀로오스에 의해 일어나는 노화는 호화전분을 상온에 방치했을 때 β-전분 형태로 되돌아가는 현상을 말한다. 그러나 호화가 일어나기 전의 원래 상태로 되돌아갈 수는 없다. 왜냐하면 호화과정에서 아밀로오스와 아밀로펙틴이 위치를 너무 많이 바꾸었기 때문이다.

전분의 노화(老化,retrogradation)는 수분 함량이 30~70%이고 온도가 0℃일 때에 가장 쉽게 일어난다. 그러므로 겨울철에 밥 · 떡 · 빵 등이 빨리 굳는다. 노화현상은 수분함량이 15% 이하로 떨어지면 잘 일어나지 않는다. 따라서 전분의 노화를 방지하려면 α-전분으로 된 것을 80℃ 이상에서 급속히 건조시키거나 0℃ 이하에서 급격히 탈수하면 된다.

전분의 노화는 일반적으로 아밀로오스와 아밀로펙틴의 함유 비율에 의하여 속도가 달라진다. 아밀로오스가 많은 전분은 노화가 빨리 일어나고 아밀로펙틴이 많은 전분은 서서히 일어난다. 찹쌀떡이 멥쌀떡보다 늦게 굳는 것은 이런 까닭이다.

1) 노화에 영향을 주는 요소

(1) 전분의 종류

아밀로오스 함량이 많은 전분일수록 노화가 잘 일어난다. 아밀로펙틴은 구조의 복잡성으로 나란히 배열하여 미셀이 형성되는 것을 입체적으로 방해하므로 노화가 어렵다. 따라서 옥수수전분이 가장 노화되기 쉬우며, 감자 · 고구마 · 타피오카(tapioca) · 찰옥수수의 전분은 잘 노화되지 않는다.

표 4-3 각종 전분의 amylose 및 amylopectin 함량 (%)

전분명	amylose	amylopectin
쌀	20	80
찹 쌀	0	100
보 리	27	73
찰보리	3	97
옥수수	21	79
찰옥수수	0~6	94~100
밀	24	76
수 수	27	73
메 밀	28	72
감 자	23	77
고구마	20	80

Guide

- **글레이즈**(Glaze)
  광택을 내기 위해 표면에 바르는 것
- **필링**(peeling)
  껍질 벗기기

POINT

- tapioca (타피오카) : 카사바(cassava) 식물의 뿌리에서 추출한 전분. 낟알 모양, 플레이크(flake), 작은 알 모양, 그리고 가루 또는 전분을 포함하는 몇 가지 형태로 이용이 가능하다. 가루로 만든 것은 수프 · 과일 · 필링 · 글레이즈 등에 농후제로 사용하는데, 옥수수전분과 비슷한 용도로 사용된다.

(2) 온 도

0~4℃에서 노화가 가장 잘 일어난다. 이 온도에서는 전분분자 간의 수소결합이 안정되어 노화가 잘 일어나므로, 겨울철에 밥 · 떡 · 빵 등이 빨리 굳는다. 60℃ 이상에서는 전분분자 상호간의 수소결합이 어려워서 노화가 어려우며, 0℃ 이하에서는 전분분자끼리의 자유로운 이동이 억제되므로 전분분자가 물분자 사이에서 고정되어 노화가 어렵다.

(3) 수분함량

전분의 수분함량은 노화에 큰 영향을 미친다. 일반적으로 전분은 30~60%의 수분함량에서 노화가 가장 잘 일어난다. 10% 이하에서는 활동이 억제되어 전분분자가 고정되므로 아밀로오스 분자들의 회합이 방해되어 노화가어렵다. 또한, 수분함량이 60% 이상에서는 전분분자끼리 만나기 쉽지 않기 때문에 노화가 어렵다.

(4) 수소이온농도(pH)

황산이나 염산 등 강산의 경우, 농도가 낮아도 노화속도는 증가한다. 노화는 호화와 반대로 산성에서 촉진되고 알칼리성에서는 일어나지 않는다.

타피오카밭과 캐낸 괴근

타피오카를 사용한 수프

타피오카로 만든 전분의 과립

그림 4-4 타피오카

2) 노화를 억제하는 방법

(1) 수분함량의 조절

대부분의 비스킷류 · 건빵류 · 라면류 등과 같은 전분질 가공식품 속의 전분은 α-전분의 형태로 존재하나, 이들 식품을 장기간 두어도 β화, 즉 노화되지 않는 이유 중의 하나는 이들 식품의 수분함량이 극히 낮기 때문이다.

노화는 수분함량이 60% 이상 또는 30% 이하에서는 그 속도가 급격하게 감소된다. 따라서 미리 전분을 호화시킨 식품들, 다시 말해서 그 속의 전분이 α-전분으로 된 식품들에 있어서는 β화를 억제하기 위해서 수분함량을 15% 이하로 급격하게 제거함으로써 노화를 효과적으로 억제할 수 있다.

(2) 냉동법

수분함량이 크고 그 속의 전분이 α-전분의 상태로 있는 식품들은 냉동되면 그 속의 전분의 노화는 일시적으로 방지된다. 효과적인 노화방지방법은 한 식품의 빙점 이하에서 그 수분함량을 15% 이하로 억제하는 과정을 포함시킨 방법으로 냉동건조미가 있다. 또, 팽윤제로서 질산칼슘을 흡수시킨 후에 호화, 즉 젤라틴화한 쌀은 냉동저장 또는 해동과정에서 노화현상을 전혀 볼 수 없었다고 한다.

(3) 설탕의 첨가

호화된 전분에 다량의 설탕을 첨가하면 설탕이 탈수제 역할을 하여 전분의 유효수분 함량을 감소시키므로 노화가 방지되는데, 설탕은 그 농도가 클 때는 전분 현탁액에서 전분의 침전을 억제하는 효과를 갖는다. 양갱은 이 원리를 이용한 식품이다.

(4) 유화제의 사용

모노글리세리드(Monoglycerides)나 디글리세리드(Diglycerides)와 같은 유화제들의 첨가는 전분의 교질용액의 안정도를 증가시키며, 전분분자들의 침전 내지는 부분적인 결정질 영역의 형성을 방지하기 때문에 노화를 억제하여 준다.

4. 전분의 호정화 (dextrinization)

전분에 물을 가하지 않고 160~170℃ 정도로 가열하면 열분해되어 가용성 전분을 거쳐서 여러 크기의 호정(dextrin)으로 분해하는 현상을 호정화라고 한다.

이와 같이 건열로 전분을 덱스트린화한 것을 피로덱스트린(pyrodextrin)이라고 한다. 호정화가 일어나면 전분보다 분자량이 적어져서 물에 녹기 쉽고 효소작용을 받기 쉬워지며 점성이 낮아진다. 그러나 아밀로오스나 아밀로펙틴 사슬이 열분해로 군데군데 끊어져서 점성이 낮아지며 황갈색이 되고 약간 씁쓸한 맛을 갖게 된다.

호정화된 식품의 예로는 구워낸 식빵으로 만든 토스트, 마른 가루를 볶은 것, 튀긴 밀가루 음식, 미숫가루, 쌀이나 옥수수를 튀긴 것(뻥튀기 · 팝콘), 비스킷 등을 들 수 있다.

5. 전분의 당화 (saccharification, 가수분해)

전분을 산과 함께 가열하거나 효소를 넣고 효소의 최적온도를 유지시키면 가수분해되어 당이 된다. 식혜는 엿기름에 있는 아밀라아제 효소를 이용해 쌀 전분을 부분적으로 가수분해시켜 만든 음식이다. 식혜밥이 성글고 쉽게 부스러지는 것은 전분이 당화되어 쌀입자에서 빠져 나갔기 때문이다.

엿 역시 엿기름의 아밀라아제 효소로 전분을 당화시킨 것이다. 엿은 식혜보다 당화과정을 더 진행시켜 거의 전분이 존재하지 않게 한 것이다. 당화에는 산당화법과 효소당화법이 있다.

6. 전분의 조리

1) 소 스

소스는 지방, 밀가루, 액체로 만들어진 걸쭉한 것이다. 액체는 우유 또는 육수(stock)를 사용하며, 잘 만들어진 소스는 부드럽고 덩어리진 것이 없어야 한다.

만드는 방법은 지방을 녹이고 밀가루를 넣어 잘 젓는다. 이렇게 함으로써 전분입자가 분리되고 뜨거운 액체를 가했을 때 덩어리지는 것이 덜해진다. 이 지방과 밀가루의 혼합물을 루(roux)라 한다. 여기에 우유나 다른 액체를 가하면서 끓을 때까지 계속 저어 준다. 이 혼합물은 중간 정도 이상의 온도에서 조리하여야만 전분 맛이 덜해진다.

브라운 그래비 소스

베사멜 소스

그림 4-5 전분을 이용한 소스

2) 묵

묵(starch gel)은 메밀, 녹두, 도토리 등의 가루로 만든 전분의 젤(gel)화를 이용한 우리나라 고유의 전통식품이다. 모든 전분은 가열하면 호화되고 식으면 굳으나, 그릇에서 쏟거나 칼로 모나게 썰었을 때는 모양을 유지하지 못하는 것도 있다. 그러나 녹두 · 메밀 · 도토리전분은 묵으로서 가능하다.

묵이 될 수 있는 전분과 될 수 없는 전분의 차이는 아밀로오스 분자의 길이의 차이 때문으로 알려져 있다. 아밀로오스 분자의 길이가 중간 정도의 것이 호화된 전분입자와 입자 사이를 연결하여 입체적 그물조직을 형성하여 묵이 만들어진다.

묵의 질에 영향을 주는 중요한 요인의 하나는 전분의 농도이다. 같은 전분이라도 농도가 너무 낮으면 호화시킨 후 식혔을 때 젤화되지 않고, 농도가 너무 높으면 쉽게 젤화되기는 하나 단단하여 맛이 없다. 대개 물을 가루의 네 배 정도로 하여 묵을 쑤면 좋다.

청포묵

청포묵을 이용한 탕평채

그림 4-6 전분을 이용한 묵

4-2 쌀(rice)을 이용한 조리

쌀은 우리나라 사람들의 주식으로 상용되는 중요한 곡류이다. 전분이 주성분인 쌀은 열량의 좋은 급원이 되고 있다. 일반적으로 곡류의 성분은 수분량이 10~12%, 탄수화물이 70~80%, 단백질은 7~10% 정도이다. 지방은 대부분 배아부분에만 있어 도정과정에서 거의 제거되므로 기대할 수 없으나, 철 · 인 · 비타민 B 복합체는 많이 함유하고 있다.

이와 같이 곡류가 영양소의 좋은 급원이 되고 있는 것은 영양소가 비교적 골고루 함유되어 있기 때문이다(표 4-4). 또한 저장성이 높고 다른 식품에 비하여 경제적이며, 포장과 운반이 편리하고 어떤 음식과도 잘 어울려서 사람들의 식욕을 만족시켜 주고 있기 때문이다.

곡류는 쌀 · 맥(麥)류 · 잡곡으로 분류하는데, 맥류에는 보리 · 밀 · 쌀보리 · 귀리 · 호밀 등이 속하고, 잡곡에는 조 · 기장 · 피 · 수수 · 옥수수 · 메밀이 속한다. 곡류는 낟알 그대로 혹은 가루로 만들어 식용한다.

나라나 지역에 따라 주로 먹는 곡류의 종류는 다른데, 한국 · 중국 · 일본을 비롯한 동남아 여러 나라는 쌀이 주곡이고, 미국과 캐나다는 밀이 주곡이며, 소련과 중부유럽은 호밀이 주곡이다.

쌀에는 인도형(Oryza sativa var. Indica)과 일본형(Oryza sativa var. Japonica)이 있는데, 우리나라와 일본은 쌀의 입자가 짧고 단단하며 점성이 높은 Japonica형을 상용하며, 그 밖에 대부분의 지역에서는 Indica형을 먹는다.

1. 쌀

1) 쌀의 구조

왕겨를 제외한 현미는 외피 · 배아 · 배유의 세 부분으로 되어 있고, 그 비율은 각각 5~6% · 2~3% · 91~92%이다. 왕겨를 벗겨낸 것을 현미라 하며, 가장 바깥층에 과피(큐티쿨라층)가 있고 그 내부에 엷은 종피(큐틴화 되어 있음)가 있는데, 이 두 가지가 붙어서 외피를 이루고 있다.

외피 안쪽에 엷은 외배유가 있고, 그 내부는 전분립으로 되어 있는 내배유가 있다. 내배유부의 일부분과 그 주위에 지방질과 단백질이 풍부한 호분층이 있고, 현미의 배쪽 끝에 단백질 · 지방 · 비타민 B_1이 풍부한 배아가 있다.

Guide
- **큐티쿨라**(Cuticula) 생물의 체세포에서 분비하여 생긴 딱딱한 층

쌀

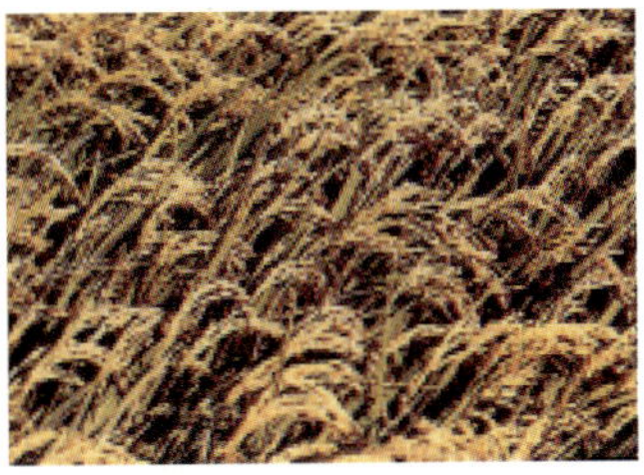
벼

그림 4-7 쌀, 벼

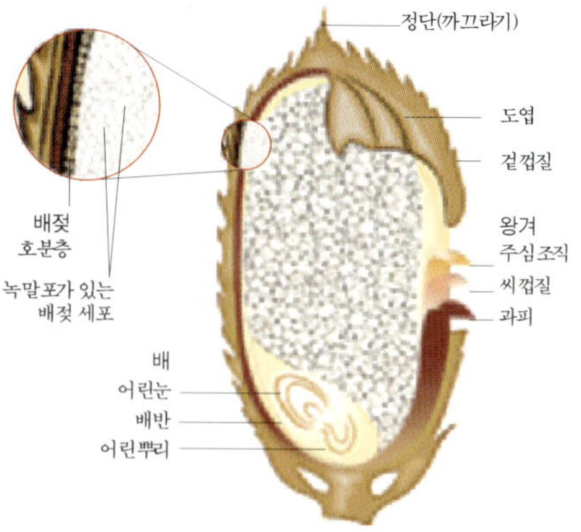

그림 4-8 쌀의 구조

표 4-4 곡류의 일반성분 (100g 중)

종 류	수 분	당 질	단백질	지 방	회 분
쌀	12.0	77.7	7.5	1.7	1.1
보 리	10.3	72.8	12.8	2.1	2.1
밀	8.7	75.8	11.7	2.0	1.8
호 밀	10.0	75.2	11.2	1.7	1.9
연 맥	8.7	68.2	12.2	7.4	1.9
옥수수	11.0	73.4	10.0	2.3	1.3
메 밀	12.0	71.6	12.4	2.4	1.6
조	10.6	72.5	10.1	3.7	1.3
수 수	12.4	73.2	9.9	2.9	1.2

2) 쌀의 품종과 특징

재배되고 있는 벼는 일본형과 인도형 및 자바형 3가지로 분류한다. 자바형(Oryza safiva var. Java)은 인도형에 가깝기 때문에 일본형과 인도형의 2종류로 분류하기도 한다.

대체로 일본형은 단립미로 쌀알의 폭과 길이가 1 : 1.8 내외로 낟알이 짧고 둥글고 굵고 단단하며, 밥을 지으면 점성이 높고 광택이 있는 것이 특징이다. 인도형은 장립미로 폭과 길이가 1 : 2.5 내외로 낟알이 길고 가늘며 부서지기 쉽고 밥을 지으면 점성이 낮고 진기가 없어 흐트러져 있게 된다.

일본형은 일본 · 한국 · 대만 · 중국 · 캘리포니아 등 비교적 제한된 지역에서 재배되나 인도형은 세계적으로 많은 지역에서 생산되고 있다. 또 쌀 성분상 큰 차이가 없으나, 전분의 성질이 다른 찹쌀(유백색)과 멥쌀(반투명)이 있다.

찹쌀 전분은 아밀로펙틴(amylopectin)이 많고 아밀로오스(amylose)가 적어서 점성이 강하나, 멥쌀은 아밀로오스가 찹쌀보다 많아서 점성이 약하다. 전분의 호화온도는 찹쌀(懦米)이 70℃ 이상, 멥쌀(粳米)이 65℃이며, 전분의 요오드 반응에서 멥쌀은 청자색을 띠나 찹쌀은 적갈색을 띤다.

찹쌀은 성분상으로 덱스트린(dextrin)의 형태로서 화학적으로는 멥쌀의 전분에 비해서 당화가 빨라 소화흡수가 양호하나, 떡을 만들면 치밀해지고 점성이 강해진다. 결론적으로 소화속도는 찹쌀이 빠르지만 소화율은 양자 간에 큰 차이가 없다.

3) 쌀의 도정과 영양 성분

(1) 쌀의 도정

벼알, 즉 낟알은 작은 껍질과 큰 껍질이 서로 포개져 있으며, 탈곡에 의해서 벼알의 왕겨층을 벗겨낸 것을 현미(玄米)라고 한다. 벼 낟알의 비율은 현미 80%와 왕겨 20%로 분리된다.

현미를 도정한 것을 백미(白米)라고 하는데, 백미는 8%의 쌀겨(과피, 종피, 외배유, 호분층, 배아)를 제거한 쌀로서 정백률이 92%이다. 5분 도미는 현미에 쌀겨가 50% 제거된 것을 말하며, 현미에 대한 쌀겨의 양이 4%까지이다. 7분 도미는 70%의 쌀겨가 제거된 것으로 현미에 대한 쌀겨의 양이 6%까지의 것을 말한다.

현미와 백미의 성분조성을 살펴보면 백미는 쌀겨층이 제거된 것이므로, 쌀겨층에 함유되어 있는 단백질 · 지방 · 무기질 · 비타민류(특히 B_1)가 제거되어 있어 영양소의 손실이 크다. 그러므로 다른 곡류와 혼식함으로써 부족한 영양소를 보충할 수 있다.

현미는 왕겨만 벗겨낸 상태여서 영양소들과 섬유소가 상당량 존재하나, 소화율과 식감은 떨어진다. 그러나 압력솥 등 조리기구의 향상으로 이러한 단점을 보완할 수 있게 되었다.

(2) 쌀의 영양성분

① 탄수화물

쌀의 주성분은 탄수화물이며, 탄수화물의 75% 이상이 전분으로 구성되어 있다. 그 밖에 덱스트린, 섬유소 등이 소량 함유되어 있다. 전분은 아밀로오스와 아밀로펙틴으로 구성되어 있는 고분자 물질로서 그들의 구조와 호화시의 변화 및 아밀로오스의 함량이 밥의 식미를 좌우하는 중요한 요인이 된다.

쌀의 전분입자는 다각형이며 크기는 3~8μ 정도이다. 멥쌀은 아밀로오스의 함량이 18~ 20%이고 찹쌀은 대부분 아밀로펙틴으로 구성되어 있어 점성이 멥쌀보다 높다.

② 단백질

쌀의 단백질은 전분 다음으로 많은 양을 차지하며, 식품학적으로 중요한 위치를 차지하고 있다. 현미에는 7.5%, 백미에는 6.4% 정도의 단백질이 함유되어 있는데, 주로 글루텔린(glutelin)의 일종인 오리제닌(oryzenin)이다. 그 밖에 알부민(albumin), 글로불린(globulin), 프롤라민(prolamin) 등도 함유되어 있다. 쌀 단백질의 아미노산 조성은 표 4–6과 같다.

표 4–5 쌀의 영양성분

에너지 / 구분	가식부 100g										
	열량 (kcal)	수분(%)	단백질 (g)	지질(g)	탄수화물(g)		무기질(mg)		비타민(mg)		
					당질	섬유	Ca	P	B_1	B_2	니아신
현 미	368	11.0	7.2	2.5	76.8	1.3	41	84	0.30	1.10	85.1
7분도미	368	12.3	6.9	1.1	78.8	0.3	24	179	0.19	0.05	2.7
백 미	371	13.5	6.8	1.0	79.6	0.3	32	100	0.15	0.0	1.5

표 4–6 쌀 단백질의 아미노산 조성 (%)

아미노산	전쌀단백	백미단백	표준단백
리신(lysine)	3.2	2.2	4.2
트립토판(tryptophan)	1.3	1.1	1.4
페닐알라닌(phenylalanine)	5.0	5.6	2.8
메티오닌(methionine)	3.0	2.6	4.2
트레오닌(threonine)	3.8	2.2	2.8
류신(leucine)	8.2	6.7	4.8
이소류신(isoleucine)	5.2	4.9	4.2
발린(valine)	6.2	8.8	4.2

표 4–6에서 보는 바와 같이 쌀 단백질이 표준단백에 비하여 큰 차이가 없다.

또한 리신(lysine), 트립토판(tryptophan), 메티오닌(methionine), 트레오닌(threonine) 등이 다소 적은 편이지만 모든 아미노산이 균형있게 함유되어 있다.

③ 지 방

현미는 약 2%, 백미는 0.7%, 7분 도미는 1% 정도의 지방을 함유한다. 그 대부분이 미강층과 배아부에 있다. 즉, 미강층에 18%, 배아에 21% 함유되어 있다. 이 지방을 미강유라고 하며 5%의 복합지질과 95%의 순지방으로 구성되어 있다. 그리고 지방산 성분은 올레산(oleic acid), 리놀레산(linoleic acid), 리놀렌산(linolenic acid)등이다. 이들 지방의 조성을 비교하면 표 4–7과 같다.

표 4-7 백미지방산의 조성

지 방	올레산	리놀레산	리놀렌산	고체산	액체산
백 미	8.9	72.0	0.4	19	81
미강층	25.4	57.4	1.0	16	84
배 아	42.6	35.5	1.4	19	81

④ 무기질과 비타민

곡류는 다른 식품에 비해 영양적으로 필요한 무기질 함량이 인(P)과 칼륨(K)을 제외하고는 현저히 적은 편이며, 비타민도 전반적으로 극히 적은 편이다. 쌀의 비타민은 B_1과 B_2를 상당량 함유하는데, 대부분 외피 및 배아에 들어 있기 때문에 도정과정에서 제거된다. 그리고 비타민 C와 D는 전혀 없다.

백미는 현미에 비해 철을 제외한 모든 무기질과 비타민 함량이 절반 이하로 현저히 떨어지는 경향을 보였는데, 특히 칼슘과 니아신(niacin)의 감소가 두드러졌다.

4) 수 세

쌀의 수세는 불필요한 겨나 먼지를 제거하기 위해 행하는 것이므로 씻음으로써 손실되는 비타민 B_1의 양을 줄이기 위해 쌀은 문질러 씻지 않는 것이 좋다. 가열 전 세미나 침적에 의해 6~8%의 물을 흡수하여 쌀입자 내의 수분분포를 고르게 하며, 가열 시에 호화를 충분하게 해준다.

쌀을 씻을 때는 전분 · 수용성 단백질 · 지방 · 섬유소 등 백미의 0.5~1%가 손실되며, 특히 백미의 비타민 B_1은 20~60%가 유실된다.

5) 가수량 및 가열

쌀 입자 내 전분이 완전 호화하려면 충분한 물이 필요하다. 일반적으로 맛있게 지어진 밥의 함수량은 약 65%로 쌀 중량의 1.3배 정도이다. 밥을 짓는 동안 증발수분량 약 10~30 %를 더하면 밥짓기에 적당한 가수량이 된다.

그리고 α화는 가열온도가 높을수록 빠르며, 가열 전에 물에 담가 두는 시간이 길수록 빠르다. 쌀전분의 α화는 60~65℃에서 시작하여 70℃에서 진행되고, 100℃에서 20분 정도 두면 완전히 끝난다.

맛있는 밥을 짓기 위해 쌀을 물에 씻어서 불리는 이유는 전분이 호화되기 위해서 30% 정도의 수분이 필요하기 때문이다. 쌀은 수분을 건조시켜 놓은 상태이므로 건조한 쌀을 씻어 바로 밥을 지을 때보다 물에 불린 다음에 밥을 짓게 되면 쌀알이 충분한 물을 흡수할 수 있게 되어 가열 시 열전도가 쉬우므로 호화가 더 잘 일어나 더 맛있는 밥이 지어진다.

쌀의 물 흡수시간은 온도에 따라 달라지므로, 여름에는 30분, 겨울에는 90분 정도면 포화상태가 되어 적당하게 된다.

표 4-8 쌀의 종류에 따른 물의 분량

쌀의 종류	쌀의 중량에 대한 물의 분량	체적(부피)에 대한 물의 분량
백 미	쌀의 중량의 1.5배	쌀의 용량의 1.2배
햅 쌀	쌀의 중량의 1.4배	쌀의 용량의 1.1배
찹 쌀	쌀의 중량의 1.1~1.2배	쌀의 용량의 0.9~7배

6) 보 존

쌀밥을 장시간 방치한 찬밥은 전분의 노화가 진행되고 밥맛의 저하가 현저하다. 이것은 기온이 낮을 때나 냉장고 보존의 경우에 일어나기 쉽다.

2. 쌀밥을 이용한 조리

1) 한 식

① 쌀 밥 : 백미밥, 현미밥

전기밥솥에 밥을 하고 시간이 지나면 보온열과 수분에 의해 밥맛이 떨어진다. 보온열은 밥의 당과 단백질이 반응하는 메일러드 반응을 일으킴으로써 색을 누렇게 변하게 하고 밥 특유의 향도 날아가게 한다.

Guide

• 메일러드 반응
(Maillard reaction)
비효소적 갈변반응으로, 당류의 탄소와 단백질, 아미노산에서 제공되는 질소간의 반응인데 열을 가하면 멜라노이딘이라는 갈색 물질이 생성되어 식품의 색이 갈색으로 변하는 것을 말한다.

밥솥의 뚜껑에 붙은 물기가 다시 밥 속으로 들어가면 밥이 보슬거리지 않고 된밥이 되므로, 밥이 다 되면 전원을 끄고 뚜껑에 붙은 물기를 닦아 준다. 그 뒤에는 마른 헝겊을 밥 위에 덮어 수분증발을 막는다. 주걱으로 밥을 훌훌 저어 여분의 수분이 증발하여 보슬보슬한 밥이 되게 한다.
무쇠솥에서 밥을 지을 때에는 뜸 들이는 동안 누룽지가 생긴다.

② 잡곡밥 : 보리밥, 조밥, 차조밥
③ 두류를 넣은 밥 : 콩밥, 팥밥, 중등밥(홍반)
④ 서류를 넣은 밥 : 감자밥, 고구마밥
⑤ 견과류밥 : 밤밥
⑥ 기 타 : 오곡밥, 비빔밥, 장국밥, 야채밥, 김치밥

2) 양 식

리조토(Rissoto), 오리엔탈 라이스(Oriental Rice), 나시고랭(Nasi Coreng), 필래프 라이스(Pilaff Rice)

3) 일 식

아와세스(모듬초밥초), 마끼스시(김초밥), 아나리스시(유부초밥), 니기리스시(생선초밥) 등

4) 중 식

게살볶음밥, 쇠고기덮밥, 잡탕밥, 잡채밥, 새우볶음밥, 돼지고기덮밥, 팔진볶음밥 등

3. 쌀로 만든 가공식품

1) 일반 쌀 가공식품

우리나라는 쌀의 총생산량 중 4~6% 정도가 주류, 제과, 장류, 스낵류, 수프류, 병과류, 기타 등의 용도로 사용된다. 근래에는 떡류, 전통식(약과 · 식혜), 미숫가루, 이유식 및 제빵용 원료로 일부 소비되고 쌀빵, 쌀국수, 쌀떡, 쌀냉면, 쌀쫄면, 쌀라면, 튀기지 않는 증숙면을 비롯하며 즉석 건조쌀밥, 즉석쌀죽, 즉석식혜, 쌀요구르트 등 가공식품으로 가공되어 시판되고 있다.

과거보다 더 품질이 좋은 청결미, 팽화미, 인스턴트 라이스는 쌀을 희석식초에 침지한 후에 적당량의 물을 넣고 가열하여 α화 된 쌀 전분을 수분이 5% 이하가 되도록 건조시키면 알파 전분이 고정되어 알파 건조미를 만들게 되는데, 이 쌀을 인스턴트 라이스라고 부른다. 이 쌀은 가열 없이 적당한 물만 가하면 밥 상태로 변한다.

강화미는 쌀을 비타민 용액에 담가 비타민이 쌀 내부로 스며 들게 만든 것이다. 찐쌀(parboiled rice)은 도정하지 않은 벼를 물에 담가 수분함량을 40% 정도로 한 후, 100℃에 30분 동안 처리한 다음에 탈곡 · 도정한 것이다.

이는 배아와 겨에 있는 비타민 B_1이 배유로 옮겨가므로 맛도 구수하고 영양가도 높아진 가공품이다. 일반적으로 간식 · 보조식의 개념인 가공식품이 많고 물성개량 목적으로 사용되기도 한다.

POINT

즉석미는 밥짓는 데 걸리는 시간이 3~5분으로 간편하고 신속하게 밥을 먹을 수 있어 휴대용으로 많이 이용된다. 즉석미는 밥을 짓는 데 걸리는 시간을 단축할 목적으로 제조된 쌀로 다양한 방법이 개발되어 있다.
그 중 하나는 현미를 실온에서 2~3시간 침지시켜 수분함량을 14%가 되게 하고, 149~177℃에서 40분간 baking한 다음에 다시 실온에서 2~3시간 침지시켜 용적을 2배 팽창시켰다가 149~177℃에서 baking하는 공정법이다. 5분 정도 가열하여 먹을 수 있다.

(1) 떡 류

떡류 중 증편은 술떡으로 알려져 있으며, 중국의 증편은 원료가 밀가루이나 우리나라에서는 쌀가루로 만든다. 쌀가루에 물 · 설탕 · 이스트 또는 탁주를 넣어 발효시킨 일종의 발효식품으로, 쌀찐빵이라고도 한다.

POINT

떡의 종류

- **찌는 떡**(증병) : 각색편, 팥시루떡, 백설기, 두텁떡, 물호박떡, 잡과병, 찰편
- **치는 떡**(도병) : 절편, 인절미, 개피떡, 골무떡
- **삶는 떡**(빚는 떡) : 송편, 단자경단, 쑥굴리
- **지지는 떡**(유전병) : 화전, 주악, 수수부꾸미
- **약밥** : 찹쌀밥에 꿀 · 참기름 · 간장으로 간을 하여 밤 · 대추 · 잣 등을 섞어서 버무려 찌는 밥의 형태이며, 유래는 신라 소지왕 때 까마귀에게 제사를 드린 데서 시작되었다고 하여 약밥이라고 부른다.

(2) 종국류

감주 · 된장 · 술을 제조할 때 쓰이는데, 국균이 분비하는 효소를 이용하기 위하여 국균이 번식하는 배양기로 쌀을 이용한다. 쌀뿐만 아니라 대개 곡류가 제국(製麴)의 원료로 쓰인다.

(3) 시리얼 (cereals)

여러 종류의 곡류를 다양한 형태로 가공하여 만든 것으로, 아침식사 대용으로 짧은 시간에 조리할 수 있도록 되어 있다.

(4) 국수류

주로 밀가루 제품을 이용하지만 요즘에는 스파게티면(spaghetti noodles)이나 마카로니 등을 쌀가루와 함께 혼합하여 만들고 있다.

2) 단술과 식혜(食醯)

단술은 주로 쌀을 원료로 한 것이다. 밥을 짓고 식힌 후, 여기에 쌀코지나 엿기름을 섞고 55~60℃로 5~7시간 유지하여 당화한 다음, 4~5시간 더 숙성시키면 단술이 된다.

식혜(食醯)는 당화한 후, 밥알만 건져두고 국물에 생강을 넣고 다시 끓인 다음, 밥알을 알맞게 띄우면 된다.

그림 4-9 식 혜

식혜는 전통적인 우리나라 고유음료의 일종으로 단술, 감주, 물식혜라고 부른다. 쌀 · 엿기름 · 설탕 등을 원료로 하여 만들며 첨가량에 따라 맛이 달라지는데, 엿기름이 많을수록 당화속도는 빠르지만 색깔은 진해진다.

그러나 엿기름을 적게 사용하면 발효가 늦고 감미가 떨어진다. 엿기름을 물에 우려 맑은 웃물을 고들고들한 찐쌀과 섞어 50~60℃에서 3~4시간 발효시키면 삭은 밥알이 위로 떠오르게 된다.

만약 온도가 낮아지면 초산균이나 젖산균의 발육으로 품질이 나빠진다. 삭은 밥알은 체로 건진 다음, 냉수로 헹군 후 물기를 빼고 낮은 온도에 둔다. 식혜물은 끓여 식히고 여기에 따로 둔 밥알을 적당량 섞어 제품화한다.

4-3 밀(wheat)을 이용한 조리

1. 정 의

그림 4-10 밀

밀의 입자는 배유부, 배아부, 당층(과피, 종피, 외배유 및 호분층의 일부)으로 구성되어 있다.

밀의 입자는 외피가 딱딱하고, 배유부가 부드러워서 부스러지기 쉽기 때문에 입자 그대로 이용하기는 어렵다. 또한 보리에 비하여 골이 깊어서 정백은 곤란하지만 가루로 만들기는 쉽다.

2. 글루텐 형성

근본적인 반죽의 특징은 수화된 글루텐(gluten) 때문이다. 글루텐은 글루테닌(glutenin)과 글리아딘(gliadin)의 혼합물이며, 글루타민(glutamine)이 30% 이상 존재하는 물질이다. 글리아딘은 분자가 100,000 이하의 물질이며, 글루테닌은 훨씬 큰 거대분자로 되어 있다. 이들 둘은 두 개의 유황기로 연결되어 있다.

밀가루 글루텐은 물을 흡수하여 점성을 나타내고, 글루테닌은 긴장된 탄력성을 준다. 밀가루에 물을 조금씩 섞어 치대면 점탄성 있는 반죽(dough)이 된다. 이것은 밀의 단백질인 글리아딘과 글루테닌이 물과 수화해서 글루텐을 형성하기 때문이다.

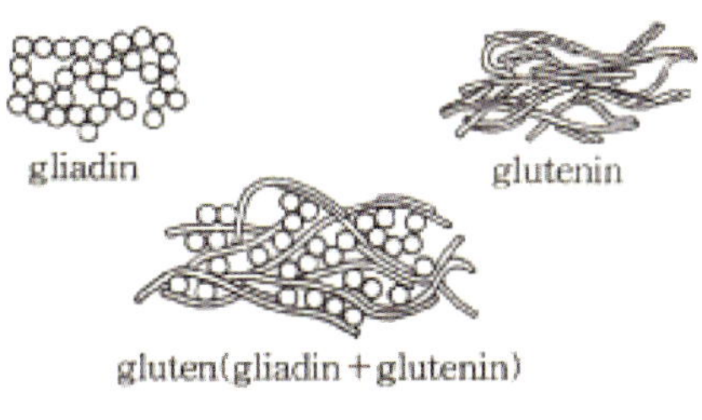

그림 4-11 수화한 밀가루 단백질

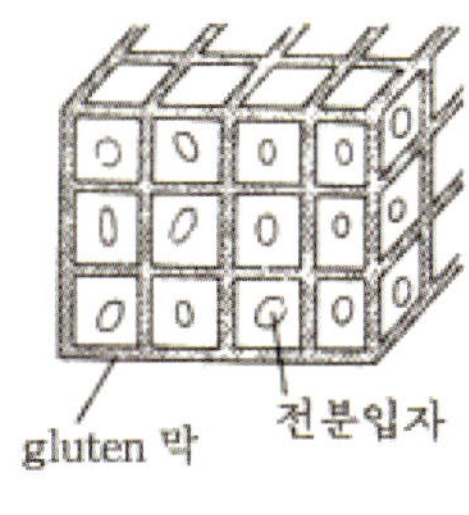

그림 4-12 gluten 망목조성 모델

3. 글루텐 형성에 영향을 미치는 물질

방해 물질	지방	글루텐 형성에 필요한 물이 제자리를 찾지 못하도록 소수성의 지방이 물을 밀어내는 역할을 하여 글루텐 형성을 끊어버리게 된다(연화작용, shorteness). 덩어리로 들어간 지방은 넓은 막을 형성하여 반죽에 켜가 생기게 하는데, 이 원리를 이용한 것이 파이 크러스트이다.
	설탕	글루텐 형성에 필요한 물을 친수성의 설탕이 끌어안아 물이 제자리를 찾지 못하도록 하여 글루텐 형성을 방해한다.
돕는 물질	소금	밀가루에 소금을 넣으면 글루텐이 늘어나는 성질이 강해져서 잘 끊어지지 않는다. 그래서 국수를 반죽할 때는 1.5~1.7%의 소금물을 이용한다.

POINT

밀가루의 종류에 따른 용도

종 류	글루텐의 함량	용 도
강력분	13% 이상	식빵, 마카로니 등 점성이 강한 것에 이용
중력분	10~13%	국수나 칼국수 등 바삭바삭하지 않은 것에 이용
박력분	10% 이하	과자, 케이크, 튀김옷 등 점성이 약한 것에 이용

4. 조리에 의한 변화

1) 가열에 의한 변화

수분 존재하에서 글루텐을 가열하면 약 70~80℃ 부근에서 글루텐의 열변성이 일어나서 점탄성은 소실되고, 그 결과로 도우의 팽창과 늘어남도 멈춘다. 글루텐은 열응고되어 빵과 면 등의 골격을 형성한다.

2) 부재료의 영향

(1) 식염과 pH

적당한 양의 식염 첨가는 글리아딘(gliadin)의 점성을 증가시킴으로써 글루텐의 망상구조를 조밀하게 하여 도우의 탄력을 크게 하고 신진성을 좋게 하는 효과가 있다. 그러나 첨가량이 너무 많으면 도우(dough, 반죽)의 결합력을 저하시켜서 뭉그러지기 쉽다. 식염은 도우의 발효를 막는 작용을 한다.

도우 중 단백질의 물에 대한 용해성은 pH가 상승하면 감소하는 경향을 나타내므로 pH 7에서는 식염첨가의 유무에 관계없이 거의 일정하다.

POINT

- 도우(dough) : 밀가루, 액체, 그리고 다른 재료들이 들어간 혼합물로 뻑뻑하지만 손으로 작업할 수 있을 정도로 유연하다. batter와는 다르게 dough는 뻑뻑해서 흐르지 않는다.
- 배터(batter) : 케이크나 머핀 또는 와플을 만드는 걸쭉한 밀가루, 달걀, 우유의 혼합물

(2) 설탕과 지방

빵 반죽에서는 발효를 촉진시키며, 케이크 반죽에 다량 첨가했을 때는 글루텐 분해작용이 있으므로 글루텐을 끊어 길게 성장하지 못하게 함으로써 반죽이 묽어져서 점탄성을 감소시킨다. 밀가루와 설탕의 혼합물 또는 밀가루와 기름의 혼합물에 물을 가하면 글루텐은 형성되기 어렵다.

설탕은 그 친수성에 의해 밀가루와 물의 결합을 방해하고, 지방은 소수성에 의해 글루텐 형성의 저해를 일으킨다.

(3) 난의 영향

수분이 많으므로 가열하기 전에는 반죽을 묽게 하고 콜로이드상의 단백질을 다량 함유하고 있으므로 반죽을 부드럽고 매끄럽게 한다. 가열에 의해 난단백질이 열응고해서 성형을 돕는다.

5. 밀가루 제품과 조리

그림 4-13 밀가루로 만든 제품

1) 도우를 밀어 만든 식품

국수류 (alimentary paste)

밀 단백질의 글루아딘은 물을 흡수하면 점착력이 생겨서 사상으로 늘일 수가 있으므로 이 성질을 이용하여 만든 것이다.

(1) 서양계 국수

일명 파스타(pasta)로 부르고 있다. 파스타는 밀가루 또는 세몰리나(semolina) 가루에 계란과 올리브유를 첨가하여 잘 이겨서 탄력성 있는 반죽을 만들고 그것을 얇게 펴고 잘게 썰어서 갖가지 모양으로 만든다. 파리나(Farina), 글루텐(gluten) 가루, 밀배아, 콩가루, 아티초크(artichoke) 가루, 시금치 · 비트 · 당근 등 야채 퓌레(puree)를 첨가하기도 한다.

가장 널리 보급된 것은 마카로니와 스파게티이다. 그러나 라자냐(lasagne)라고 불리고 있는 시트 모양의 것, 누들이라고 불리고 있는 국수 모양의 것, 루오테니 포일이라고 불리고 있는 바퀴 모양의 것, 셀이라고 불리고 있는 조개 껍데기 모양의 것, 팔파쯔레 또는 버터플라이라고 불리고 있는 나비 모양의 것 등 여러 가지가 있다.

크기도 갖가지이다. 표면도 매끈한 것이 있는가 하면, 파도형으로 만들어 놓은 것도 있다. 만들 수 있는 것도 많으므로 필요할 때 용도에 맞게 모양을 만들어 사용하기도 한다.

파스타는 보통 건조된 것이므로 보관 상태가 좋으면 적어도 6개월 간은 풍미가 가시지 않는다.

POINT

서양 면류

파스타 (Pasta), 스페츨리 (Spaetzle), 스파게티 (Spaghetti), 펜네 (Fenne), 푸실리 (Fusilli) 등

(2) 동양계 국수

주재료는 밀가루 · 소금 · 물이고, 메밀가루 · 쌀가루 · 보리가루 등 각종 가루를 첨가하기도 한다. 소금은 글루텐망의 점착성을 저하시켜 서로 달라붙는 것을 방지하는 것과 동시에 글루텐의 표면적이 커지므로 건면의 경우에 건조시키는 동안 갈라지거나 부러지는 것을 막고 저장성을 높이는 등의 역할을 한다.

모양에 따라 세면 · 소면 · 왕면 등이 있으며, 첨가한 곡류가루에 따라 밀국수 · 메밀국수 · 보리국수 · 쌀국수 · 도토리국수 · 칡국수 등이 있다.

POINT

국수를 이용한 조리

- 한 식 : 장국국수, 비빔국수, 냉면, 칡냉면, 칼국수 등
- 일 식 : 메밀소바, 우동, 소멘(소면) 등
- 중 식 : 울면, 삼선짬뽕, 팔진초면, 새우초면, 삼선짜장면, 훈탕면, 기스초면 등

2) 팽화시켜 만든 식품

제과 제빵류

(1) 퀵 브레드 (Quick bread)

화학적 팽창제나 증기를 사용하여 만들므로 발효시간 없이 빨리 만들 수 있어 퀵 브레드라 한다. 적당한 글루텐 강도가 좋으므로 중력분을 주로 사용하며, 물 · 우유 · 지방 · 달걀 · 설탕 등을 첨가한다.

반죽재료의 적당한 혼합 비율과 재료 성분을 골고루 분산시키는 것이 중요하다.

머핀(muffin), 와플(waffles), 팝오버(popovers), 핫 케이크(griddle cake), 옥수수빵(corn bread), 팬 케이크(pan cake) 등이 여기에 속한다.

Guide
• **팝오버** (popover)
속에 공기가 주입되어 부풀며 속이 거의 빈 머핀

(2) 이스트 리벤드 브레드 (Yeast leavened bread)

이스트를 사용하여 반죽 내의 당을 발효시켜 부풀게 하여 만들므로 이스트 리벤드 브레드라 한다. 글루텐망의 형성이 잘 되어야 하므로 단백질 함량이 많은 강력분을 사용하며, 물 · 우유 · 소금 · 설탕 · 지방 · 달걀 등이 첨가된다.

(3) 케이크 (Cake)

스펀지 상의 형상을 한 팽화조리로 밀가루 · 달걀 · 설탕을 주재료로 하는데, 스펀지 케이크(sponge cake)에는 우유를 넣고 파운드 케이크(pound cake)에는 버터를 넣는 것이 서로 다르다.

(4) 쿠키 (Cookies)

케이크와 유사하며, 버터 · 마가린 · 쇼트닝 등을 사용한다. 주로 중력분을 사용하고, 대체로 된 반죽을 하여 팽창제는 거의 사용하지 않는다.

쿠키는 부드럽기보다는 바삭거리는 질감을 낸다. 케이크보다 약간 높은 온도에서 굽는데, 설탕의 함량이 많은 쿠키는 낮은 온도에서 굽도록 한다.

묽게 반죽하여 스푼으로 떠 놓아 굽는 drop cookies와 반죽한 것을 팬에 쏟아 부어 구운 후 적당한 크기로 써는 sheet cookies, 반죽하여 차게 두었다가 얇게 밀어서 여러 가지 모양의 칼로 잘라 굽는 rolled cookies 등이 있다.

Guide
• **데니시 페이스트리** (danish pastry)
사과 · 견과류 등이 든 반죽에 당의를 입혀 구운 빵

(5) 페이스트리 (Pastry)

파이(Pie)나 데니시 페이스트리(danish pastry) 등 주로 후식으로 이용된다.

(6) 만두피

- 찐만두 : 중력분을 소금 약간과 끓는 물에 넣고 반죽
- 물만두 : 강력분을 소금 약간과 찬물에 넣고 반죽
- 쇼마이(딤섬) : 강력분을 색소, 계란, 소금을 넣고 반죽

4-4 보리(barley)를 이용한 조리

그림 4-14 보리

Guide
- **정맥** (精麥)
깨끗하게 찧은 보리쌀

우리나라에서 보리는 쌀 다음으로 중요한 주식용 식품이었다. 옛날에는 끼니를 잇기 위해 보리밥을 먹었지만, 근래에는 영양적인 면에서 혼식을 위해 먹는다.

보리는 맥주, 된장, 간장, 과자 등의 원료로 이용된다. 단백질 함량도 적지 않으며, 인산 · 칼슘 · 철분과 비타민 B군이 풍부하다. 특히 도정 후에도 다른 곡류와 달리 섬유질 함량이 매우 높다.

보리를 도정한 것을 정맥(精麥)이라 하고, 보리의 소화가 안 되는 점을 조금이나마 제거하고 쌀에 혼합하여 먹을 때 입맛을 부드럽게 하기 위해 보리를 압편한 것을 압맥(整麥)이라고 한다.

보리를 이용한 주 가공식품은 엿기름 · 쌀보리밥 · 보릿가루 · 보리면류 · 미숫가루 · 보리차 · 보리플레이크 · 맥주 등이 있으며, 다른 가공식품에 부원료로 사용되고 있다.

엿기름은 알코올, 맥주, 주정, 물엿 등을 만들 때 녹말을 당화시켜 주는 주원료로 보리에 싹을 나도록 하여 제품화한다. 싹의 길이가 보리알의 2/3~3/4 가량인 것이 단맥아인데, 이것은 보통 고온에서 발아시킨 것이다. 보리알의 1.5~2배 가량 자란 장맥아는 비교적 저온에서 발아시킨 것인데, 보리알의 1.5배가 되었을 때 아밀라아제(amylase)와 같은 효소의 양이 가장 많아진다.

단맥아는 맥주용이고 α-아밀라아제의 작용이 단맥아의 1.5배 정도인 장맥아는 식혜나 물엿을 만드는 데 사용된다. 보리의 발아에 필요한 온도는 14~18℃이다. 일반적으로 맥주용에는 이조대맥이 사용되고, 엿 · 알코올 · 디아스타제 등에는 사조대맥과 육조대맥이 쓰인다. 보리가 발아하기 위해서는 종자가 신선해야 하는데, 고온다습한 곳에서 오래 저장하거나 가열건조한 것은 사용할 수 없다.

엿기름은 녹말을 당화시키는 주원료인데, 원래 보리 자체는 아밀라아제를 많이 가지고 있지 않으나 발아한 엿기름은 $\alpha\beta$-아밀라아제를 많이 가지고 있다. 엿기름에 존재하는 효소의 양은 싹이 트기 시작하면서 생겨 싹의 길이가 겉보리 알맹이 길이의 1~1.5배일 때 가장 높다.

보리 플레이크는 보리쌀을 2시간 정도 물에 담가 수분함량이 45~55%가 되게 한 후, 압착과 동시에 건조시켜서 160~180℃에 4~10초 동안 튀기거나 팽화시킨 것이다.

1) 보리의 종류

보리는 겉껍질이 종실에 밀착하여 떨어지지 않는 겉보리와 성숙 후 겉껍질이 쉽게 벗겨지는 쌀보리가 있다. 이들 보리는 섬유소가 많아 미감도 떨어지고 먹기에도 좋지 않으며, 소화성도 나쁘므로 조정을 하여 이용한다.

압맥은 보리쌀을 수증기로 쪄서 한 번 눌린 것으로, 부드럽기 때문에 어린이들도 즐겨 먹을 수 있다. 통보리처럼 밥하기 전에 미리 삶거나 불릴 필요 없이 그냥 조리해도 되므로 편리하다.

Guide

• 할맥(割麥)

보리를 세로로 2등분하여 찧은 보리쌀

할맥은 보리쌀을 둘로 쪼개어 가공한 것으로, 쪼개어진 크기가 쌀과 같아 먹기에 부담이 없고 미리 삶거나 불릴 필요 없이 쌀과 함께 밥을 지을 수 있다. 껄끄러운 질감도 없고, 보리의 영양소도 함께 섭취하도록 가공한 보리쌀이다.

압 맥

할 맥

백 맥

그림 4-15 보리의 종류

2) 보리의 조리

정맥으로 밥을 하면 다소 밥 색깔이 검게 보이며, 쌀보다 늦게 익고 입에서는 겉도는 현상이 일어나게 된다. 이것은 수분흡수가 잘 안되어 같은 시간에 익지 않기 때문이므로 일단 한 번 삶아서 건져 두었다가 밥을 지을 때에 다시 익혀서 먹어야 한다.

이와 같은 불편함을 보완한 것이 압맥과 할맥이다. 압맥은 쌀과 같이 밥을 지었을 때에 밥이 잘 되고 씹는 감이 좋으나, 여전히 보리의 시커먼 부분이 남아 있어 밥이 검어 보이는 단점이 있다.

할맥은 쌀과 혼합하여 밥을 지었을 때 색깔이나 입 안에서의 질감이 차이가 없어 보리알이 겉돌지 않으며, 할맥의 잘린 면으로 수분의 흡수가 용이해지므로 쌀과 비슷한 시간에 밥이 퍼진다. 따로 물에 담그거나 삶지 않아도 된다.

4-5 호밀(rye)을 이용한 조리

오래 저장할 수 있도록 호밀을 제분하여 빵을 만들면 검은 색을 나타낸다고 해서 흑빵이라고 부른다. 우리나라 북부지방에서는 죽을 만들어 먹거나, 제분하여 밀가루 대신으로 이용한다. 사료 및 녹비로도 쓰이며, 맥각은 지혈제나 편두통 치료제 및 자궁수축제로서 이용된다.

호밀은 제분해서 제빵용으로 쓰이는 수요가 많으며, 신맛과 독특한 풍미가 있는 흑빵이 만들어진다.

호밀가루로 검은빵이 만들어지는데, 신맛과 풍미가 있다.

그림 4-16 호밀빵

4-6 옥수수(corn)를 이용한 조리

Guide

• 전분의 호정화 (dextrinization)

전분을 수분없이 고온으로만 가열 조리하면 전분의 일부가 호정(덱스트린)으로 바뀌어 소화율이 증가하는 현상

옥수수의 용도는 콘 플레이크(corn flake), 옥수수 가루(corn flour), 옥수수 전분(corn starch) 및 식용유, 알코올 제조의 원료로서 다양하게 쓰인다. 우리가 이용하고 있는 것은 경립종(梗粒種, flint corn)이나 감미종(甘味種, sweet corn) 등이고, 완숙 전에 찌거나 구워서 먹거나 기타 통조림으로 한다. 폭열종(爆裂種, pop corn)은 팝콘으로 이용되기도 하며, 팝콘은 전분의 호정화(糊精化) 과정에 의한 것이다.

그림 4-17 옥수수

그림 4-18 콘플레이크

1. 옥수수로 만든 가공식품

1) 콘 플레이크의 제조

콘 플레이크는 가장 인기 있는 편의식품으로 우선 옥수수를 건식도정하여 배아와 옥피를 제거하고 배유만을 두 조각으로 나눈 후에 큰 입자(옥수수 입자의 1/3, 1/2)를 콘 플레이크용으로 이용한다. 큰 입자의 그릿(grit)은 제조과정 중에서 그 형태를 유지하며 입자 하나하나의 플레이크를 생산한다.

보통 콘 플레이크는 간접적으로 팽화시킨 제품인데, 재래식 방법과 압출방법으로 만들고 있다. 재래식 방법은 제조시간이 오래 걸리나, 압출방법은 연속 제조방법으로 약 2시간 만이 소요된다.

재래식 방법은 배아를 제거한 후에 옥수수 그릿을 소금과 설탕 및 맥아를 혼합한 용액과 함께 회전식 압력솥에 넣고 0.044~0.067톤/cm^2 (15~23psi)으로 1~2시간 쿠킹한다. 쿠킹 중 그릿은 수분 및 물에 녹아있는 원료성분을 흡수하는데, 그릿의 수분함량이 33%에 이르게 된다.

이 과정에서 전분의 수분함량이 적어 전분입자의 팽윤이 제한되므로 그릿 입자는 고유한 형태를 유지하게 되며, 이와 동시에 갈변반응이 일어나 플레이크의 독특한 색깔을 형성하게 된다.

압출방법은 익스트루더 방법(extruder method)이라고 하는데, 익스트루더에 의한 콘플레이크 제조는 우선 옥수수 가루 90% · 설탕 8% · 소금 1% · 맥아 1%를 혼합하여 수분함량을 약 25%로 조절하고 익스트루더에 투입하여 177℃에서 3분 정도 쿠킹한다. 이 과정 중 발생되는 열의 60%는 기계적 열이고 40%는 주입된 스팀에 의한다.

쿠킹된 것은 냉각 후, 두 번째의 성형 익스트루더에 넣어 온도를 82℃로 유지하여 작은 알맹이로 만든 다음, 38℃로 냉각하여 끈적한 조직을 제거한다. 이를 플레이크롤로 압편한 다음에 204~260℃에서 토스팅(toasting)한다.

압출법의 장점은 옥수수 그릿 대신에 입자 크기가 다양한 옥수수 가루(corn mill)를 사용할 수 있다는 것과 다른 곡류가루(귀리, 밀, 쌀 등의 가루) 또는 여러 가루를 혼합물로 쓸 수 있다는 점이다.

2) 콘칩의 제조

콘칩(corn chip)의 원료는 밝은 노란색 또는 흰색 옥수수 품종으로 적당한 점도와 크기를 가지며, 배유의 초자질에 대한 분상질의 비율이 적은 연질옥수수가 좋다. 알칼리 처리는 쿠킹 중 과피의 제거를 촉진하고, 미생물의 억제 · 콘칩의 향미 · 색상 · 저장수명 · 영양가 등에 영향을 주는데, 알칼리는 주로 배아를 통하여 0.2% 이하 정도 흡수한다. 물은 옥수수의 침지 및 쿠킹 중 흡수 · 결합되며 분쇄 중 반죽에 다시 물을 첨가한다.

물의 첨가량은 쿠킹 정도에 따라 다르지만, 콘칩 반죽의 수분함량은 보통 51~52% 정도가 적당하다. 그 외 검(CMC로 노화지연 및 방지, 저장성 기능성 증가), 유화제(모노글리세리드, 조직유연, 노화억제), 소금, 향미제 등을 첨가한다.

제조과정은 물, 옥수수, 알칼리[CaO 또는 $Ca(OH_2)$]를 모두 넣고 혼합하여 가열(90~98℃, 5~50분)하면서 침지시킨다. 이 과정에서 수분과 알칼리는 옥수수 입자 내에 고르게 분포되고, 이것을 닉스타말(nixtamal)이라 부른다. 닉스타말은 과잉의 알칼리를 가지고 있으므로 물로 세척한다.

이때 옥수수 과피는 매우 느슨해진다. 수세한 닉스타말은 분쇄하여 반죽상태로 만들게 되는데, 이때 팽윤된 호화전분입자는 파괴되고 수화된 전분과 단백질은 호화되지 않은 옥수수 배유부분을 분해시킨다. 이 반죽을 최종적으로 유탕(280~302℃, 20~40초) 처리하여 제품으로 한다.

4-7 귀리(oats)를 이용한 조리

죽(oat meal)을 쑤어 먹거나 주식으로 쓰기도 하지만, 사료 등의 용도로도 많이 쓰인다. 다른 맥류에 비해 지질 · 섬유가 많고 지질은 주로 씨눈에 들어 있다. 당질로는 전분과 소량의 당분 및 덱스트린(dextrin)이 있고 회분에는 칼륨과 인 및 규소가 들어 있다.

4-8 수수, 조, 그밖의 곡류를 이용한 조리

1. 수 수(sorghum)

그림 4-19 수수

찰수수와 메수수가 있고, 특히 사탕수수는 줄기에 10~11%의 자당을 함유하고 있어서 설탕제조에 쓰인다. 품종에 따라 흰색 · 갈색 · 노란색 등이 있으며, 대부분은 적갈색으로 이는 종피의 색소에 의한 것이다. 종피는 탄닌(tannin)을 함유하고 단단해서 소화가 나쁘기 때문에 식용으로는 정백을 잘해야 한다. 도정 제분한 수수는 과자, 엿, 떡, 주정, 전분, 사료 등으로 사용된다.

조 리

찰수수는 엿, 떡, 술의 제조에 쓰인다. 주요 조리법으로는 수수밥, 수수죽 이외에 수수경단, 수수 부꾸미, 수수엿, 수수 고추장 등을 만든다.

2. 조 (millet)

재래종으로서 차조, 메조가 있다. 단백질이 비교적 많다.

조는 밥, 떡, 과자, 엿, 소주, 풀, 조류의 사료 등으로 이용된다. 장기간 저장해도 맛의 변화가 없으므로 저장하였다가 식량으로 사용한다.

그림 4-20 조

감별법

① 메조 : 색이 노랗고 반짝거리지 않아야 하며 등겨가 없어야 한다. 조의 눈을 다 치지 않아야 한다.

② 차조 : 색이 녹색에 가까울수록 좋다.

POINT

조를 이용한 조리

정월대보름날 잡곡밥, 서숙떡, 서숙단자, 서숙엿, 서숙술, 서숙과자 등

3. 율 무(job's tears)

율무의 일반성분은 100g당 열량 364kcal, 수분 14%, 조단백질 21.3%, 조지방 3.7%, 탄수화물 63.1%, 회분 1.5%, 칼슘 151mg% 등이다. 쌀에 비해 인체의 구성 기초성분인 조단백질이 3배, 조지방은 약 9배, 회분은 약 3배로 높다. 그러나 에너지원인 탄수화물이 약 20% 정도 더 적어 다이어트에 유리하다.

단백질을 구성하는 아미노산 중 인체에 필요한 필수아미노산인 트레오닌, 발린, 메티오닌, 이소류신(isoleucine), 류신(leucine), 페닐알라닌, 리신, 트립토판 등이 고루 함유되어 있어 영양적 가치가 높다. 지방은 불포화지방산의 비율이 80% 이상으로 고급지방산을 함유하고 있고, 장의 기능을 높이는 식이섬유인 덱스트린을 2.5% 이상 함유하고 있다.

율무에는 코익세노라이드, 코익솔, β-시트스케톨, 알기닌, 티로신 등의 아미노산이 특히 많이 함유되어 있다. 이들은 항암작용 · 면역증강작용 · 중추신경계 진정작용 · 항염증 작용을 하고, 피토스테롤 유도체는 배란유발작용을 하며, 그루캐 및 헤테로 그루캔인 CA-1, CA-2는 항보체 활성작용을 한다.

이뇨효과가 강해 다이어트 식품으로 많이 이용하고 있다. 근육경련과 류머티즘에 효과가 있고, 오래 먹으면 몸이 가벼워지고 원기를 회복하게 된다.

청폐작용, 건위작용이 있으며, 이뇨, 소염, 진통, 자양, 부종, 신경통, 피부질환, 거친피부, 물사마귀, 비만과 고혈압, 당뇨억제, 회복기 환자용 식품, 노인의 유동식, 수험생이나 직장생활 중 받는 스트레스로 인한 변비치료에 효과가 있다. 소아의 야뇨증과 산후 부종에도 좋으며, 입냄새가 심한 경우 구취제거에도 좋다.

POINT

율무를 이용한 조리

율무 흰죽, 율무과일 크레페(crepe)

4. 그 밖의 곡류

메밀은 소맥보다 단백질이나 비타민 B_2 등을 많이 함유하고 있으며, 영양가가 높고 소화도 잘 된다. 쌀과 섞어 메밀밥으로 먹고 메밀가루는 냉면의 재료로도 많이 쓰이며, 묵 · 과자 · 만두 등을 만들 때 사용한다.

4-9 서 류

서류는 고구마 · 감자 · 돼지감자 · 토란 · 산마(yam) · 곤약(崑蒻) · 카사바(또는 타피오카) 등을 말하며, 옛날부터 주식이나 주식대용으로 식생활에 주요한 재료로 사용되어 왔다. 식물의 뿌리를 이용한 식품재료로 주성분 대부분이 전분이다. 뿌리를 이용한다는 점에서 서류는 근채류의 성격을 띠고 있으나, 성분조성은 근채류와 다르다.

POINT

서류의 성분

지하의 괴경 · 구경 · 구근 등을 시용하는 식물은 보통 근채류로 분류되지만, 그 중에서 전분의 함량이 특히 많아 열량원 식품으로 볼 수 있는 감자나 고구마 등은 따로 구분하여 서류라고 한다. 즉, 서류는 땅속 줄기나 뿌리의 일부가 비대해져서 전분이나 그밖의 다당류를 저장하는 덩이를 말한다. 다른 전분류 식품은 산성식품이지만 서류는 칼륨이나 칼슘 등 무기질 함량이 비교적 높아 알칼리성 식품으로 분류된다.

서류 중 고구마는 메밀꽃과에 속하는 다년생 덩굴형 초본으로 식용뿐만 아니라 전분공업 · 주정공업 원료로 이용된다. 감자는 직접 주식으로 사용되거나 감자 가공품 등으로 많이 이용된다. 반면에 돼지감자나 카사바(cassaba)는 식용보다 사료로 주로 이용되며, 카사바는 특히 전분질 원료 또는 주정발효의 원료로 중요하다.

1. 고구마(sweet potato)

1) 전래와 이용

덩이뿌리(메밀과의 여러해살이풀)로 원산지는 중남미 · 멕시코 · 에콰도르이고, 건조한 저지에 자생하고 있다. 작물화는 수천 년 전이라고 하며, 구대륙으로는 콜럼버스가 첫 번째 항해에서 가지고 돌아왔다. 태평양 섬들이나 파푸아뉴기니에는 그 이전에 전파하고 있었고, 원산지와 똑같은 육색 · 육질의 변이가 큰 다종다양한 품종이 재배되고 있었다.

일본으로는 17세기 초에 중국을 거쳐 도래하여 에도시대에 전국으로 퍼졌으나 모두 백~황색의 품종으로, 그 후 필리핀을 거쳐 오키나와와 가고시마까지 북상한 육색이 풍부한 폴리네시아 품종과는 별도이다. 오키나와와 가고시마의 일부에서 구분되고 있는 것과 같이 황백육색으로 분질인 전자를 가라고구마, 적자나 오렌지를 포함한 점질의 고구마를 류큐고구마라고 부른다.

세계에서 약 1억톤의 생산량이 있고, 그 70%를 중국이 점한다. 용도는 사료 · 전분 · 알코올이 주가 되나, 상세한 통계는 없다. 선진국에서 많은 것은 미국과 일본의 식용으로서 50만여톤이 주로 디저트용으로 소비되고 있다. 일본의 주산지는 가고시마지만, 전분이나 소주 원료용이 많기 때문에 이바라키, 치바가 많다.

그림 4-21 고구마

고구마의 구조는 제일 바깥층에 주피가 있으며, 그 다음에 전분립이 함유된 피층이 있고 그 내부는 유조직으로 구성되어 있다. 주피는 껍질부분으로 얇고 색소가 있어서 고구마의 색깔을 결정하는 조직이며, 대부분 전분은 유조직에 함유되어 있고 실제 이 부분이 가식부(可食部)이다.

2) 재배방법

고구마 재배는 모두 씨고구마를 묘상에 심어 자란 덩굴을 20~30cm로 잘라내서 밭에 심는 방법(삽묘재배)이다. 발근력이 강한 고구마는 흙의 온 · 습도가 적당하면 2, 3일에 발근하여 경엽이 생육을 시작하며, 1개월 후에는 뿌리가 비대(전분의 축적)개시하여 3~4개월이면 수확을 할 수 있다.

표 4-9 고구마의 영양성분

열량 (kcal)	수분 (%)	단백질 (g)	지질 (g)	탄수화물 (g)	회분 (g)	철분 (mg)	칼슘 (mg)	나이아신 (mg)	비타민A (IU)	인 (mg)
100	73.6	1.0	0.5	23.8	1.1	0.7	22	0.3	513	42

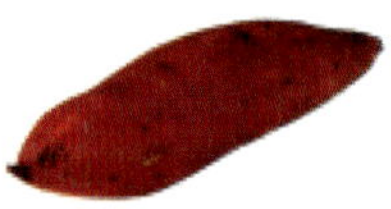

고계 14호

껍질색은 적홍색. 육색은 연한 황색으로 단맛이 나며, 과자 등의 가공용으로도 적합하다.

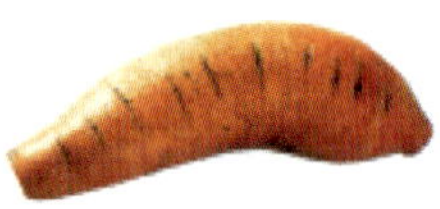

호국(護國)

껍질색은 연한 황갈색, 육색은 황백색. 과거에는 동해지방의 대표적 식용품종이었다.

홍적(紅赤)

선명한 황색으로 맛이 좋으며, 풍미도 좋기 때문에 인기가 좋다.

태 백

육색은 오렌지색이며, 과자 등의 가공용으로도 적합하다.

칠복(七福)

현재는 재배되지 않고 있다.

베니아즈마

껍질색은 진한 적자색. 육색은 진한 황색으로 특히 맛이 좋다. 단맛이 강하며 과자 등 가공용의 수요도 많다.

베니코마치

껍질색은 적홍색. 육색은 담황색으로 맛이 좋으며 저장 후에도 안정된다. 군고구마로서 인기가 높다.

농림 1호

당초부터 식용으로도 이용되었으며, 현재에는 군고구마로서 생산되고 있다.

황금 천안

전분, 소주원료용의 대표품종. 껍질색은 연한 황색, 육색은 황백색으로 맛이 좋아서 청과용·가공용으로서도 많이 이용되고 있다.

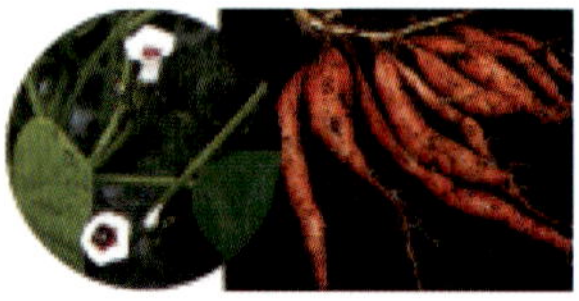

고구마꽃, 고구마의 괴근

헬시레드, 산천자, 잘게 썰어 말린 것

식품가공용의 신품종. 육색이 진한 오렌지색으로 식품가공용. 특히 페이스트용. 같은 신품종에 헬시레드가 있는데, 헬시레드는 색이 연한 오렌지색으로, 쪄서 얇게 썰어 말린 것 및 청과용으로서의 보급이 기대된다. 그 밖에 육색이 자색인 산천자(山川紫)나 종자도 자색인 양 품종이 가공용으로서 주목되고 있다.

그림 4-22 고구마의 종류

고구마는 줄기가 뻗고 마디에서 뿌리를 내려 번식하는 식물이기 때문에 비옥지 또는 온지나 다비재배에서는 잎이나 줄기만 뻗고 고구마가 비대하지 않는 일이 많다. 특히 재래종이라고 불리는 내비성이 없는 품종은 전혀 고구마가 달지 않은 일도 있다. 땅이 좀 여윈, 배수가 잘되는 건조지의 고구마가 양질이다.

3) 가공적성

고구마는 구황작물로서 보급하였기 때문에 전분 식품으로 보기 쉬우나, 전분의 함유량은 20~35%로 곡물의 반 이하로서 영양면에서는 오히려 비타민 C와 E, 칼륨, 섬유의 공급원으로 평가받고 있다.

특히 카로틴 고구마로서 육성된 베니하야토는 11,000IU/ 100gFWB의 β-카로틴을 포함하여 당근 이상의 비타민 야채라고 할 수 있다. 고구마의 영양가는 품종, 산지, 재배법, 수확시기 등에 따라 다르다. 그러나 건조기미가 다소 떨어진 토지에서 완숙한 것이 가장 영양가가 높다.

고구마는 전분당공업, 엿제조, 어묵, 소시지, 잼 등에 사용된다. 그 밖에 풀, 화장품, 건전지 제조에도 이용되는 등 용도가 다양하다.

4) 고구마를 이용한 조리

① 양 식 : 고구마 파인애플 그라탱(gratin), 고구마 수프 그라탱
② 중 식 : 고구마탕
③ 일 식 : 고구마 튀김

5) 저장방법

일반적으로 가열시설이 있는 가열식 저장고나 온도의 변화가 적은 지하 굴 저장이 저장률이 좋고 안전하다. 저장 중에 온도와 습도의 유지 및 관리에 지장이 없는 한, 저장시설이 넓은 대량 저장방법이 보다 경제적이고 유리한 저장방법으로 알려져 있다. 재래식 저장방법은 자연조건에 의존하므로 저장효과가 떨어지기 때문에 적절한 저장조건을 이용하여 저장하는 것이 좋다.

6) 조리 시 유의사항

고구마를 저장하면 기일이 경과함에 따라 당이 증가하여 조직이 물러진다. 이는 β-아밀라아제가 전분을 맥아당으로 분해하기 때문이다. 즉, 고구마의 단맛을 강하게 하기 위해서는 위 효소의 최적온도 5℃와 활동가능 온도대인 65℃를 고려하여 서서히 가열하는 것이 좋다. 전자 레인지는 고구마 100g의 내부온도를 40초 후에 75~80℃로 급격히 상승시켜서 맛이 없게 한다.

2. 감 자(potato)

1) 전래와 이용

덩이줄기(가짓과의 여러해살이풀)로 남미 안데스 산지에서 작물화되어 옥수수와 함께 주식으로 재배되고 있었다. 당초에는 2배체의 소립종이었으나 B.C. 500년경에 4배체의 대립종이 출현하여 각지로 퍼졌다고 한다.

감자밭과 감자꽃

감자의 괴경

남작감자

북아메리카가 원산. 오늘날에는 식용감자의 대표품종. 감자는 구형으로 황백색. 눈은 약간 깊다. 육색은 희며 육질은 분질로 맛이 좋다. 포테이토 샐러드 등에 적합하다.

메이퀸

영국이 원산. 1916년경에 수입되었으며, 1928년에 장려품종이 되었다. 품종명은 유럽의 전통행사인 오월제의 여왕을 의미하며 대표적인 식용품종이다. 감자는 장란형(長卵形)으로 황백색, 눈이 적지만 때로는 발달해서 돌출되는 수가 있다. 육색은 연한 황백, 육질은 치밀한 점질로 조려도 형태가 무너지지 않아서 조림과 볶음, 튀김에 적합하다.

농림 1호

아이리쉬 코블러와 데오다라를 교잡해서 전분원료용과 식용의 겸용종으로서 작출되었다. 한랭지에서 난지까지 재배되는 적응성이 넓은 품종이다. 감자는 편구형. 황백색으로 눈은 약간 깊지만 수는 적다. 육질은 분질이며 물에 조리면 흑변하는 수가 있다.

감자의 비대가 빠르며 표피가 희고 감자껍질이 좋다. 감자는 평구형으로 연한 황백색. 육색은 희며 육질은 약간 분질. 맛은 좋지만, 너무 조리면 형태가 무너지기 쉽다.

풍백(豊白)

풍산(豊産)으로 감자가 희고 포테이토칩도 희기 때문에 이 이름이 붙었다. 감자는 편구형 내지 편란형(偏卵形). 담황색으로 약간 네트가 있다. 눈이 얕으며 육색은 백색. 육질은 약간 분질. 환원당 함량이 적고, 기름가공에 의한 갈변을 방지하는 것이 용이하므로 포테이토칩 가공에 적합하다. 프라이에도 적합하며 물에 찌는 것도 적합하다.

북광(北光)

남작감자와 츠니커를 교잡해서 조생식용 품종으로서 작출, 센튜우 발생지역의 감자농사에 서광을 가져온 것으로서 북광이라는 이름이 붙었다. 현재는 아직 보급도상에 있으며 재배면적은 290ha 정도이다. 감자는 편구형이나 연한 황백색으로 눈은 빨갛다. 육색은 황색이며 비타민 C 함량이 높고 샐러드에 적합하다.

홍환

조생으로 담홍색의 렌브케. 플루에. 로우젠(영어명 알리. 로즈)과 다수 품종인 페포의 교잡종. 전분 원료전용으로서 작출되었다. 감자가 빨갛고 둥글어서 이 이름이 붙었다. 감자는 계란형. 홍색, 중만생으로 풍산(豊産). 전분기가 높고 전분입자의 크기와 점도가 전분제조에 적합하다. 육색은 희지만 유관속에 연한 홍색으로 착색되어 있는 경우가 많다. 수확 · 저장 중에 점차로 단맛이 증가하며, 조려도 형태가 잘 흐트러지지 않기 때문에 조림 등에 적합하고 애호가도 많다.

서풍(西風)

감자는 편구형. 담황색으로 눈이 얕으며 외관이 좋다. 육색은 담황색. 육질은 약간 점질이며 삶아도 형태가 많이 흐트러지지 않는다. 청과용으로서 즐긴다.

출도(出島)

신선하며 수분이 많은 청과(青果)감자로서 일년 내내 공급된다. 감자는 구형 내지 편구형. 담황색으로 눈이 얕으며 외관은 매우 좋다. 육색은 연한 황색. 육질은 약간 분질이며 조리면 약간 형태가 흐트러지는 경우도 있지만 맛은 양호하다.

북해황금(北海黃金)

감자는 장타원형. 담갈색으로 표피에 약간 네트가 있다. 눈이 얕으며 육색은 담황색. 육질은 약간 점질이며 삶아도 형태가 많이 흐트러지지 않는다. 환원당 함량이 적어서 프라이드 포테이토 가공에 적합하며 맛도 좋다.

그림 4-23 감자의 종류

그러나 안데스 고지에서는 현재도 수확량이 적은 소립종이 재배되며 풍미가 좋기 때문에 높은 값으로 팔리고 있다. 이 소립종 중에는 글리코알칼로이드(glycoalkaloid)가 많아 쓴맛이 강한 것이 있고, 튜뇨라고 불리는 동결건조품이 만들어져 보존식품으로 이용되고 있다.

그림 4-24 감자(소립종)

감자가 유럽으로 도입된 것은 16세기 전반이고, 널리 보급된 것은 18세기 후반이며, 흉작이나 전쟁에 의한 식량부족의 구황작물로 재배가 퍼졌다.

일본으로의 도래는 16세기 말이지만, 고기나 유제품이 없었다는 점, 장마 시의 수확 때문에 수분이 많아 좋지 않았던 점 등으로 보급은 후에 들어온 고구마보다 늦었다. 그러나 이 물기 많은 감자를 훌륭하게 먹을 수 있는 연구가 이루어져 맛을 내도록 찌는 독자적인 요리법이 생겨났다. 동시에 껍질을 벗김으로써 글리코알칼로이드를 제거할 수 있게 되었다.

감자의 역사에서 획기적인 발전은 미국에서 20세기 들어서 발달된 포테이토 가공산업일 것이다. 전분, 밀, 깡통에서 시작하여 슬라이스칩, 프렌치프라이, 냉동품, 조리식품까지 일본에서도 조리된 감자의 대부분은 가공되어 소비자에게 전달하게 되었다.

2) 재배방법

감자는 씨감자를 심어서 재배하며, 토란도 똑같다. 2~4주면 발아하고 다시 1개월이면 개화하며, 그 후 1~3개월이면 감자가 완숙되어 파 올린다. 심어서 수확까지 3~5개월이 소요되지만, 품종이나 재배시기에 따라 생육기간이 상이하다.

감자는 개화기 무렵부터 비대가 시작되어 전분의 축적도 진행된다. 비대가 선행하고 전분의 축적은 일조부족 · 과습 · 질소 과다에서는 극히 나쁘게 되므로, 생육 도중 수확한 감자나 장마시기 및 질소과다에 의해 너무 우거지게 생육한 감자는 수분이 많다. 생육 도중 역병 등에 걸려서 시든 것도 같다.

3) 저장관리

수확 시의 감자는 휴면하고 있어 고온에서도 맹아(萌芽)하지 않고 품질도 안정되어 있으므로 보존하기 쉽다. 휴면기간 중에는 상온저장할 수 있으나, 기간(30~120일, 품종에 따라 상이하다)이 지나면 맹아방지를 위하여 2~4℃의 저온저장을 한다.

이 온도라면 6개월 이상의 저장이 가능하며, 아이스폰도(ice pond)나 얼음창고를 이용한 저코스트 장기저장법이 홋카이도에서 개발되고 있다.

수확 후의 감자 취급에서 가장 주의를 요하는 것은 포광에 의한 글리코알칼로이드의 생성을 방지하는 것이다.

일본에서는 그다지 관심이 없고 잘 말려 수납하도록 지도되어 손잡이 구멍이 있는 골판지상자나 투명한 자루 및 형광등 아래에서의 판매가 행하여지고 있으나, 유럽이나 안데스에서는 포광방지에 세심한 주의를 기울이고 있다.

예를 들면 날이 흐렸을 때의 수확, 차광 시트의 이용, 어두운 점내, 착색된 자루의 이용 등을 들 수 있다. 이와 같이 취급된 감자이기 때문에 껍질을 깎지 않고 맛있게 먹을 수 있는 것이다.

4) 가공적성

감자는 전분이나 비타민 C 등의 유용성분 함유량뿐만 아니라 가공적성이나 조리특성의 품종간 차, 재배환경 간의 차가 큰 작물이다. 가공용이나 업무용뿐만 아니라, 가정에서의 조리에도 용도에 적합한 특성을 갖는 품종이나 산지를 고르는 것이 좋다.

입수 가능한 품종을 용도별로 나누면 아래와 같다.

① **슬라이드칩스** : 도요시로, 와세시로(조기용), 농림 1호(겨울~봄용), 애트란틱
② **프라이드 포테이토** : 홋카이고가네, 도요시로, 무사마루
③ **크로켓** : 남작감자, 기타아카리, 도요시로, 고나후부키
④ **샐러드** : 남작감자
⑤ **베이크, 찐감자** : 기타아카리, 남작감자, 메꾸인(고비중 산지)

5) 감자를 이용한 조리법

① 더치스 포테이토(Potatoes Duchesse)
② 크로켓 포테이토(Potato Croquettes)
③ 프렌치 프라이 포테이토(French Fried Potato)
④ 보일드 포테이토(Boiled Potatoes)
⑤ 안나 포테이토(Anna Potatoes)
⑥ 베니 포테이토(Berny Potatoes)
⑦ 윌리암 포테이토(Williams Potatoes)

그림 4-25 감자를 이용한 조리

(1) 더치스 포테이토(potatoes duchesse)

감자를 소금을 약간 넣은 물에 삶아서 버터, 계란 노른자, 소금, 후추, 너트메그 등을 넣고 잘 으깬다. 파이핑 백에 넣어 팬에 모양있게 짜낸다. 계란과 버터를 발라 235℃에 넣어 색깔나게 구워낸다.

(2) 크로켓 포테이토(potato croquettes)

Duchesse Potato와 같이 반죽을 하는데, 연하기 때문에 전분을 넣어 좀 단단하게 한 다음, 냉장고에 넣어 식힌다. 엄지 손가락 굵기로 길게 밀어 놓고 4~6cm 정도로 자른 후에 밀가루 · 계란 · 빵가루 순으로 묻혀 기름에 튀긴다.

(3) 프렌치 프라이드 포테이토(french fried potato)

감자를 씻어 0.6cm × 0.6cm × 6cm로 잘라서 찬물에 담갔다가 5분 정도 살짝 블렌치(Blanch)해 놓는다. 냉동고에 넣어 얼렸다가 172℃~185℃의 온도에서 튀겨낸 후에 바로 소금과 후추를 뿌려낸다.

(4) 보일드 포테이토(boiled potato)

감자를 계란같이 깎은 다음, 반으로 잘라 찬물에 담가 둔다. 소금을 탄 물에 넣어 뚜껑을 열고 삶는다. 물기를 없앤 후 버터를 바른 다음, 소금과 후추를 뿌려낸다.

(5) 안나 포테이토(anna potato)

손질한 감자를 0.3cm 두께로 둥글게 잘라서 찬물에 담가 둔다. 물기 제거 후 소금 · 후추 · 녹인 버터와 섞는다. 두터운 팬에 감자를 엇갈리게 해서 층층이 동그랗게 쌓아 올린다. 버터를 다시 그 위에 뿌린다. 그리고 175℃~185℃ 정도의 오븐에 뚜껑을 덮어 30~40분 색깔이 나게 구워낸다.

(6) 베니 포테이토(berny potato)

크로켓 반죽을 지름 2.5~3cm 정도 둥글게 만들어 계란을 묻히고 아몬드를 입혀 기름에 튀겨낸다.

(7) 윌리암 포테이토(williams potatoes)

크로켓 반죽을 조그만 서양배 모양으로 만들어 계란을 묻혀서 빵가루를 입혀 기름에 튀겨 낸다.

(8) 베이크드 포테이토(Baked Potato)

감자를 씻어 물기를 제거한 후 팬에 깔아 오븐에 넣는데, 팬에 소금을 깔고 감자를 그 위에 놓아 오븐에 굽는다. 200℃ 오븐에 40분~1시간 20분 정도 굽는다. 다 구운 다음, 십자로 잘라서 가운데에 버터와 사워 크림 · 다진 베이컨 · 차이브 · 소금 · 후추 등을 넣어 먹는다.

Guide

- **차이브** (chive)
  허브로 이용되는 백합과 식물

POINT

- Chive(차이브) : 유럽 · 미국 · 러시아 · 일본 등이 산지인 부추과의 식물로, 녹색의 관 모양으로 생겼으며, 순한 향을 가진 잎사귀와 불그스름한 꽃송이를 가지고 있음
- Sour Cream(사워크림) : 스테이크에 같이 나오는 Baked Potato와 함께 먹는 양념으로 물 · 기름 · Corn Syrup · 젤라틴 · 소금 · 젖산 · 색소 등을 넣어 만든 소스

그림 4-26 차이브

(9) 포테이토 폰당 (Potato Fondant)

감자를 중계란 크기로 만들어 소금과 함께 삶는다. 팬에 버터를 바르고 감자를 꺼내 그 위에 놓고, 감자 위에 버터를 바르고 소금과 후추 뿌린 스톡을 조금 넣는다. 200℃ 정도 오븐에 넣어 색깔 나게 굽는다.

(10) 포테이토 도피누아즈 (Potato Dauphinoise)

감자를 얇게 잘라서 팬에 감자 · 우유 · 치즈를 뿌린 다음, 오븐에 30~40분 구워낸다. 계란을 넣기도 한다.

(11) 포테이토 사보이 (Potato Savoy)

감자를 얇게 잘라서 스톡이나 콩소메와 치즈를 뿌린 후 오븐에 구워낸다.

(12) 포테이토 퐁네프 (Potato Pont-Neuf)

2×2×5cm 정도, 프렌치 프라이의 2.5배 정도로 잘라서 프렌치 프라이 감자와 같은 방법으로 기름에 튀기면 된다.

3. 곤 약 (adevil's tongue ; devil's tongue jelly)

1) 전래와 이용

그림 4-27 곤약

곤약(崑蒻)감자는 땅속 줄기로 구약감자 혹은 구약나물이라고 불리며, 나라시대에 중국으로부터 전래한 것으로 보이나 재배가 행하여지게 된 것은 에도시대로 이바라키현 구지 지방이 가장 오래되었다.

곤약감자의 주성분은 곤약만난(flucomannan)으로 열량이 낮다. 곤약 외에 젤리나 의약품에도 사용되고 있다. 곤약감자는 일본 동북지방 이남에서 재배할 수 있으나, 주산지는 북관동 및 남동북이다.

2) 성상과 적응성

곤약감자는 다년생초본으로 구경(球莖)의 형태로 월동한다. 하나의 씨감자에서 잎이 한 장 나올 뿐, 줄기와 같이 보이는 것은 잎사귀자루이다. 줄기는 지하부에 있고 하계에 측아가 뻗어 흡지가 되어 자감자를 형성한다. 이것을 생자라고 하며 씨감자로 사용한다.

곤약감자는 강한 빛과 바람에 약하므로 반나절 그늘이 드는 산간지의 경사지에 자생하거나 재배되어 온 식물이다.

4. 마 (yam)

마는 참마과에 속하는 다년생의 넝쿨성 식물이며 산야에 널리 자생하는 긴마와 밭에서 재배하는 참마로 구별된다. 단마는 일본 대화마를 도입하여 재배시킨 품종으로, 긴마에 비해 덩이뿌리의 길이가 짧아서 수확이 간편하고 수량성도 높다.

주성분은 전분질이며 자연생이나 밭에서 재배한 것이나 수분이 극히 적고, 만난과 단백질의 결합물인 점질물이 많다. 마의 용도로는 갈아서 생식하는 외에 삶아서 이용한다. 그 밖에 한약재료로 이용되며, 서류 중에서 생식하는 유일한 것으로 강장, 지사제, 기능식품으로 알려짐으로써 그 수요가 증가되는 추세이다.

5. 카사바 (cassava)

남아메리카 원산인 등대풀과의 다년생 목본으로 원산지에서는 오래 전부터 괴근을 식료로써 이용해 왔다. 영어에서는 카사바(cassava)나 타피오카(tapioca), 불어에서는 마니오크(manioc)라고 하는데, 모두 같은 뜻이다.

괴근에는 청산이 함유되어 있기 때문에, 식용으로 할 때는 물에 담그기, 끓이기, 발효 등의 방법에 의해서 함유되어 있는 청산을 무독화해서 이용해야 한다.

가공방법으로는 발효시킨 후에 탈수 · 건조해서 카사바 가루로 이용하는 방법, 괴근을 잘게 잘라서 건조시켜 칩을 만들어서 물에 담근 후 건조시켜 갈아서 물 속에 전분을 씻어내 타피오카라고 하는 전분으로 먹는 방법, 빵으로 가공해서 먹는 방법 등이 있다.

6. 토 란 (taro)

토란(土卵)의 원산지는 인도, 네팔, 말레시아반도 부근으로 생각된다. 이 중 내한성이 있는 것이 중국 남부를 거쳐서 전파되었다. 또한 남쪽으로는 별도의 계통으로 필리핀과 인도네시아를 거쳐서 파퓨아뉴기니나 폴리네시아에 전해졌다.

토란은 줄기가 비대한 것으로, 포기의 중심에 큰 뿌리가 있고, 그 큰 뿌리에서 나오는 액아에 상당하는 것이 자우나 손우이다. 토란은 자 · 손우를 이용하는 것, 친 · 자우 모두 이용하는 것, 친우만을 이용하는 것으로 나눌 수 있다.

토란의 주성분은 전분으로 소량의 단백질을 함유하고 있다.

토란 껍질 내 즙액에 있는 미량의 수산염이나 알칼로이드가 피부를 자극하기 때문에 손이 가려워질 수 있는데, 식초를 넣거나 가열하면 이 현상을 줄일 수 있다.

점성 물질은 갈락탄(galactan)에 기인한 것으로, 단백질과 결합하여 당단백질의 형태로 존재한다. 토란의 점질물질 때문에 조미료가 내부까지 침투하기 어려우므로, 이를 제거하기 위해 소금으로 문지르거나 끓는 물에 데쳐내는 것이 좋다.

아린 맛은 호모겐티신산(homogentisinic acid)과 옥살산(oxalic acid) 때문이며, 물에 미리 담가두면 제거된다.

Chapter 5

두류 및 가공품의 조리

POINT

두류의 3그룹

- 대두, 땅콩 : 단백질과 지방함량이 높은 것
- 팥, 녹두, 강낭콩, 동부 : 단백질과 전분함량이 높은 것
- 조림콩, 풋완두 : 채소적 성질을 띤 것

5-1 대두를 이용한 조리

1. 정 의

두류는 콩과에 속하는 작물로 식용으로 하는 것은 열매이다. 식물성 단백질 및 지방의 급원식품으로서 중요하며, 인 · 철 · 칼슘 · 비타민 B_1이 풍부하다.

우리나라에서 생산되는 두류는 콩 · 팥 · 완두 · 강낭콩 · 땅콩 등이며, 그 중 생산량이나 소비량으로 보아 가장 중요한 것은 콩 · 팥 · 녹두 등이다. 두류는 소화율이 낮은 단점이 있지만, 적당한 방법으로 가열조리하면 된다.

2. 대두의 조리성

1) 흡 수 두류는 대부분 마른 콩으로 이용하므로 무르게 하려면 장시간 가열을 해야 한다. 그러나 대두(大豆)는 흡수성이 강한 편이므로 미리 물에 담가 흡수 · 팽윤시킨 후에 가열하면 단시간 내에 조리할 수 있다.

침지에 의한 흡수 · 팽윤은 물의 온도에 따라 영향을 받는다. 또는 1% 정도의 식염수에 침지하면 콩의 연화를 도울 수 있고, 설탕 · 간장 · 소금 등의 조미료를 첨가한 물에 처음부터 넣고 끓이는 방법도 있다.

그림 5-1 대두의 종류

2) 단백질의 가열에 의한 변성

대두는 단백질이 많고 조직이 강하여 장시간 가열해서 흡수 · 팽화해야만 변형이 가능하다. 가열에 의해 느슨한 상태가 되면 단백질분해효소가 단백분자의 내부구조까지 들어가기 쉽고, 따라서 소화성이 높아지게 된다. 그러므로 가열하기 전에 물을 충분히 흡수시키면 연화되는 소요시간을 단축하여 균일한 상태로 연화시킬 수 있다.

생대두에는 특유의 콩비린내와 고미(苦味)가 있으나, 가열에 의하여 비린내는 휘발하고 삶은 콩, 찐 콩, 볶은 콩 등 특유의 고소한 좋은 냄새가 생긴다. 단백질 · 당질 · 무기질은 가열하면 끓은 국물 속에 용출된다. 그 중 무기질의 수용물질은 일반적으로 쓴맛이 있는 불미성분으로, 이것이 강할 경우에는 뜨는 거품 제거, 물 갈아주기, 물에 우려내기 등의 방법을 실시하여야 한다.

3) 소화성과 유독물질

생콩 중에는 트립신(trypsin) 활성을 저해하는 글로불린(globulin) 태의 단백질에 속하는 트립신 억제인자(trypsin inhibitor)와 적혈구를 응집시키는 헤마글루티닌(hemagglutinin)이 들어 있는데, 이들은 가열하면 변성된다.

대두의 조직은 다른 콩에 비해서 매우 단단해서 소화율은 낮지만 두부로 가공하면 소화되기 쉬워진다. 따라서 두부 및 그 가공식품이나 된장, 간장과 같은 양조식품으로 소화하기 쉽게 하여 식용되어 왔다.

4) 가열기구

대두의 가열은 균일한 상태에서 하는 것이 좋다. 가열기구로 가장 좋은 구리냄비는 열전도가 빠르다는 장점이 있다. 철판냄비, 알루미늄냄비는 열원이 불균일하게 가열되어 사용하기에는 적당하지 않다.

고압냄비에 의한 가열은 콩을 연하게 삶아 내고 가열시간이 단축되는 장점은 있으나, 너무 삶으면 콩이 터지는 경향이 있으므로 압력 · 온도 · 가열시간 등의 조절에 주의를 하여야 한다.

5) 대두의 조리적성과 연화

콩은 단백성 식품이며 분자가 크게 팽윤하기 어려우나, 장시간 가열하면 사슬이 풀려서 연해지고 단백질분해효소가 들어가기 쉽다. 마른콩을 충분히 흡수 · 팽윤시킨 후에 가열하면 팽윤은 표피쪽이 내부 자엽부보다 빨라서 주름이 생기고 가열하면 이 경향은 더욱 강해진다.

6) 대두단백질의 용해성과 조리

대두단백질인 글리시닌(glycinin)은 수용성이어서 물로 유출하면 90% 가까이 용출된다. 그러나 pH 4~5에서는 거의 불용성이 되며, Ca와 Mg염의 존재에 의해 쉽게 응고된다. 두부는 대두단백질의 이러한 성질을 이용하여 만든 것이다.

7) 조리수의 pH

Guide

• peptize

콜로이드 모양의 용액으로 만든다.

두류 단백질은 알칼리용액에서 peptize되는 성질이 있는데, 두류에는 약 35%의 섬유소가 함유되어 있다. 콩을 삶을 때 식소다를 사용하면 두류 단백질의 용해성이 증가하는 것과 섬유소가 peptize되는 두 가지 원인으로 인해 콩이 빨리 물러진다.

3. 대두의 가공품

1) 두 부 (bean curd)

대두 단백질인 글리시닌(glycinin)과 레구멜린(legumelin)은 수용성이므로 대두를 마쇄하여 물에 담그면 약 90%가 용출된다. 두부는 소화율이 좋아서 다른 식품 또는 조미료와 잘 어울리고, 간편한 대표적인 콩 가공품의 하나이다.

두부는 크게 2가지로 나눌 수 있다. 한 가지는 마그네슘 클로라이드나 칼슘 셀페이트를 두유에 섞어 글리시닌을 응고시킨 후에 물을 제거하여 성형한 것이고, 또 하나는 두유 전체를 응고제로 젤(gel)화시키고 물을 제거하지 않은 것이다. 이와 같은 두부는 합성수지로 만든 봉지에 두유와 칼슘 설페이트를 함께 넣고 가열하여 단백질을 젤(gel)상으로 응고시켜 만든다.

2) 두 유 (soybean milk)

두유는 콩국이라 하여 옛날부터 주로 여름에 음료나 국수를 말아먹는 데에 애용해 왔으며, 오늘날에는 유아용 우유 대용식품으로 중요한 역할을 하고 있다.

단백질과 지질이 물 속에 분산되어 우유와 유사한 성분조성을 가졌으며, 불소화물도 거의 없고 좋은 단백원이다. 두유는 우유에 비해서 칼슘, 비타민 A 및 메티오닌(methionine)이 적게 함유되어 있으며, 특유의 콩비린내가 있다.

두유를 만들기 위한 대두의 조리는 100℃에서 5분 동안 가열하는 것이 가장 좋은 방법이고, 고압가열을 하면 두유의 맛이나 품질이 나빠진다고 한다.

3) 콩나물 (bean sprouts)

콩나물은 대두를 물에 불려 배수공이 있는 통이나 시루 밑에 천을 깔고 담아 종실을 따뜻하고 어두운 곳에서 흡수 · 발아시킨 것으로, 단백질 · 비타민 · 무기질이 비교적 많이 함유되어 있으며, 특히 아스코르브산 · 티아민 · 리보플라빈 · 아스파라긴(asparagine)이 발아와 함께 급격히 생성되어 채소로서의 가치가 크다.

POINT

조리 시 유의사항

대두는 불포화지방산인 리놀레산과 리놀렌산이 많고 지방 산화효소인 리폭시저나아제(lipoxygenase)가 있어 공기 중의 산소와 접하면 산화되어 콩비린내를 낸다. 이 비린내의 주 물질은 헥산알(hexanal)로 알려져 있다. 콩이나 콩나물을 삶을 때 뚜껑을 닫는 것은 콩비린내 생성 방지 목적으로 산소가 차단되도록 하기 위해서이다.

녹두를 발아시켜 싹 틔운 숙주나물과 콩나물은 표면조직을 연화시킬 만큼의 고온에서 단시간 가열해야만 나물조직에서의 탈수가 적어서 탱탱한 조직감을 즐길 수 있다.

4) 튀김 두부 (fried soybean curd)

보통 두부를 기름에 튀기면 수분이 줄어들고 지방이 증가하며 기호성이 향상되고 보존성이 증가한다. 튀김두부(유부)는 보통 두부보다 단단하게 만든 두부를 얇게 썰어서 튀김용 기름으로 110~120℃에서 튀기고, 다시 180~200℃의 기름에 넣어 튀겨서 표면이 황갈색이 될 때까지 튀겨낸다.

5) 동두부 (dried frozen soybean curd)

동두부는 원래 추운 지방에서 천연으로 두부를 냉동하여 만든 것이다. 두부를 −5~−10℃의 냉동기에 넣어 급히 냉동시킨 다음, 물에 침수시키면 수분이 얼었다가 탈수되면서 단백질의 조직이 치밀하여지고 탄성이 생기면서 스펀지(sponge)와 같은 질감을 형성하게 된다.

고기와 채소를 졸인 요리 혹은 초밥의 속으로써 또는 전골용으로 사용된다. 영양적으로 뛰어나며 수송이나 보존도 쉬운 식품이다.

6) 탈지대두 (fat removed soybean)

콩의 탈지에는 비점이 낮은 벤젠(benzene)과 노말 핵산(n-hexane)이 많이 쓰인다. 사용한 용재를 제거하기 위한 후처리 방법이 색상이나 단백질의 변성도에 여러 가지 변화를 주므로 탈지대두의 용도에 따라 용재를 제거하는 방법이 다르다. 즉, 사료용으로는 생콩보다는 적당한 가열처리를 하는 것이 유해인자를 줄이고 단백질의 소화율을 향상시켜서 영양가가 높게 된다.

대두제품 ; 왼쪽 위부터 시계방향으로 두부, 낫토, 두유, 얼음두부, 미숫가루, 탕엽. 대두는 오래 전부터 여러 형태로 가공되어 이용되었다.

그림 5-2 대두 가공품

4. 대두 발효식품

된장은 간장을 만들고 난 다음, 걸러진 고형분에 소금을 더하여 숙성시켜 만든다. 간장을 거르지 않고 메주로 직접 만든 된장은 막장이라고 하고, 여기에 마늘이나 고추 등의 양념을 넣은 것은 담북장이라 한다.

청국장은 햇콩을 10~36시간 불렸다가 물을 넣고 푹 끓여 익혀 40~43℃ 정도에서 3~4일 발효시킨 발효기간이 아주 짧은 된장이다. 일본에서는 '낫토', 인도네시아에서는 '템페' 라는 콩 발효식품이 있다.

1) 된장 (doenjang; fermented soybean paste)

한국에서는 삼국시대에 이미 장 담그는 기본법이 이루어졌다고 한다. 중국의 《삼국지 위지》「동이전」에서 고구려의 생활풍습을 수록한 내용에 "이곳 사람들이 청결하고 장양을 잘한다"라고 한 것으로 미루어 술빚기 · 장담기와 같은 식품가공기술이 일찍 개발되어 발달하고 있었음을 알 수 있다.

특히 고구려는 흰콩의 원산지인 만주와 인접해 있어 콩을 이용한 장이 발달했다고 추정할 수 있다. 된장도 우리 전통 장의 하나이다.

된장의 종류로는 간장을 담가서 장물을 떠내고 건더기를 쓰는 복용식 된장과 메주에 소금물을 알맞게 부어 장물을 떠내지 않고 쓰는 단용식 된장, 2가지 방법을 절충한 절충식 된장 등이 있다.

그 밖에 계절에 따라 담그는 별미장으로 봄철에 담그는 담북장 · 막장이 있고, 여름철에 담그는 집장 · 생황장, 가을철에 담그는 팥장 · 청태장, 겨울철에 담그는 청국장 등이 있다.

된장에는 비린내를 없애는 교취효과가 있는데, 이것은 된장의 주성분인 단백질이 여러 가지 냄새를 흡착하는 성질을 가지고 있기 때문인 것으로 알려져 있다. 게나 고등어 등 비린내 나는 일부 생선요리와 일부 조수육 요리에 된장을 섞으면 비린내를 없앨 수 있다.

장을 담근지 30~45일 정도가 경과되어 숙성이 끝나면 메주와 액체를 분리해서 메주 부분에 소금을 넣고 버무려 다시 숙성시킨 것이 된장이다. 된장이 구수한 이유는, 대두단백질이 분해하여 생성된 아미노산, 전분이 분해하여 생성된 당, 발효과정에서 생긴 젖산 · 호박산 · 초산 · 사과산 · 구연산과 같은 여러 가지 유기산 등이 혼합되어 발생하는 맛 때문이다.

된장국물은 어떤 종류의 재료를 넣어도 웬만해서는 맛이 변하지 않는다. 그 이유는 된장의 주성분인 단백질과 아미노산의 완충작용 때문이다.

(1) 된장의 원료

① 대 두 : 된장용의 대두로는 알이 큰 것, 종피가 얇고 눈이 연한 색인 것, 흡수능력이 좋은 것, 찜으로서 용이하게 연화하는 것, 찐 대두의 색이 연한 것, 향미가 좋고 조성이 부드러우며 버석버석한 느낌이 없는 것이 좋다. 현재 대두는 거의 수입에 의존하며, 주로 중국산 · 미국산 · 캐나다산 등이 이용된다.

② 쌀 : 쌀은 국내산의 멥쌀이 사용되고 있다. 쌀누룩용으로 좋은 조건은 입형이 균일하며, 쇄립 · 피해립 · 미숙립 · 변질미가 적은 것이다. 또한 이상한 냄새가 나지 않는 것, 술로 했을 때 액화성 · 당화성이 좋으며 잔사에 심이 없고 여액의 향미가 좋은 것 등이다.

③ 보 리 : 대맥이 사용된다. 된장용으로는 과피나 종피 등 껍질 부분이 적은 것, 담황색으로 광택이 풍부하며 방향이 있는 것이 등이 좋다. 외국산의 보리는 된장으로 했을 때에 버석버석한 느낌이 든다.

④ 소 금 : 된장용으로 사용되는 소금은 주로 병염이다. 병염은 염화나트륨 95% 이상이다.

(2) 된장의 종류

우리나라에서 콩을 원료로 하는 발효식품인 된장(doenjang, fermented soybean paste)은 재래된장과 개량된장의 2종류가 있다. 그 밖에 일본된장(Japanese type soybean paste)인 미소(miso), 인도의 tauco를 비롯한 춘장 등이 있다. 재래된장은 고초균(*Bacillus subtilis*)이 주로 관여하는 메주로 만든 조선간장의 부산물을 말하며, 일본된장은 콩과 누룩균(*Aspergillus oryzae*)을 번식시킨 밀코지(koji, 누룩)를 이용하여 제조한 것이다.

이렇게 된장들은 원료의 종류, 제조방법 및 지역에 따라 여러 종류로 분류된다. 개량식 된장은 재래식과 일본식 방법을 혼용해서 공장에서 대량으로 제조하는 공장식 된장 또는 절충식 된장을 말한다.

POINT

된장의 분류와 특징

재래된장

- **막된장** : 조선간장 제조 시에 얻게 된 부산물.
- **토장** : 막된장과 메주 및 염수를 혼합 숙성했거나 메주만으로 담은 된장, 상온에서 장기숙성.
- **막장** : 일종의 속성된장으로 메주를 소금물과 섞어서 따뜻한 곳에서 6~7일 숙성시킨다. 현재는 보릿가루를 엿기름, 고춧가루, 소금 및 메주가루를 혼합해 더운 곳에 30~40일 간 숙성시킨다. 막장은 분리하지 않은 된장이다.
- **담북장** : 볶은 콩으로 메주를 띄워 고춧가루, 마늘, 소금 등을 넣어 익힌다. 따뜻한 장소에서 7~10일 발효시켜 단기간에 만들어 먹을 수 있으며, 된장보다 맛이 담백한 일종의 청국장 가공품.
- **즙장(집장)** : 막장과 비슷하게 제조되나 수분이 많으며 산미도 약간 있다. 밀과 콩으로 메주를 띄워 초가을 무나 고추 및 배춧잎을 많이 넣어 담는다.
- **청태장** : 마르지 않은 생콩을 시루에 삶고 쪄서 떡 모양으로 만들어 콩잎을 덮어서 뜨거운 장소에서 메주를 띄운다. 청태콩 메주에 햇고추를 섞어 간을 맞춘다.

일본된장

- **쌀미소** : 다당다염형, 다당소염형, 소당소염형 등
- **보리미소** : 다당소염형, 소당다염형
- **콩미소** : 소당다염형
- **에도(江戸)미소** : 단기숙성형, 감미형의 적(赤)미소, 저장성이 짧다.
- **신주(信州)미소** : 장기숙성형, 신미형 백(白)미소, 한창 때의 코지 이용

Guide

코지(koji)

- 쌀, 보리, 대두 혹은 밀가루 등을 원료로 하여 여기에 코지균을 배양한 것.
- *Aspergillus oryzae* 곰팡이를 배양

① **담북장** : 메주를 쑤어 두께 3cm에 지름 5~6cm로 빚어 5~6일간 띄웠다가 이를 말려 소금물을 부어 따뜻한 장소에서 7~10일 동안 삭힌다. 보통 메주와 같이 콩으로 띄운 것이지만, 띄우는 기간이 짧아서 콩의 본맛이 많이 남아 있으므로 보통 된장보다 맛이 훨씬 담백하다.

② **막 장** : 보리, 밀과 같은 녹말성 원료를 띄워서 담근 된장이다. 콩된장보다 단맛이 많은 것이 특징이다. 이 막장은 추운 고장보다 남쪽지방에서 많이 만드는데, 이것은 남쪽지방에서 보리생산이 많다는 풍토적 특징에 기인한다.

③ **집 장** : 콩과 밀을 섞어 쑤어 메주를 만들고 이것을 소금물로 담그는 된장으로, 가지 · 오이 · 무 등을 소금에 미리 절여 된장에 섞어 삭히면 과채류가 든 된장이 된다.

④ **생황장** : 삼복 중 콩에 누룩을 섞어서 띄워 담근 장이다. 이 장의 특징은 누룩을 미생물원으로 하여 메주를 만드는 방법으로, 누룩의 다목적 이용과 발효의 원리가 최대한으로 이용된 된장이라 할 수 있다.

⑤ **청태장** : 청태콩(마르지 않은 콩)을 시루에서 삶고 절구에 쪄서 떡 모양으로 만들어 콩잎으로 덮어서 띄워 담근 장이다.

⑥ **팥 장** : 팥을 삶아 뭉쳐 띄워 콩에 섞어 담근 별미장이다.

(3) 재래된장의 제조

재래된장(조선된장)은 옛날부터 가정에서 만들어 먹은 콩 발효식품으로, 간장에서와 동일하게 콩을 쪄서 메주를 만들어 소금물에 담근다. 메주는 볏짚으로 싸서 고초균(*B. subtilis*)이 접종되도록 한다. 발효가 끝나면 메줏덩이를 걸러내어 액체부분은 조선간장을 만들고, 부산물인 고형분은 소금을 첨가하여 항아리에 재워 두면 재래된장이 된다. 따라서 이런 된장의 맛은 간장의 맛과 밀접한 관계가 있다. 그림 5-3은 재래된장의 제조공정도이다.

된장은 간장을 거르고 남은 건더기에 소금으로 간을 맞춘 다음, 항아리에 담는다. 메주를 만들었을 때의 1/10에 해당되는 콩을 삶아 찧어 혼합하여 담으면 맛이 더욱 향상된다.

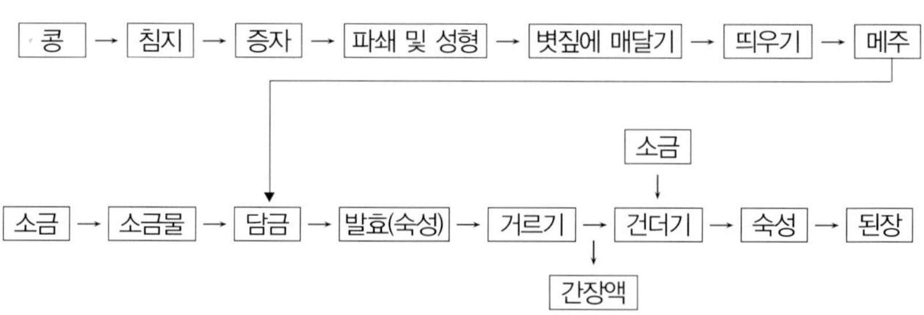

그림 5-3 재래된장의 제조공정

(4) 된장의 조리특성

① **맛내기** : 된장은 짠맛과 발효에 의한 맛이 서로 절충된 매우 강한 맛을 지니고 있다. 소재의 맛만으로는 너무 담백해서 무언가 부족할 때에 된장 맛이 잘 맞는다. 단, 너무 지나치게 사용하면 맛이 느끼해진다.

② **향내기** : 된장은 양조할 때에 발생하는 강한 향기를 지니므로 요리에 약간 첨가하는 것만으로 좋은 향기를 내게 된다. 가열하면 향기는 없어지기 쉽지만, 된장구이와 같이 태워서 향기를 낼 수도 있다.

③ **냄새제거 효과** : 떫은맛이 나는 것이나 냄새가 강한 것을 요리할 때에 사용하면 된장이 그들을 둘러싸서 부드럽게 하는 효과가 있다. 고등어 등의 생선이나 육류의 요리에 된장을 사용하는 것은 이 때문이다.

④ **보존효과** : 유해세균 · 병원균은 대부분 염분에 약한데, 된장에 함유되어 있는 몇 %의 염분농도로도 시간이 지나면 거의 사멸되어 버린다. 염분은 효소의 작용을 억제하는 작용도 있어서, 된장에 담금으로써 보존효과가 있다. 또한, 된장에는 식품에 함유되어 있는 유지의 산화를 방지하는 작용도 있다.

된장 · 백색 · 단된장
백된장으로, 색은 백색이라기보다 크림색이다. 쌀누룩의 양이 많기 때문에 향기가 좋고, 단맛이 난다. 단기숙성형으로 장기 보존에는 적합하지 않다.

쌀된장 · 적색 · 단된장
19세기 초에 만들어진 단된장이 유명하다. 단기숙성형으로, 높은 온도에서 빚는다. 쌀누룩의 효소작용에 의해서 전분의 당화작용을 촉진한다. 적갈색으로 광택이 있으며, 어느 정도 점성이 있다. 염분은 5~7%로 낮다.

쌀된장 · 연한색 · 단된장
단맛과 짠맛이 있는 담황색의 된장이다. 된장의 단맛은 쌀누룩의 양에 의존하고 있으며, 연한색 · 짠된장과 백된장의 중간적인 위치에 있다.

쌀된장 · 적색 · 단된장
단맛된장은 단된장만큼 달지는 않지만, 당분과 염분이 많다. 식염의 양은 짠 된장과 같은 12~13%이다.

쌀된장 · 연한색 · 짠된장
발효시에 유산균이 많기 때문에 다소 신맛이 나며, 색은 연하다. 외관이 아름다우며, 담색화 경향이 전국적으로 확산되었다.

쌀된장 · 적색 · 짠된장
염분이 많은데, 장기간 숙성시킴으로써 염분에 익숙해졌기 때문에 대두 단백에 의한 맛과 향기가 난다.

보리된장 · 단맛된장
비교적 숙성기간이 짧아서 1~3개월이다. 원료인 보리는 나맥이다. 색은 담색과 적색이 있다.

보리된장 · 짠된장
보리누룩의 비율이 비교적 적으며, 짠된장으로 장기숙성한 것. 광택이 나는 적갈색을 띠며, 보리된장 특유의 향기와 맛이 난다.

콩된장
대두와 식염을 주원료로 하며, 진한 적갈색을 띤다. 쌀된장이나 보리된장과 같은 효모의 발효향은 적다. 떫은맛이나 쓴맛도 콩된장의 특징이다.

그림 5-4 된장의 종류

2) 간장 (soy sauce)

'장'이라는 것은 동아시아에서 동남아시아에 걸쳐 발달한 발효식품으로, 원료로는 콩류나 곡류만이 아니라 육류 · 어패류 · 야채 등도 사용된다. 원료를 발효시켜서 좋은 맛의 성분을 풍부하게 함유한 식품으로 변화시키는 동시에 보존성도 높여 그것을 요리에 이용한다. 이는 절임이나 젓갈에 가까우며, 이들 장은 그대로 먹거나 또는 삼출액을 조미료로서 이용했다. 한반도의 식문화를 대표하는 김치도 이를 이용한 식품의 일종이라 할 수 있다.

한국 재래의 간장은 된장과 분리시킨 액체를 말한다. 짠맛 외에 특유한 향미가 있어 우리 음식의 기본 조미료로서 우리 식생활에 꼭 필요한 식품이다. 식염의 함량이 20% 전후이므로 식염과 같이 간장을 캐러멜화하여 다른 맛을 내기도 한다. 간장의 색은 멜라닌(melanin), 멜라노이딘(melanoidine)에 의해서 검다.

간장은 재래식 간장 · 개량식 간장 · 아미노산 간장 등이 있으며, 또한 발효간장 · 산분해 간장 · 혼합 간장 등으로 분류한다.

간장에는 본양조 · 신식양조 · 아미노산액 혼합의 세 가지 제조방식이 있다. 본양조의 제조공정은 ① 대두와 소맥의 전처리 ② 누룩만들기 공정 ③ 빚어넣기 ④ 진국의 발효 · 숙성 ⑤ 압착 ⑥ 가열 ⑦ 제품화의 공정이 있다.

본양조에서는 단백질을 분해해서 각종 아미노산으로 만드는 공정을 모두 누룩균의 효소로 행한다.

한편, 단백질의 분해는 화학적으로도 가능한데, 강산으로 분해한 것을 아미노산액이라고 하며, 단백질 분해효소를 사용한 것을 효소처리라고 한다. 신식양조는 양조 도중이나 생간장에 아미노산액을 첨가해서 발효 숙성의 과정을 단축해 간장을 만드는 방법이다.

> **POINT**
>
> **양조간장과 국간장**
>
> 국간장은 대두만으로 만든 메주를 염수에 담가 만들기 때문에 감칠맛과 짠맛이 있어서 국이나 무침에 주로 이용된다.
>
> 양조간장은 대두 이외에 쌀 · 보리 · 밀 등의 전분질이 첨가되어 단맛이 강해 조림이나 여러 가지 양념으로 쓰인다.

(1) 간장의 원료

간장에는 원료와 제조방법에 따라 크게 조선간장(kanjang, soysauce or soybean sauce), 일본간장(soyu, 개량간장), 산분해간장 또는 어간장(fermented fish sauce)으로 구별된다(표 5-1). 조선간장은 콩만을 원료로 하여 세균(*Bacillus subtilis*)이 주로 번식된 메주를 만들고 소금물에서 발효 숙성된다. 반면에 일본간장은 콩 이외에 전분질 원료를 혼합 이용하며, 발효제인 코지(koji)제조에 곰팡이 *Asp. oryzae*를 이용한다.

어간장은 생선의 어체와 내장을 원료로 하여 자체에 존재하는 분해효소에 의한 자기소화(autolysis)로 단백질이 분해되고 숙성된 발효액이다. 이는 주로 동남아 지역에서 중요한 소스(sauce)로 이용되고, 우리 나라에서도 일부 어간장이 생산되어 조미료로 이용되고 있다.

표 5-1 간장의 분류

분류	원료	발효미생물	종류
조선간장	콩(대두)	*B. subtilis*	재래간장(막간장, 겹장), 한식간장
일본간장	콩, 전분질	*Asp. oryzae*	양조간장, 다마리장유, 혼합장유
어(魚)간장	어체, 내장	단백질 분해효소	어간장(한국), Patis(필리핀), Budu(말레이시아), Nuoc-mam(베트남)

우리나라 간장의 원료는 대두와 보리와 식염이다. 간장은 맛과 향기가 중요한데, 맛은 주로 대두에 함유되어 있는 단백질에 따른 것이며, 향기는 주로 보리에 함유되어 있는 전분에 의한다.

① 대 두 : 대두의 성분 중 가장 중요한 것은 단백질인데, 그 밖에 유지도 20% 정도 함유되어 있다. 유지는 양조과정에서 변화해서 식용에 적합하지 않기 때문에, 원료로는 유지를 제거한 탈지대두가 이용되고 있다. 대두를 그대로 사용하는 경우도 있다. 대두는 두부나 된장 등의 사용에 한정되어 있으며, 간장의 원료가 되는 대두는 거의가 수입품이다.

② 보 리 : 간장에 사용되는 보리는 소맥이 가장 많다. 일부에서 대맥이나 나맥이 사용되는 수도 있다. 간장의 원료가 되는 소맥은 해외로부터의 수입품과 국산의 것으로 조달되고 있다.

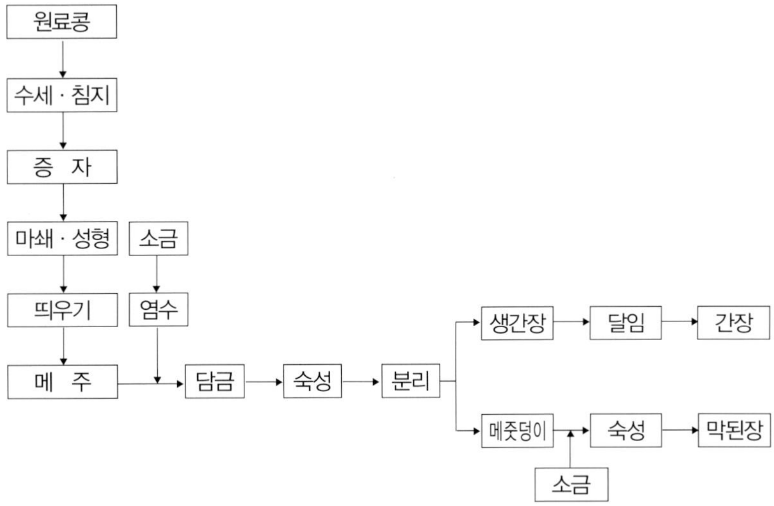

그림 5-5 조선간장 제조과정

③ 식 염 : 식염은 국내에서도 생산되고는 있지만 오늘날 사용되고 있는 소금은 85% 이상이 수입에 의존하고 있다. 그러나 간장에 사용되고 있는 것은 국산이다.

진한 간장

19세기 초에 발전한 간장으로, 조림에서 국까지 전국적으로 널리 사용되고 있다. 진한 간장은 향기가 강해서, 생선이나 육류의 풍미를 좋게 하는 데 적합하다.

간장에 재료를 침투시키면 비린내를 제거하는 효과도 있다. 식염분이 많으며 유산도 2% 정도 함유되어 있으므로, 간장절임으로 하거나 조리 전에 재료를 담가 두면 보존성이 높아진다. 새로운 것은 적갈색으로 맛과 향기도 강하다.

연한 간장

진한 간장보다 색이나 향기를 억제한 간장으로 발달했다. 단, 연한 간장이 진한 간장보다 염분은 많다.
연한 간장은 재료에 색이 잘 들지 않는 것이 특징으로, 야채나 흰살생선 등 색이나 풍미를 살린 요리에 적합하다.

간장의 향기로 재료의 풍미를 없애지 않고 미림을 첨가해서 가열하면 좋은 향기가 나오기 때문에 조림이나 국에도 사용된다.

백간장

연한 간장보다 더욱 색이 연하고, 거의 투명에 가까우며, 물엿의 색을 띠고 있다. 원재료는 소맥이 대부분이고, 대두는 약간 사용될 정도이다. 따라서 맛을 내는 성분은 적다.

당분과 염분이 많지만, 맛은 담백하다. 재료의 색이나 풍미를 살리는 요리에 적합하며, 우동의 소스나 찌개요리 및 국 등에 적합하다.

두 번 빚는 간장

간장의 색이 진하고, 걸쭉해서 맛도 향기도 농후하다. 식염분은 가장 적다. 생선회나 초밥에 적합하다.

제조방법은 한번 완성된 진한 간장에 다시 누룩을 빚어서 숙성시킨 것이다. 재료가 2배 정도 필요하며, 수고도 2배 정도 들기 때문에 가격도 비싸다.

고인 간장

간장의 원형이라고도 할 수 있는 독특한 향기와 진한 맛을 가진다. 색은 진한 간장보다 더욱 진하다. 원재료는 대부분이 대두로, 소맥은 사용되었다고 해도 미량이다. 만드는 방법은 된장과 유사하다.

대두의 단백질에서 나오는 성분에 의해서 맛이 농후해지는데, 보리에서 나오는 방향이 부족하다. 생선회나 간장구이, 조림, 셈베 등의 가공용에도 사용된다.

그림 5-6 간장장의 종류

(2) 간장의 조리특성

① **조리효과** : 간장에 함유되어 있는 많은 아미노산은 식품 소재의 성분과 서로 조합을 이루어서 상승적으로 맛을 높이는 효과가 있다. 특히 다시마에 함유되어 있는 글루타민산(glutamic acid)이나 가다랑어포에 함유되어 있는 이노신산은 간장에 의해 맛이 더욱 좋아진다. 새나 장어에 조미간장을 발라서 구우면 아미노산과 당분이 화학반응을 일으켜서 멜라노이딘이라는 향기로운 화합물을 만들어 낸다.

② **냄새제거 효과** : 간장에는 특유한 양조향이 있으며, 멜라노이딘 반응 등에 의해서 생선 비린내를 제거하는 효과가 있다. 또한 간장의 유기산에 의해서 살이 산성으로 되돌아와서 맛있게 된다.

③ **살균효과** : 고농도의 식염에 견디는 내염성의 유산균이나 효모에 의해서 향기의 성분이나 유기산이 만들어진다. 유산과 고농도의 식염에 의한 삼투압, 산성 pH(4.6~4.8), 알코올 등이 관여해서 병원균이나 대장균에 대해서 강한 살균력을 나타낸다. 간장에 담가서 보존하는 것은 간장의 살균효과를 이용한 것에 따른다.

④ **약리효과** : 간장의 위액분비효과는 식전의 맑은 국에서 그 효과가 인정되고 있다. 또한 유지의 산화를 방지하는 효과가 있다. 그 밖에 혈압강하작용이 있는 히스타민 흡수촉진물질과 안디오텐신 변화효소 저해성분이 있다고 한다.

3) 고추장

(1) 고추장의 종류

식품공전에 따르면 고추장은 두류 또는 곡류 등을 제국한 후에 덧밥과 고춧가루 및 식염 등을 혼합하여 발효 또는 당화하여 숙성시킨 것을 말한다.

고추장은 메주가루와 함께 넣은 주재료의 종류에 따라 찹쌀고추장, 멥쌀고추장, 보리고추장과 밀가루, 수수, 팥 등을 사용한 고추장이 있다.

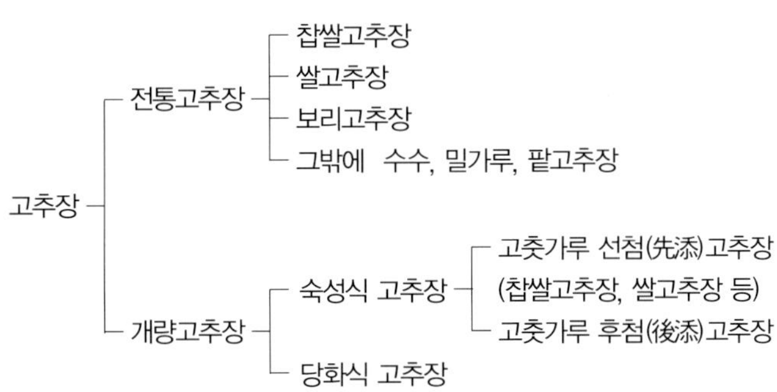

그림 5-7 고추장의 분류

고추장은 제조방법에 따라 전통고추장(재래식 고추장)과 개량고추장으로 분류된다(그림 5-7).

개량고추장은 공업적으로 생산되는 것으로 숙성식과 당화식으로 제조된다.

(2) 고추장의 제조 배경

고추장의 제조 배경은 고추의 식용 시기와 관련이 있다. 고추의 발생 기원은 정확하지는 않지만 네덜란드인에 의해서 재배되어 유럽으로 전래되고 16세기 말부터 17세기 초에 걸쳐서 동남아시아 각 나라로 전파되었다고 한다. 특히 멕시코 원주민들이 "아기"라고 하는 향신료를 먹었는데, 이것이 오늘날의 붉은 고추의 시작이라고 한다.

이 고추는 남아메리카의 아마존 유역이 원산지이며 페루에서 2000년 전부터 재배하였다고 하는데, 이것을 동양에서는 호추(胡椒, red pepper, 원산지는 인도이나 서역을 돌아 중국으로 전래됨)라 하였다.

우리나라는 1613년에 일본에서 처음 전래되어 '왜겨자'라 불렀는데, 고추가 나오기 전의 우리의 향신료는 '겨자'가 전부였다. 조선후기에 고추나 후추 등이 조미료로 사용된 것으로 미루어, 그 당시 고추장이 처음으로 만들어졌다고 보고 있다.

(3) 제조과정

고추장의 제조는 전통적인 재래식과 개량식으로 대별한다. 원래 고추장은 메주가루에 질게 지은 밥(찹쌀 또는 보리쌀)이나 떡가루, 또는 되게 쑨 죽을 버무리고 여기에 고춧가루와 소금을 넣어 간을 맞춘 후, 일정시간 숙성시킨 장류의 일종이다. 숙성과정 중 탄수화물로부터 생성되는 당분의 단맛과 단백질에서 유래되는 아미노산의 구수한 맛, 고춧가루의 매운 맛, 소금의 짠 맛 등이 잘 조화된 발효식품이다.

된장이나 간장과는 달리, 고추장은 곡류를 주원료로 하고, 여기에 메주가루를 넣고 당화시킨 다음 소금이나 고춧가루 등을 첨가하여 숙성시킨 것으로 고추장 담금 재료의 분량과 담는 방법에 따라 품질이 조금씩 다르다.

고추는 품질과 색깔이 좋은 것으로 고추씨를 뺀 후에 곱게 빻아 가루로 만들어 이용하는데, 고추장의 중요한 원료 중의 하나이다. 재래식 담금방법은 콩과 찹쌀을 익혀서 플라스틱 용기에 넣고, 식염 · 고춧가루 · 담금수 · 코지(koji)를 가하여 잘 혼합한 후 25℃의 온도에서 4개월 동안 자연 숙성시키면 된다. 찹쌀을 원료로 할 경우에는 찹쌀을 5시간 물에 담갔다가 건져 물을 뺀 후에 가루로 만든다.

이 가루를 반죽하여 둥근 모양의 덩어리(반대기)를 만든 후, 끓는 물 속에서 익힌다. 다음날 이것을 잘 풀어서 사용한다. 보리쌀을 이용할 경우에도 먼저 가루로 내어 물을 뿌려서 24시간 재웠다가 찐다. 찐 것을 식히면서 덩어리를 풀고 3일 동안 온돌에서 따뜻하게 재워서 삭힌다.

고추장은 이렇게 만든 찹쌀떡 또는 보릿가루에 약간의 메주가루 · 고춧가루 · 소금과 물을 넣어 담근 후에 햇볕에 두고 뚜껑을 열어서 1개월 정도 숙성시켜 완성한다.

개량식 고추장은 콩코지를 찹쌀이나 보리쌀 등에 섞고 보온하여 단백질을 분해 · 당화시켜 담근다. 찹쌀은 재래식과 같이 처리한 후에 원료쌀 18L에 대하여 코지 가루 5L를 섞고 품온을 약 64℃ 정도로 조절한 후 3시간 유지한다. 그러면 단백질분해와 당화가 이루어지는데, 이때 소금과 고춧가루를 섞어 숙성시킨다. 만약 50℃ 이하가 되면 젖산균의 번식으로 시어지므로 주의한다.

고추장의 숙성 중에는 코지균이 생산하는 프로테아제(protease), 아밀라아제(amylase), 셀룰라아제(cellulase) 등의 효소작용에 의하여 아미노산 · 핵산 · 당분이 생성되어 다양한 풍미를 부여하며, 내염성 효모와 유산균의 발효작용으로도 특유의 풍미를 생성하게 된다. 특히 숙성 중 전분질의 가수분해로 생성되는 감미성분, 세균의 단백질분해 작용으로 생성되는 정미성분, 고춧가루의 매운 맛과 식염의 짠맛 등이 더욱 잘 조화를 이룬다.

숙성기간의 경과에 따라 총 당함량은 감소하는데, 그것은 숙성과정 중 증가하는 효모나 유산균의 영양원 및 발효기질로 당이 이용되기 때문이다. 환원당은 숙성기간의 경과에 따라 증가하다가 숙성 40~50일경 이후에는 감소하는데, 이것은 숙성 초기에는 당화 아밀라아제 활성이 비교적 강력하여 전분질의 분해가 빠르지만 숙성 후기에는 효모나 유산균의 발효기질로 이용되기 때문이다.

또 고추장의 구수한 맛 성분은 아미노태 질소와 암모니아태 질소인데, 담금 후에 이 성분들은 급격히 증가하며 각종 알코올 함량도 숙성기간에 따라 증가하여 고추장의 향미성분을 증가시켜 준다. 보통 숙성기간 동안 산의 생성으로 pH는 저하되는데, 숙성 30일 후부터는 고추장의 적정산도가 최대가 되었다가 그 이후에는 불규칙적인 증감 현상을 나타낸다.

고추장의 품질규격은 수분 58% 이하, 조단백질 4% 이상, 아미노산성 질소 150mg% 이상이다. 보존료는 소르빈산칼륨을 0.1% 이하로 사용할 수 있도록 규정하고 있다. 시판 고추장은 보통 가열처리되지 않으므로 위생적으로 저장해야 하는데, 보통 병 · 플라스틱통 · 필름 백 등을 많이 이용하여 포장하고 있다.

4) 납두 또는 청국장

조선중기(1715년) 홍만선이 지은 「산림경제」 중의 조선 두장법에 '전국장'이라는 명칭을 쓰고 그 제조법이 소개되어 있다. 전시 별식으로 단기간에 제조할 수 있는 전국장이란 용어로 미루어 이 장류가 청나라로부터 전래된 것 같다. 일본에서는 납두(納頭, natto)라는 용어를 사용하지만, 우리나라에서는 담북장 또는 일본이름을 따서 낫토라 부르고 있다.

한국음식 용어집에 보면 "콩을 불려 건져서 물을 붓고 푹 끓인 후에 뜨거운 곳에서 실같은 것이 생기도록 2~3일 발효시킨 다음, 소금과 마늘 찐 것을 섞어 꼭 눌러 둔 것을 먹는다." 라고 되어 있는데, 겨울철의 인스턴트 장류 중의 하나이다.

청국장 제조의 주요 원료는 볏짚 · 납두균 · 메주콩 · 설탕, 그 밖에 소금 · 마늘 · 생강 · 고춧가루 등이다. 콩은 황백색 종자가 좋고, 설탕은 청국장의 끈끈한 물질, 즉 아미노산과 과당의 중합물인 프럭탄(fructan)을 많이 생기게 한다. 납두균은 원래 볏짚에 많이 들어 있다.

재래식 청국장은 대개 가을부터 다음해 봄까지 만들어 먹는 장류로서, 메주콩을 10~36시간 더운물에 불렸다가 물을 붓고 푹 끓여 익힌 다음, 짚을 몇 가닥씩 깐 볏짚 위에 넣고 또 다시 볏짚으로 덮은 후 따뜻한 곳에 놓고 담요나 이불을 씌워 42~45℃로 보온하면 2~3일 후 끈끈한 실같은 물질(D-glutamic acid의 polypectide와 fructose의 중합체인 fructan의 2가지 성분)이 생기는데, 이 끈끈한 점질물은 독특한 풍미를 가진 소화성이 좋은 성분이다.

재래식 볏짚에는 납두균이 많이 들어 있지만, 개량식은 순수 배양한 natto균(*Bacillus natto*, *Bacillus subtilis*)을 직접 삶은 콩에 1% 정도 접종하여 적당한 분량으로 나누어 40~50 ℃에서 18~20시간(재래식보다 짧은 시간임) 보온하면 끈끈한 향기를 가진 발효물질로 변한다. 발효가 끝난 납두 18에 소금 3.6, 마늘 0.6, 고춧가루 0.54 비율로 넣어 잘 혼합한 후 마쇄하고 용기에 담는다. 이것을 30℃ 이하에서 숙성시킨다.

청국장의 특성은 끈적끈적한 점성이 있다는 것이다. 된장보다는 훨씬 고형물 덩어리가 많고 pH 7.0 이상에 식염은 5.3~6.4%이고 수분함량은 14~19%이다. 에틸렌 함량은 된장이나 고추장에 비해 훨씬 적은 것이 특징이다. 이것은 원래 콩의 성분 중 당질이 적고 특히 가공 중에 식염을 첨가하므로 유산균과 효모의 발육이 억제되었기 때문이다. 발효숙성 결과 인지질 및 당지질 분획 등에서 포화지방산 함량이 감소하고 불포화도가 높아진다.

청국장은 다른 장류에 비하여 제조기간이 짧은 반면 영양성분은 많은데, 특히 단백질 함량이 높다.

16시간 발효한 것은 단백질의 약 10%가 유리아미노산으로 존재하며, 트립신(trypsin), 펩신(pepsin), 아밀라아제(amylase), 인베르타아제(invertase),

카탈라아제(catalase) 등 여러 가지 효소를 비롯하여 라파아제(lipase)나 우레아제(urease) 등도 약간 포함되어 있다.

비타민 B_2도 균에 의해서 생성되고 비타민 B_{12}도 많은 편이다. 균자체는 장내 유해균의 번식을 억제하고 위나 장에서 식품의 흡수를 도와주며 혈관 내 콜레스테롤을 분해하는 작용을 한다.

보통 독 또는 PE(poly ethylene)수지와 PP(poly prophylene)로 된 병을 사용하고 밀봉 포장하여 5~10℃의 냉장고에 보관하며, 유통기간은 제조일로부터 보통 2개월 간이다. 유통기간은 보통 보존기간과 상미기간(가장 맛있는 기간)의 중간기간으로 하며, 이 기간은 제품의 맛을 상미기간처럼 누릴 수는 없지만 최대한 상미기간에 가깝게 느낄 수 있는 기간이다.

특유의 청국장 냄새를 내는 아미노산질소 또는 암모니아 함량이 오래된 것일수록 많은데, 이 때문에 다소 꼬릿한 냄새를 풍긴다.

5) 춘 장

식품공전에 따르면, 춘장이라 함은 대두 · 쌀 · 보리 · 밀 또는 탈지대두 등을 주원료로 하여 식염과 종국을 섞어 발효시킨 후에 캐러멜 색소 등을 첨가하여 가공한 것을 말한다. 우리 나라 식품위생법에서는 장류라는 식품군 속에 간장, 된장, 고추장, 청국장, 춘장 등을 포함시키고 있다.

춘장은 중국식과 일본식으로 분류된다. 중국식은 캐러멜 색소를 첨가하지 않고 콩을 발효하여 검은 색을 띠도록 오랫동안 숙성시킨 것이다.

우리가 사용하는 춘장은 거의 일본식 춘장으로 일본된장(미소)에 캐러멜 · 스테비오사이드 · 물엿 등의 첨가물을 혼합하여 제조하는 것으로, 자장면의 재료로 사용된다. 2001년도 장류제조업 생산실적 통계를 보면 4천 ~ 1만 톤 정도의 춘장이 소비되었다.

5. 대두의 조리식품

1) 한 식

① **잡곡밥** : 콩뿐만 아니라 여러 잡곡을 섞어서 밥을 만든다.
② **콩 탕** : 찬물에 고운 콩가루를 풀어 순두부처럼 엉길 때까지 끓이다 채소를 넣고 다시 끓인다.
③ **콩엿강정** : 검은콩을 볶아 엿을 녹여 섞은 후 뭉쳐서 콩가루를 묻힌다.
④ **콩가루죽** : 시래기나 다른 채소에 날 콩가루를 묻혀서 장국이나 토장국이 끓을 때에 넣어 끓임
⑤ **기 타** : 콩가루다식, 콩밥, 콩부침, 콩자반, 콩장, 콩강정 등

2) 중 식

콩으로 만든 두부요리가 많이 이용된다(마파두부, 두부피, 말린두부).

5-2 팥을 이용한 조리

그림 5-8 팥

쌀이나 잡곡과 섞어서 팥밥을 지으며, 팥(小豆, red bean : an indian bean) 뿐만 아니라 녹두와 동부같이 전분함량이 높은 콩으로는 떡 · 빵 · 양갱 · 과자 등의 팥고물로 이용하고 팥죽을 쑤기도 한다. 팥과 녹두는 껍질이 두꺼우므로 대개 물에 넣어 불린 후에 거피하여 사용한다. 특히 붉은 팥은 거피가 잘 안되므로 삶은 후 걸러서 껍질을 제거한다. 그 후 자루에 넣어 물기가 없도록 짠다. 이렇게 해서 얻은 것으로 떡고물이나 떡의 소를 만든다.

감별법

① 적색의 알갱이가 큰 품종이 좋다(알이 굵다).
② 빨간 팥 : 색이 붉거나 하얀 것, 반짝거려야 한다.
③ 흑두(검정팥) : 색이 회색일수록, 눈이 힐수록, 반짝거리지 않으며 은은한 감이 있고 길죽할수록 좋은 품종
④ 소적두는 대량 사용 시 경제적이며, 대적두는 소량 사용 시에 경제적이다.
⑤ 바구미 먹지 않아야 한다.
⑥ 배가 나오지 않아야 한다.
⑦ 벌레 먹어서 흰가루가 붙은 것은 나쁘다.
⑧ 여러 색이 섞인 것이 좋다.

Guide

• **바구미**
날알 속에서 부화해 자라며 곡식 등 딱딱한 먹이를 즐기는 해충. 쌀바구미

5-3 녹두를 이용한 조리

녹두(綠豆, mung bean : green gram)는 주로 숙주나물의 원료로서 수입되고 있으며, 당면의 원료로서도 사용된다. 인도에서 재배되고 있는 것이 녹두와 동일종인데, 형태적으로 차이가 있다. 종피는 흑갈색이며 메티오닌 함량이 높다. 녹두는 약 45%의 탄수화물 중 대부분이 전분이다.

열매는 꼬투리로 거친 털이 나 있고 10~15개의 종자가 들어 있는데, 익으면 꼬투리가 터진다.

그림 5-9 녹두

녹두전분은 특히 점성이 강하여 청포묵을 만들고, 싹을 길러 숙주나물로 먹기도 한다.

숙주는 콩나물보다 풍미가 좋고, 비타민 C의 급원으로 우수하다. 그밖에도 당면, 떡고물, 녹두죽, 빈대떡, 떡과 과자 등의 속, 숙주나물, 죽 등에 이용한다.

5-4 완두(pea)를 이용한 조리

우리나라에서는 단단한 꼬투리를 가진 덩굴형의 종류가 많이 재배되고 청 · 적 · 백완두 등이 있으며, 풋것일 때에 더 많이 섭취한다. 완두(豌豆)가 미숙한 것을 청완두라 하는데, 알맹이가 고르고 녹색이며 광택이 있고, 수분이 많으며 충실하고 단맛이 있다. 그리고 단백질과 당분이 많으며 익은 것에는 전분, 섬유, 그 밖에 다당류가 많다.

완두도 밥에 섞어 먹기도 하지만 떡 · 과자에도 이용하며, 날것은 통조림으로 만들어서 채소로 이용한다.

감별법

① 표면이 팽팽하거나 주름이 잡혀 있어야 한다.
② 꼬투리의 표면은 매끄러운 것이 좋다.
③ 콩보다 꼬투리의 크기가 약간 큰 것을 선택한다.

5-5 땅콩(peanut)을 이용한 조리

Guide

영국에서는 땅콩을 groundnut, a monkey-nut이라고 한다.

땅콩(落花生)은 두류 중 유일하게 땅 속에 콩꼬투리가 묻혀 있는 콩류이다. 종자는 볶아서 식용으로 하는 외에 땅콩버터(peanut butter)를 만들기도 하고, 착유하여 올리브유 대용으로 하거나 비누 제조에도 쓰인다.

소화율이 좋지 않으므로 과식은 좋지 못하다. 또한 깻묵과 줄기와 잎은 사료 및 비료로 이용되며, 기타 플라스틱 · 수성 페인트 · 접착제 · 합성섬유의 원료로도 쓰인다.

5-6 강낭콩, 동부 및 잠두를 이용한 조리

Guide

영국에서는 강낭콩을 a haricot, 미국에서는 French bean이라고 한다.

(1) 강낭콩 (kidney bean)

주성분은 전분이고 단백질도 많은 편이다. 밥에 얹어 먹는 정도로 많이는 섭취되지 않으나, 유럽인들은 푹 삶아 육류 대신에 단백질의 급원으로 많이 이용한다.

강낭콩을 이용한 조리

주로 조림용으로 이용하며, 앙금이나 양갱 등 제과 원료로 큰 구실을 한다. 강낭콩에는 청산 배당체가 있기 때문에 떡이나 잡곡밥 등에 이용할 때에는 충분히 물에 불려 사용해야 하며 싹이 난 콩은 반드시 익혀 먹는다.

〈양식-강낭콩 수프〉

양파 · 셀러리 · 대파 등을 버터를 두른 후 볶다가 강낭콩, 치킨 육수를 넣고 끓인 후에 바로 믹서기에 갈아서 고운 체에 내려 식혀야 색깔이 변하지 않는다. 먹을 양만큼 다시 끓여 생크림과 버터를 첨가하면 훌륭한 수프 요리가 된다.

감별법

① 알이 크고 둥글다. ② 색깔이 선홍색에 가깝다.
③ 껍질이 윤기가 있고 고르다.

(2) 동 부 (cowpea)

동부(광저기)는 인도가 원산지로 아시아 여러 나라에서 식용으로 재배된다. 종자의 모양은 팥과 비슷하나 약간 길다. 종피의 색깔은 백색, 황색, 갈색 등 여러 가지이다. 밥에 얹어 먹기도 하고, 떡고물이나 과자에도 이용한다. 사료 혹은 건초나 녹비로도 쓴다.

(3) 잠 두 (a broad [horse] bean)

잠두(蠶豆)의 미숙종자는 간장에 졸여 먹고, 완숙종자는 볶은콩이나 고물 등으로 한다. 주요한 성분은 당질 50%, 단백질 26%이고, 당질의 70%는 전분이다. 그 밖에 당분이나 펙틴 및 섬유소 등을 함유한다. 밥에 얹어 먹기도 하고 볶거나 튀겨 먹는다. 채소로써 요리에 이용하기도 한다.

Chapter 6

채소류의 조리

일반적으로 나무에 열리는 여러해살이일 경우는 과일로 분류하고, 덩굴이나 작은 나무에 열리지만 그 나무가 한해만 살고 죽는 경우는 채소로 분류한다. 그래서 여러 해 이상 사는 나무에서 열리는 사과 · 배 · 감 · 밤 · 호두 · 잣 등은 과일로 분류하고, 덩굴에서 열리는 수박이나 참외를 비롯하여 한 해만 살고 죽어버리는 나무 비슷한 형태를 지닌 그루에서 열리는 콩 · 고추 · 방울토마토 등은 채소로 분류된다.

야채는 일본식 조어이며, 중국에서는 소채, 우리는 오래 전부터 채소를 사용하였으며 순수 우리말로는 '남새' 라고도 한다.

6-1 채소류의 분류 및 성분

1. 채소류의 분류

구 분	가식부분	채소종류	비 고
근채류	뿌리 변형줄기 비늘줄기 구상줄기	고구마, 당근, 무, 우엉, 연근 토란, 감자 양파, 마늘, 파 곤약	고구마, 감자, 곤약은 채소지만 서류로 분류함
엽채류	잎 잎자루 꽃눈 싹, 어린줄기	양배추, 시금치, 상추, 파슬리 셀러리(celery) 콜리플라워, 브로콜리	
과채류	두류(종자) 곡류 덩굴성 과일 장과 나무과실	완두, 녹두, 대두, 옥수수 단 옥수수 호박, 오이 토마토, 오이 아보카도	두류와 곡류는 채소류지만 따로 분류하고 있음

1) 엽채류(葉菜類)

상추, 시금치, 파슬리, 양배추, 쑥갓, 갓, 아욱, 근대, 배추 등이 속한다. 수분 함량이 많고 비타민, 무기질, Fe, 비타민 A와 B복합체, 아스코르브산(ascorbic acid)이 풍부하게 포함되어 있는 좋은 영양 공급원이다. 필요한 빛과 공기를 최대한으로 받아들이기 위하여 두께는 얇지만 넓적한 모양을 하고 있으며, 그 곳에 클로로필이 넓게 분포되어 있다.

(1) 양배추(cabbage)

① 특 성

다른 채소에 비해 잎이 뻣뻣하고 잎 살이 두터운 것이 특이한 점이다. 양배추의 색은 흰색과 자색이 있으며, 여러 가지 요리에 널리 이용될 뿐만 아니라 날것으로 먹는 데에도 알맞는 채소이다. 주로 생채로 샐러드 재료, 국거리, 쌈, 김치 등에 이용된다.

② 성 분

아미노산 중 생장에 필요한 필수아미노산인 리신(lysine)이 많아 발육기 어린이에게 매우 좋은 식품이다. 비타민 A와 비타민 C는 녹색부분에 많이 함유되어 있으며, 위궤양에 효능이 있는 비타민 U가 들어 있는 것이 특이하다. 장시간 삶으면 비타민 C는 파괴되고 불쾌한 맛을 내게 되는데, 이는 유기함황화합물 때문이다.

③ 조 리

일반적으로 적자색형은 샐러드나 피클에 주로 쓰이며, 사워크라우트(sauerkraut)를 만드는 데 이용된다. 콜리플라워, 브로콜리, 방울다다기(brussel sprouts)는 꽃양배추로 분류하기도 한다. 모양이 납작한 녹색종 양배추는 살이 단단하여 오래 두고 먹거나 익혀 먹는 데 적합하다. 반면 통이 동그란 백색종 양배추는 살이 연해 샐러드와 같은 생식용으로 적당하다.

양배추

일반적으로 샐러드로 많이 이용되고, 우리나라에서는 쪄서 쌈으로 먹는다.

적양배추

표피는 자색인데 잎의 살은 백색이다. 자색은 안토시안계 색소에 의한다. 피클이나 샐러드로 이용된다.

브로콜리

품종의 꽃봉오리는 푸른색이 주체인데, 황록색이나 자색도 외국에서는 볼 수 있다. 샐러드나 무침 및 볶음 등으로 한다.

콜리플라워

비타민 C를 많이 함유하고 있고, 일반적으로는 삶은 후에 샐러드에 넣거나 수프나 볶음에 이용한다.

케 일

비타민 A와 비타민 C 및 칼슘분이 풍부하며, 샐러드나 수프 등에 사용된다.

그림 6-1 양배추의 종류

(2) 배 추(a chinese cabbage : a petsai [cabbage])

① 특 성

잎을 먹는 대표적인 채소라고 할 수 있으며, 찌개 · 국 · 쌈 · 김치재료로 쓰인다. 차갑고 서늘한 기후를 좋아하지만, 품종개량에 따라 연중 출하되고 있다.

② 성 분

단백질을 구성하는 아미노산이 우수하기 때문에 배춧국을 끓였을 때 구수한 맛을 내며, 비타민 C가 풍부하고 무기질과 칼슘이 많은 편이다.

배추에 많이 들어 있는 칼륨이 과잉의 나트륨 섭취로 인해 유발된 고혈압에 대하여 보호기능을 갖는다는 것은 오래 전부터 잘 알려진 사실이다. 배추를 삶으면 독특한 냄새가 나는데, 이것은 황화합물이 가열에 의해서 분해되어 황화수소가스 및 기타 화합물을 형성하기 때문이다.

배 추

배추절임

그림 6-2 배추절임

(3) 시금치(spinach)

① 특 성

데친 시금치의 엽록소는 세포 부활작용, 지혈작용, 강심작용, 말초혈관확장작용, 상처의 치유촉진 작용, 항알레르기 작용 등으로 혈액을 맑게 한다. 위와 장을 활발하게 하는 성분이 있어서 위장장애, 변비, 거친 피부 치료에 좋다.

시금치 뿌리의 즙과 액은 옴과 같은 피부병에 효과적이며, 폐병에는 뿌리와 잎의 생즙이 좋다. 하루에 세 번을 소주잔으로 한 잔씩 마시면 좋다.

시금치는 뿌리 가까운 쪽에서부터 빽빽하게 잎이 나 있는 것이 좋다. 반대로 잎이 작으면서 줄기가 홀쭉하게 긴 것은 화학 비료나 농약을 사용했다는 표시이므로 피해야 한다.

비타민 종류가 골고루 들어 있으며, 특히 비타민 A는 채소 중에서 가장 많다. 칼슘, 철분, 요오드가 풍부하여 영양가가 높은 중요한 채소 중의 하나로서 우리 식생활에서 중요한 위치를 차지하고 있다.

② 성 분

단백질은 약 2.5~3.0% 가량 함유되어 있고, 곡류에서 부족하기 쉬운 리신(lysine)이나 트립토판(trytophan) 등의 아미노산을 다량으로 함유하고 있다. 비타민류가 많이 함유되어 있는 반면, 수산을 함유하고 있어서 다량 섭취하면 수산칼륨으로 변한다. 이것은 신장이나 방광에 결석을 가져오게 되지만, 보통 섭취하는 정도로는 염려가 없다고 한다. 변비예방과 빈혈예방에도 효과가 있다.

③ 조리

- 한식 : 시금치 나물, 시금치 토장국, 시금치 죽, 시금치 생채 등
- 양식 : 주로 샐러드로 많이 사용하며, 프레시로 기름에 볶음으로써 영양손실을 막을 수 있고 생선요리 등의 가니쉬(garnish)로 많이 사용한다. 버터볶음요리(시금치 소테)에 알맞고 철분이 많아 여성이 많이 먹으면 좋다.

POINT

시금치 요리와 어울리는 참깨, 어울리지 않는 달걀과 멸치

- 참깨와 시금치

시금치를 녹즙이나 날샐러드로 먹는 것은 바람직하지 않다. 시금치 내의 수산이 칼슘과 결합하면서 신장결석과 방광결석이 쉽게 생기기 때문이다. 그런데 결석은 칼슘과 수산의 비율이 1 : 2일 때에 생기며, 이 균형이 조금만 깨져도 결석이 생길 위험은 없으므로 칼슘이 풍부한 참깨와 같이 먹는 것이 좋다.

칼슘이 많은 식품을 잘 곁들어서 수산을 무력화하는 것으로, 시금치 자체에도 칼슘이 함유되어 있으나 칼슘에 비해 수산의 양이 더 많아 자가대사를 할 수가 없다. 아울러 시금치에 볶은 참깨나 깨소금을 뿌리면 고소한 맛이 어울려 맛도 좋아진다. 또한, 결석방지에는 아미노산의 하나인 리신도 효과가 있는데, 이 역시 참깨에 많이 들어 있다. 결국에 시금치나물과 참깨는 시금치에 부족한 단백질 · 지방 · 칼슘 · 비타민 B군 등을 자연스럽게 공급할 수 있을 뿐만 아니라, 풍부한 칼슘과 리신으로 건강에 유해한 결석 생성을 예방하는 좋은 식품의 배합이라고 할 수 있다.

- 삶은 달걀과 시금치

시금치에 많은 철분이 삶은 달걀의 유황과 결합하면 철분이 흡수되지 않는 염의 형태로 전환되므로, 시금치와 달걀은 바람직하지 않은 궁합음식이다.

- 멸치와 시금치

멸치는 대표적인 칼슘 공급원으로 성장기의 어린이와 노인들에게 많이 권장되는데, 멸치의 풍부한 칼슘의 흡수를 시금치의 수산이 방해한다. 우유나 유제품과 함께 먹으면 칼슘 흡수율을 배로 높일 수 있다.

(4) 상 추 (lettuce)

① 특 성

상추의 잎은 폭이 넓고 담녹색을 띠며 독특한 질감이 있어서 주로 샐러드용이나 쌈 등의 생식으로 사용되고 있다. 청정재배하고 있으며 위생적으로 취급해야 하고 세척을 잘 해야만 한다. 식욕을 돋우는 식품이며 불면증 · 빈혈 · 신경과민 등에 날것으로 먹으면 치료효과가 있다.

② 성 분

잎은 녹색으로 부드럽고 특히 비타민 C와 Fe이 많은 채소이다.

(5) 쑥 갓 (crown daisy ; 갓, leaf mustard)

그림 6-3 쑥갓나물

비타민 A · B · C의 공급원으로 요즈음 우리나라에서 재배면적이 증가하고 있다. 향기가 좋아서 생식하기도 하며, 생선국이나 찌개에 넣어 이용한다. 줄기와 잎이 식용으로 쓰인다. 변비가 심할 때 쑥갓 삶은 진한 즙이 효과가 있으므로 민간요법으로 이용되고 있다.

(6) 파슬리 (parsley)

특수한 향기와 영양가가 높은 채소로 양식에 널리 쓰인다. 비타민 A와 비타민 C가 많고 칼슘이나 철 등이 채소류 중에서 비교적 많은 편이다. 영양가치가 높지만 생선회에 곁들이는 채소나 수프의 약미로 이용하는 정도이다.

파슬리는 튀김을 해서 먹어도 비타민의 효과는 비교적 손실됨이 없는 장점이 있다. 파슬리는 썰어 소창에 싸서 흐르는 물에 한 번 씻어 내리면 특유의 비린내가 없어진다.

(7) 냉 이 (shepherd' s purse)

두해살이풀로서 온몸에 잔털이 있고, 높이는 10~50cm이다. 겨울을 나고 자라나는 잎은 둥글게 뭉쳐 땅을 납작하게 덮으며, 깃 모양으로 반으로 째져 있다. 생김새는 주걱꼴이다.

줄기에 나는 잎은 서로 어긋나게 자리하여 잎자루는 없고 밑동이 줄기를 감싼다. 꽃은 이삭 모양으로 뭉쳐 아래로부터 차례로 피어오른다. 꽃이 지고 난 후에는 부채 모양의 열매를 맺는다.

원산지는 인도이고, 북부아프리카 · 유럽남부 · 중앙아메리카 · 브라질 · 아시아 전역에서 재배된다. 우리나라에서도 전국각지의 들판, 풀밭, 밭 가장자리, 길가 등에 분포되어 있다.

냉이꽃을 따 잠자리 밑에 넣고 자면 그 해 벼룩이 없어진다는 말이 있으며, 삼월 삼짇날에 냉이를 캐다가 마루 밑에 두면 구더기가 생기지 않는다고 한다.

단백질과 전분함량이 높으며 시니그린, 솔비톨, 콜린, 아세틸콜린, 아도니톨 등의 약리학적 성분과 당류가 포함되어 있다. 칼슘, 철, 인, 회분 함량도 높은 알칼리성 식품이다.

채소이면서도 비교적 단백질의 함량이 높은데, 무기질 중에서는 칼슘과 인, 그리고 철분이 풍부하게 들어 있으며, 비타민 중에서는 비타민 A와 C가 특히 많아 냉이 100g만으로도 성인 하루 요구량의 1/3을 섭취할 수 있다.

국을 끓여도 무기질은 손실되지 않으므로 이용하기가 편리하다. 또한, 독특한 향기가 있어서 이른 봄철 씀바귀와 함께 냉이를 찾게 되는데, 냉이의 향기는 식욕을 불러들이고 활력을 되찾게 해준다.

(8) 달 래(wildgarlic)

① 특 성

백합과에 속하는 다년초로 땅속에 반구형의 비늘줄기를 가지며, 잎은 가늘고 긴 대롱형이다. 파와 같은 독특한 향미로 뿌리 · 줄기 · 잎을 식용하며, 자극적인 맛을 좋아하는 한국인이 선호하는 야채이다. 한국, 일본, 대만, 중국, 만주, 몽고 등에 분포한다.

경첩이 지나면 경기지방에서는 신감채(辛甘菜)라 하여 가장 빨리 나는 산채 5가지를 뜯어 왕궁에 상납하는 의무가 있었는데, 신감채 가운데 대표적인 것이 바로 달래였다고 한다.

② 효 과

달래는 보혈 · 신경 안정 · 살균 · 빈혈 · 위염 · 장염에 좋고 타박상에 짓찧어 밀가루 반죽하여 국소에 바르기도 하며, 여성의 생리통에 좋다. 또한 잠이 안 올 때 달래의 전초를 달여서 마시면 불면증을 해소하는 효과가 있으며, 편도선이 부었을 땐 달래의 생잎이나 뿌리 간 것을 붙이기도 하고, 벌레나 독충에 물렸을 때에는 달래의 전포를 찧어서 붙이면 해독이 된다. 그리고 위장을 튼튼하게 하고 소화를 돕는다.

③ 조 리

- 달래전 : 쇠고기를 채썰어 달래와 함께 전을 부친다.
- 달래술 : 알뿌리를 깨끗이 씻어 3배의 소주에 넣어 밀봉하여 1달 후에 매일 한 잔씩 마시면 정력에 좋다.
- 달래초무침, 달래전, 달래 된장찌개 등에 이용
- 달래김치

2) 경채류(莖菜類)

그림 6-4 아스파라거스

(1) 아스파라거스(asparagus)

① 특성

특수한 향기를 가지는 채소로서 흙 속에서 연화 재배한 것은 양식에 널리 쓰이고, 통조림·병조림에도 많이 쓰인다.

② 성분

사포닌이 들어 있어서 약간 쓴맛을 갖는다. 비타민 C는 녹색 아스파라거스가 20mg%로 비교적 많은 편으로, 열에 대한 영향이 커서 저온에서 단시간에 처리하는 것이 좋다.

③ 조리

데칠 때는 줄기 끝쪽 1/3 정도를 데친 후에 부드러워졌을 때 끝까지 데쳐주면 전체적으로 부드러워진다. 수프, 샐러드, 무침에 이용한다.

(2) 셀러리(celery)

그림 6-5 셀러리

① 특성

독특한 향기를 가지며, 서늘한 곳에서 재배가 용이하고 대부분 생채로 이용된다.

② 성분

철·비타민 B_1·비타민 B_2·비타민 C를 함유하고 특유의 강한 향을 가지므로, 수프나 소스류의 향미를 내는 데 쓰인다. 생식할 때는 물론이지만 수프로 할 때에도 비타민 B_2가 많이 용출되어 나오므로 영양가치가 크다.

③ 조리

샐러드, 육수, 각종 음식에 많이 이용된다.

3) 근채류(根菜類)

(1) 무(radish; 순무, turnip)

① 특성

비대한 뿌리부위를 식용으로 하지만 잎과 줄기도 뛰어난 영양가치를 지닌 녹색채소이며, 무말랭이로 나물재료를 하거나 된장이나 고추장을 넣어 무장아찌를 만들기도 한다.

② 성분

대부분 수분이며 비타민 C가 10~30mg%로 비교적 많이 들어 있고, 특히 껍질 부분에 많다. 전분을 분해하는 디아스타아제(diastase)가 많으며, 단백질 분해효소인 프로테아제(protease)와 지방분해효소인 리파아제(lipase)도 소량이지만 함유되어 있다.

무의 단맛은 포도당과 설탕이며, 녹말 분해효소인 아밀라아제(amylase)가 많아 소화를 돕고 리신(lysine)의 함량도 많아서 영양적 가치가 높다.

③ 조 리

메밀국수에 무즙을 갈아 넣으면 소화를 돕는 작용을 한다. 또한 우리나라의 떡 중 시루떡에 무를 섞는 것으로 무시루떡이 있고, 그 외 생채 · 조림 · 김치 등에 널리 이용된다.

(2) 당 근(carrot)

① 특 성

뿌리와 잎 모두 카로틴이 매우 많이 함유되어 있는 영양이 많은 채소로, 저장채소와 건조채소로 이용되고 있다. 좋은 당근을 고르려면 성숙이 잘 되어 육질이 충실하고, 외형이 매끈하며, 빛깔이 선명하고, 외상이 없으며 병해가 없는 것이어야 한다.

② 성 분

당근은 탄수화물이 10% 내외 함유되어 있는데, 그 절반이 설탕이어서 달다. 당근의 붉은 색깔은 카로텐(carotene)인데, 프로비타민 A라고도 한다. 비타민 A는 물에 녹지 않고 가열해도 분해되지 않는 성질이 있으나, 기름에는 잘 녹으므로 기름에 데쳐 먹으면 흡수가 더 잘 된다.

당근에는 비타민 C를 파괴하는 아스코르비나아제(ascorbinase)가 들어 있어서 비타민 C가 많이 들어 있는 다른 채소에 혼합하면 비타민 C를 파괴하게 된다.

③ 조 리

우리나라 음식에서는 볶음 · 전유어 · 나박김치 등 여러 음식에 이용되고, 서양요리에서는 육수 · 수프 · 가니쉬 등에, 중식에서는 탕수육 · 양장피 · 팔보채 등에, 일식에서는 튀김 등 많은 요리에 이용된다.

당근수프

화양적

양장피잡채

그림 6-6 당근을 이용한 조리

(3) 우 엉(burdock [weed])

① 특 성

그림 6-7 우엉

다른 채소와는 달리, 탄수화물 · 단백질 · 무기질을 많이 함유하고 있다. 우엉은 당질이 주성분인 알칼리성 식품이다. 또한 섬유소도 풍부하여 정장작용(整腸作用)을 가지며 특유의 향을 지니고 있다. 뿌리를 잘게 쪼개어 나물로도 쓰고 어린순도 삶아 나물로 사용하며 튀김이나 초절임 등에 이용한다.

② 성 분

우엉의 당질의 대부분이 이눌린(inulin)으로 구성되어 있는데, 이눌린은 당뇨병 환자에게 아주 좋으며, 신장병 환자에게도 효과가 있는 독특한 효능을 가지고 있다. 수분이 비교적 적으며 비타민 A는 소량밖에 들어 있지 않고, 비타민 B_1 0.3 mg%에 비타민 C는 2 mg% 정도 들어 있다.

우엉 껍질은 흑자갈색이나 껍질을 벗긴 살은 담황색이다. 안토시아닌계 색소를 지니고 있을 뿐만 아니라 탄닌(tannin)의 함량이 높아 공기 중에 노출되면 곧 갈변한다. 이 변색을 방지하려면 물 또는 1% 소금물에 담가 둔다.

③ 조 리

껍질에 풍미가 많이 있으므로 껍질은 벗기지 말고 수세미로 깨끗이 손질한다. 우엉을 자르면 곧 변색되므로 식초에 담그면 좋고, 이때 떫은맛도 빠진다. 데칠 때 식초를 넣어주면 하얗게 데칠 수 있다. 또한 우엉김치 · 우엉정 · 김밥속 · 우엉조림 등으로 조리된다. 떫은맛은 쌀겨나 쌀뜨물을 이용해도 제거된다.

(4) 연 근(lotus root)

① 특 성

그림 6-8 연근

연근은 클로로젠산(chlorogenic acid)과 폴리페놀 및 페놀라아제(phenolase)와 페놀(phenol) 화합물인 탄닌물질을 다량 함유하여 공기와 접촉하면 흑갈색으로 변하기가 쉽다. 변색을 막기 위해서는 식초에 담가 요리하면 깨끗하게 본래의 색을 유지시킬 수 있다.

② 성 분

주성분은 당질이며 대부분 전분과 섬유소이고 탄수화물은 10% 정도다.

무기질은 칼륨이 40%를 차지하며, 인산이나 나트륨 등도 들어 있고, 비타민 A와 B는 없으나 비타민 C는 50mg% 들어 있다.

③ 조 리

생식하거나 조림 · 전 · 정과를 만드는 등 여러 가지 조리방법으로 이용되며, 저장성이 좋다.

(5) 죽 순(bamboo shoot [sprout])

그림 6-9 죽순

① 특 성

대나무의 지하경에서 돋아나는 어리고 연한 싹을 죽순이라고 하며, 오래전부터 식용해 왔다. 죽순은 저장기간이 길지 않아서 수확 후에 되도록 빨리 조리하든가 가공해야 하는데, 보통 통조림으로 한다.

양질의 조건은, 일반적으로 모양이 작으며 육질이 부드럽고 향기가 좋은 것 등을 꼽을 수 있다.

② 조 리

주로 중식에서 많이 이용하는 것으로, 난자완자 · 고추잡채 · 라조기 등 다양한 요리에 이용된다.

(6) 인 삼(ginseng)

인삼의 주요 유효성분은 진세노이드(ginsenoside)로 명명되는 총 30여 종의 사포닌 성분(백삼 24종, 홍삼 32종)이다.

① 인삼의 사포닌의 주요 특성

- 인체 내의 지방 분해력이 크며, 영양분의 흡수와 소화촉진
- 세포 내의 효소들을 활성화하여 신진대사를 촉진
- 혈청 단백질 합성을 촉진
- 에너지를 증가시켜 원기회복, 피로, 무력감, 식욕부진 개선

② 인삼의 효능 및 생리활성기능

- 원기회복
- 당뇨치료의 효과
- 암 예방의 효과, 노화 억제
- 성기능 활성화
- 고혈압 조절
- 치매 예방, 갑상선, 신경통 등

③ 인삼의 분류와 활용

- 수삼 : 밭에서 캐낸 인삼원형상태

4~6년 자란 인삼 수확, 수분함량 75% 내외
삼계탕, 인삼주용, 인삼정과

- **백삼** : 수삼을 원료로 껍질을 벗겨 건조시킨 것으로 미황색을 띠며, 형태에 따라 직삼, 곡삼, 반곡삼으로 구분됨. 수분함량 14% 이하
  삼계탕, 인삼분말, 분말정
- **홍삼** : 4~6년근 수삼을 수증기로 찐 것
  품질별로 천삼, 지삼, 양삼으로 구분하며 제조과정 중 비효소적 갈색화 반응이 촉진되어 매우 단단한 형태
- **태극삼** : 수삼을 뜨거운 물속에 일정기간 담가 표피로부터 동체의 일부를 호화시켜 건조한 것으로, 담황색 또는 담갈색을 띠며 표피를 벗기지 않아 사포닌 함량이 풍부하여 품질이 우수하다. 원형유지 가공인삼제품으로 홍삼과 백삼의 중간제품이다.
- **미삼** : 백삼, 태극삼 등의 제조과정에서 나온 잔뿌리를 말린 것으로 사포닌 함량이 가장 풍부하고 삼계탕이나 인삼차용으로 많이 쓰인다.
- **장뇌삼** : 인삼이나 산삼의 삼씨를 인위적으로 뿌려 자연상태의 산림속에서 재배한 삼을 말한다. 장뇌삼은 깊은 산 속 그늘진 박달나무나 옻나무의 습기가 많은 곳에서 자란다.

(7) 더 덕 (wild ianceolate root)

① 특 성

도라지과(Campanulaceae)에 속하는 다년생초로서 줄기는 덩굴로 되어 있으며, 씹히는 탄탄한 맛과 양념맛은 '산에서 나는 고기' 에 비유된다.

② 성 분

뿌리에는 사포닌(Saponin), 피토데린(phytoderin), 레오이신(leoithin), 펜토산(pentosan), 알비진산(albigenic acid)이 함유되어 있다. 더덕을 자르면 하얀 진이 나오는데, 인삼의 약성분인 사포닌이 들어 있다. 사포닌의 주요 작용은 거담, 항염증, 항궤양, 부신피질호르몬 분비촉진, 기도점액, 타액분비 촉진작용 등이다.

③ 조 리

- **더덕술** : 말린 것이든 생 것이든 3~5cm로 잘라서 약 3배의 소주를 부어 서늘한 곳에 둔다.
- 더덕구이, 더덕생채, 더덕장아찌, 누름적, 더덕무침, 더덕회, 더덕김치, 더덕정과, 더덕찜, 더덕드링크, 더덕넥타(nectar)에도 이용된다. 더덕요리는 원래 사찰음식으로 산간미식(山間美食)에 속했던 것이다.

(8) 마 늘 (garlic)

Guide

• **찹** (촙, chop)
음식 재료를 토막으로 써는 것

육류요리에 필수적이며, 알리신(allicin)은 비타민 B_1의 흡수를 도와 준다. 항암성분이 많아 요리에 많이 넣어 먹는 것이 좋다. 마늘을 chop하여 양념하여도 우리나라 사람들은 강한 거부감이 없으나, 외국인의 경우에는 거부감이 강하므로 한국요리에 마늘을 넣을 때에 즙을 이용하거나 슬라이스하여 사용하는 것이 좋다.

(9) 생 강 (ginger)

생강은 매운맛과 쓴맛을 동시에 가지고 있으며, 누린내와 비린내를 제거한다. 뿌리를 말려서 빵, 카레, 소스, 피클에 사용한다.

4) 과 채 류 (果菜類)

(1) 오 이 (cucumber)

① 특 성

오이는 수분량이 95% 이상이고, 오이의 색은 클로로필이며, 향기는 오이 알코올의 특유한 향기이다. 생식하거나 김치로 식용될 뿐만 아니라 향미 · 색깔 · 씹히는 맛 등으로 식사의 변화와 풍족감을 주고 있다.

오이는 비타민 C를 파괴하는 효소가 있어서 다른 비타민 C가 많은 것과 혼합하면 비타민 C의 손실을 초래하지만, 그것을 방지하기 위해서는 식초나 간장을 섞으면 된다.

② 성 분

오이에 많이 포함되어 있는 클로로필과 비타민 C는 피부미용에 좋으며, 또 이뇨의 효과가 있을 뿐만 아니라 위장병에도 좋다고 한다. 주성분은 당질로서 글루코스 등이 들어 있고 비타민 A · C가 많다.

③ 조 리

오이는 많은 조리방법을 이용하는데, 우선 우리나라에서는 김치(오이소박이), 무침(오이생채), 볶음(오이뱃두리), 냉국 등과 다이어트 식품인 오이지 · 김치 · 피클로 이용되고, 일식 · 중식 · 양식에서 냉채나 가니쉬 및 샐러드나 수프 등으로 많이 이용된다.

오이선

큐컴버 딜 수프(Cucumber Dill Soup)

그림 6-10 오이를 이용한 조리

(2) 가 지 (eggplant, aubergine guinea squash)

그림 6-11 가지

당질의 함량이 가장 많고 조단백질도 소량 들어 있다. 수분이 94%이고 전분을 거의 함유하지 않으며, 비타민 A는 적고 소량의 비타민 C를 함유하여 영양적 가치는 적다.

독특한 짙은 보라색의 가지 빛깔은 안토시아닌 색소인 나수신(nasunin)에 의하며, 이것은 철이나 알루미늄과 결합하여 아름다운 청자색으로 고정된다.

조 리

① 한 식 : 나물, 찜, 구이, 볶음, 김치 등으로 이용된다.

② 양 식 : 서양에서도 가지는 즐겨먹는 식품으로 퓨레를 만들어 생선요리나 양고기요리에 주로 이용하며, 가지를 넣은 라타투이(ratatouille)는 이태리 요리로 유명하다.

③ 일 식 : 튀김요리

(3) 호 박 (pumpkin, squash), 애호박 (a young pumpkin; zuchini)

호박은 특히 카로틴을 많이 가지고 있어서 비타민 A의 효력이 크고 비타민 C도 상당량 함유하며, 저장성이 있어서 겨울철 비타민 A와 비타민 C의 좋은 공급원이 될 수 있다. 호박은 저칼로리 식품으로 만복감을 주고, 배설을 촉진하며, 혈중 콜레스테롤치를 낮춰서 지방의 축적을 막아 주는 등 다이어트에도 대단히 좋은 식품이다.

애호박(young pumpkin)

늙은호박(pumpkin)

그림 6-12 호박

조 리

① 한 식 : 호박의 조리방법으로는 찜, 나물, 떡 등의 여러 다양한 조리방법을 이용한다. 애호박으로는 호박찜 · 호박나물 · 찌개 등과 늙은 호박으로는 호박떡을 만들고, 익은 호박으로는 엿 · 떡 · 부침 · 볶음 · 찜 등의 요리를 할 수 있다.

② 양 식 : 서양요리로는 가는 체에 걸러서 수프나 파이요리에 이용한다. 카로틴의 흡수를 위해 기름으로 조리하는 것이 좋다.

애호박나물

호박죽

단호박 크림수프

단호박찜

그림 6-13 호박을 이용한 조리

(4) 토마토(tomato)

중요한 영양채소의 하나로서 생식하는 외에 수프나 샐러드 재료 또는 가공원료로 이용된다. 토마토의 당질에는 포도당 · 과당 등의 당분이 주로 함유되어 있고, 식물성 섬유의 일종인 펙틴질이 들어 있다. 그리고 구연산, 사과산, 숙신산, 타르타르산 등을 함유하여 신맛과 특유한 향기를 낸다. 토마토를 익힐 때 영양물질이 더 강화된다.

조 리

토마토는 생으로 그대로 먹거나 샐러드나 주스에 이용한다. 또한 지방분을 소화시키기 때문에 튀김이나 고기요리에 곁들이면 좋다. 각종 산은 구미를 돋우는 효과가 있으므로 양식 요리의 재료가 된다.

샐러드, 케첩, 소스, 천연향미료, 통조림, 주스, 넥타, 샌드위치 재료, 수프, 스튜요리에 널리 이용된다. 토마토의 껍질은 끓는 물에 잠깐 담갔다가 건져서 찬물에서 벗기면 손쉽게 벗길 수 있다.

비프 스튜(Beef Stew)

쉐프 샐러드(Chef's Salad)

그림 6-14 토마토를 이용한 조리

(5) **고추** (capsicum annuum, red pepper, hot pepper, cayenne pepper)

대표적인 향신료로, 우리나라는 1일 1인당 소비량이 5g으로 전세계에서 고추를 가장 많이 먹고 있는 나라라고 할 수 있다. 고추는 건위제로도 쓰이고, 피부를 자극하여 혈액순환을 촉진하므로 외용약으로 이용되며, 방부의 효과가 있으므로 간장독에 띄운다. 우리나라에서는 고추장 · 김치 · 된장 및 간장절임 · 실고추 등으로 널리 이용되고 있는데, 서양에서도 육류와 채소요리 · 소스 · 카레 · 케첩 · 소시지 등에 사용하고 있다.

5) 종 실 류(種實類)

씨 부분을 채소로 이용하는 것으로 완두콩과 청대콩 등이 있다. 이들 채소에는 당질이 전분과 당분의 상태로 존재하며 비타민과 무기질이 풍부하다.

2. 채소류의 성분

1) 영양성분

(1) **수 분**

채소는 어떤 식품보다도 많은 수분(70~98%)을 함유하고 있으며, 이 수분은 주로 액포에 존재하고, 당 · 염 · 유기산 · 수용성 색소 · 수용성 비타민 등을 용해시켜서 가지고 있다. 수분에 완전히 용해되지 않는 물질은 교질상태로 존재한다.

(2) **탄수화물**

가장 함량이 높은 것이 탄수화물이다. 두류 · 옥수수 · 감자 등은 특히 다량의 전분을 함유하고 있는데, 이 채소들은 덜 숙성되었을 때에는 당을 함유하고 있다가 영글어 감에 따라 전분으로 전환된다.

(3) **단백질과 지방**

소량의 단백질과 지방을 함유하고 있으나, 이 양으로 식물이 성장하는 데는 지장이 없다.

(4) **무기질과 비타민**

특히 비타민 C는 다른 식품에는 거의 함유되어 있지 않은데 비해 채소에 많이 함유되어 있으며, 색이 진한 등황색 채소에는 카로틴과 함께 비타민 C가 많이 함유되어 있다.

2) 비영양 성분

(1) 향미 성분

① **당** : 채소에는 포도당 · 과당 · 자당이 소량 함유되어 있으므로 단맛을 감지할 수 없으나 채소의 독특한 맛을 가지고 있다.

② **유기산** : 모든 채소는 맛과는 관계없이 산을 함유하고 있다. 채소는 유기산의 유리상태, 염의 형태 및 에스테르의 형태로 존재한다. 또한 채소는 유기산의 함량이 낮고 그 대부분이 염의 형태이므로 신맛이 나지 않는다.

③ **향기 성분** : 채소는 일반적으로 강한 향기를 가지고 있다. 다만 양파 · 마늘 · 파 · 부추와 같은 백합과에 속하는 채소와 배추 · 상추 · 무 · 콜리플라워 등과 같은 겨자과에 속하는 채소들만이 강한 향기와 맛을 가지고 있다. 이들 채소의 강한 향기와 맛은 유황화합물에 의한 것이다. 맛과 향기가 강한 포도, 감귤류, 사과, 바나나 등은 수증기 증류에 의하여 정유성분을 가진다. 이 정유성분은 수십여 종의 성분들로 구성되어 있으며, 이들 성분들이 적당히 조합되어 과일의 특징적인 향기를 형성하게 된다.

(2) 색 소

① **엽록소**

녹엽의 중요한 색소이며 식물의 잎과 줄기에 주로 존재하는 엽록체에 단백질과 결합하여 함유되어 있다. 엽록소는 주로 잎에 많은데, 그 이유는 잎은 표면적이 넓어서 광합성을 위하여 필요한 일광의 흡수와 가스의 교환에 적합하기 때문이다. 엽록소는 물에 녹지 않고 아세톤이나 알코올 같은 유기용매에만 용해한다.

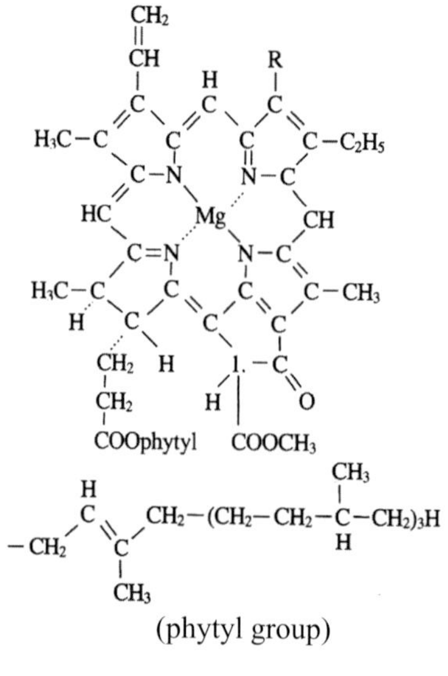

그림 6-15 엽록소의 구조

표 6-1 조리와 색소의 변화

색 소		성 질	색변화의 예
식물성 색소	엽록소	산성용액에서 엽록소 분자 중의 마그네슘(Mg)이 수소와 치환되어 녹갈색의 페오피틴이 된다.	• 신김치의 잎색이 녹갈색인 것은 신김치의 유기산 때문이다. • 채소를 데칠 때 반드시 뚜껑을 열고 데쳐야 휘발성 유기산을 날려보냄으로써 선명한 녹색으로 채소를 데칠 수 있다. • 녹색 채소에 식초를 넣어 양념할 때는 먹기 직전에 넣어야 색변화를 막을 수 있다.
		염기성 용액에서 더 선명한 녹색을 띤다.	채소를 데칠 때 약간의 탄산수소나트륨(중조)을 넣으면 색은 더욱 선명해진다. 그러나 티아민과 아스코르브산이 파괴되고 섬유소가 뭉그러지기 쉽다.
	카로티노이드	• 물에는 녹지 않지만 기름에서 조리하면 용해된다. • 산 · 염기 · 열에는 안전하나, 햇볕에 장시간 노출되면 퇴색한다.	중국요리 라유의 색은 붉은 고추의 카로티노이드 색소를 기름에 용출시킨 것이다.
	안토시안	알칼리성 용액에서는 청색으로 변하고, 산성 용액에서는 선명한 홍색을 띠게 된다(산적알청).	• 가지(nasunin) 절임을 할 때는 약간의 철분이나 백반 등을 넣어주면 안정된 청자색을 유지할 수 있고, 팥은 철냄비에 삶으면 색이 더욱 진해진다. • 봉숭아물을 손톱에 들일 때 봉숭아 꽃잎의 안토시안색을 용출시킨 다음, 식초를 넣어 그 색을 선명한 적색으로 만들고 명반으로 안정시킨 것으로 하는 것도 이러한 이유 때문이다.
	플라보노이드	산에서는 선명한 흰색	무채에 식초를 넣으면 선명한 흰색으로 변함
		알칼리에서는 황색	중국요리의 면 제조시 중조를 첨가하면 면색이 황색이 됨
동물성 색소	헤모글로빈	수육의 혈색소를 적색 색소체 heme과 단백질인 globin이 결합한 복합 단백질이다.	소금이나 열을 가한 육제품에서는 헤모글로빈이나 니트로소헤모글로빈 및 니트로소헤모크로모겐이 되어 육제품의 발색에 관여한다.
	미오글로빈	수육의 육색소로서 헤모글로빈과 마찬가지로 니트로소미오글로빈을 거쳐 니트로소미오크로모겐으로 되어 붉은색을 나타낸다.	햄, 소시지 등의 육제품의 색 : 고기에 첨가시킨 질산염이 세균에 의해 환원되어 아질산염을 만들고, 불안정한 아질산은 사후해당작용에 의해 축적된 젖산에 의해 산성화된 상태에서는 일산화질소로 되어 미오글로빈과 반응하여 안정한 니트로소미오글로빈을 형성하는데, 이는 대단히 안정하며, 단백질부분이 소금이나 열에 의해 변성하여도 발색단 헴의 철원자와 결합하여 해리하지 않고 니트로소미오헤모크로모겐으로 되어 아름다운 적색을 유지한다.
	카로티노이드	참돔 등의 생선 표피, 연어의 적색육은 아스타잔틴을 주체로 하는 카로티노이드에 의한 것, 조개류의 붉은 근육, 새우 · 게 등의 갑각류의 껍질	카로티노이드는 비교적 안정하지만, 빛 · 온도 · 산소 · 식염의 영향으로 퇴색이 촉진된다. 냉동 도미 등의 적색어도 아스타잔틴의 산화에 의해 퇴색하는 경우가 있다. 새우 · 게 등을 가열하면 아스타잔틴이 단백질과 결합되어 제 색깔을 띠지 못하다가 가열에 의해 단백질이 변성되어 분리되고 자유로워진 아스타잔틴이 아스타신으로 산화되어 적색을 나타낸다.

② 카로티노이드

카로티노이드 색소는 황색 · 등황색 · 등적색을 지닌 지용성 색소로서 붉은 고추 · 늙은 호박 · 당근 · 고구마 같은 식물 내에 널리 분포되어 있으며, 클로로필과 함께 세포 내의 지질부분에 있다. 당근과 같이 카로티노이드 색소만이 함유되어 있는 채소는 쉽게 이 색소를 볼 수 있으나, 푸른 채소에서는 클로로필의 진한 푸른색에 가려져서 푸르게만 보인다.

③ 안토시아닌

가지 · 무 · 포도 · 딸기 · 자두 등과 같은 채소나 과일의 적색 · 청색 · 자색을 내는 색소의 대부분이 안토시아닌이다. 식물 내에 있을 때에는 액포의 세포액에 존재한다.

④ 플라본

이 색소는 식물에 널리 분포되어 있는 중요한 색소이다. 담황색 내지 백색 색소인 플라본은 수용성이기 때문에 세포즙에 존재한다.

(3) 탄 닌

탄닌 그 자체는 무색이며 색소는 아니지만, 식물 내에서 함께 있는 다른 물질에 영향을 주어 특히 백색 채소나 과실을 변색시키는 작용을 한다.

6-2 채소류의 갈변반응 및 억제방법

1. 효소적 갈변

효소적 갈변은 식물이 상처를 받으면 일어난다. 손상된 부분이 공기에 접촉되면 한층 갈변이 빠르며, 이런 현상은 사과나 배 등의 자른 면에서 잘 볼 수 있다.

1) 갈변을 방지하는 방법

① 냉 장 : 냉장하면 효소의 활동이 불활성화되어 갈변을 방지
② 가 열 : 열은 효소활동을 억제 또는 파괴하므로 갈변을 방지
③ pH : 효소의 최적 pH에서 멀게 만들면 갈변을 방지
④ 항산화제 사용 : 아스코르빈산(ascobic acid) 사용
⑤ 염소이온의 이용 : 0.2%의 소금용액은 갈변을 방지
⑥ 산소와의 접촉을 방지 : 통조림이나 병조림 등의 변색을 방지
⑦ 당류의 첨가 : 당 용액이 과일을 덮고 공기와의 접촉을 막기 때문에 갈변 방지
⑧ 공업적 화학제 : 시스테인(cystein) 등의 화학제를 이용해 변색 방지

2. 비효소적 갈변

비효소적 갈변은 일반 식품의 가열 시에 녹고 타는 것에 의한 것이다.

6-3 채소류를 이용한 조리 (색과 영양소의 변화)

1. 채소류의 색소의 변화

1) 엽록소

(1) 산과 가열에 의한 변화

엽록소는 산성 용액 중에 오래 두든지, 그 속에서 가열하든지, 중성액에서 오래 가열하면 분자 중의 Mg이 그 원자의 H로 치환되어서 페오피틴(pheophytin)이 되고 황갈색으로 퇴색한다. 푸른 잎을 데칠 때 푸른 잎에 있는 유기산 때문에 갈색으로 변하므로, 처음에는 뚜껑을 덮지 않고 가열하는 것이 좋다.

(2) 알칼리에 의한 변화

색소의 고정이나 질감의 연화를 위해 사용하는 소량의 중조는 큰 영향은 없지만, 과량 사용은 비타민 C를 유독하게 하며 비타민 B_1을 파괴한다.

고사리나 고비 및 쑥과 같이 쓴맛이 강한 산채를 부드럽게 하고 선명한 색을 위해서는 0.3% 정도 사용하면 좋다.

(3) 조리에 의한 변화

조리에 의한 색의 변화는 중성액에서도 가열시간이 영향이 있으므로 삶을 경우는 단시간 가열이 좋다. 그리고, 데친 후 바로 냉수에 담가 열을 식혀야 한다.

산성에서 녹색채소는 색이 변화한다. 껍질콩이나 푸른 잎을 조릴 경우는 식염으로 간을 하면 pH가 간장보다 높으므로 색을 곱게 유지할 수 있다. 녹색채소를 데쳐 국물 속에 넣는 경우에 국물의 온도가 색에 영향을 끼치고 온도가 높을수록 색이 빠르게 변화된다.

(4) 녹색채소의 적당한 조리법

녹색채소는 장시간 가열하든지 조리하여 오래두면 색이 나빠지며, 비타민 C의 손실이 크다.

조리시간이 길수록, 조리온도가 낮을수록, 조리하는 물의 pH가 낮을수록, 조리하는 물분량이 적을수록, 채소 자체에 함유되는 엽록소의 함량이 적을수록, 파괴율이 더욱 높을수록 엽록소 보존에 영향을 주므로 주의해야 한다.

2) 카로티노이드

카로티노이드는 지용성의 황색 · 오렌지색 · 등적색 색소로 열 · 산 · 알칼리에 안정하므로 조리상의 문제는 적지만, 건조나 보존하는 동안에 퇴색하기 쉽다. 당근과 호박은 그 자체의 색을 잃지 않도록 간장과 같은 양념을 사용하지 않는 것이 좋다.

당근은 삶거나 프라이하면 조직이 단단해져서 소화액의 침투가 잘 되지 않고 흡수가 나쁘므로 강판에 갈아서 사용하는 것이 좋다. 당근에는 비타민 C를 파괴하는 성분이 있어 무와 같이 갈면 무의 비타민 C가 파괴된다.

> **POINT**
> 지방에 붉은 고춧가루의 카로티노이드 색소를 용출시킨 것이 중국요리의 라유(layou)이다.

3) 안토시아닌

안토시아닌 색소는, 산성에서는 더욱 선명해지고 알칼리에서는 암록색이 된다. 물에 쉽게 용해되는 성질을 가지고 있기 때문에 이 색소를 많이 함유하고 있는 채소는 색을 그대로 유지하면서 조리하기가 쉽지 않다.

가지, 오이, 풋고추 등의 소금절이에 녹슨 못이나 철제 칼을 담가두는 것은 Fe^{3+}이 안토시안과 결합하여 안정한 착염을 만들도록 하려는 데 있다.

4) 플 라 본

수용성 백색색소로 쌀 · 밀가루 · 설탕 · 무 · 감자 · 배추줄기 · 양파 · 연근 · 우엉 · 밀감 · 메밀가루 · 노란콩 등에 함유되어 있다. 밥이 누래지는 것은 물에 알칼리성 성분이 많이 함유되어 있기 때문에 쌀에 있는 플라본 색소가 변색된 것이다. 우엉이나 연근 같은 채소를 식초에 담그면 산화효소의 활동을 못하게 함으로써 폴리페놀계 물질의 산화에 의한 갈변을 방지한다.

2. 탄닌에 의한 색의 변화

식물의 세포액 중에 흔히 들어 있으며, 채소의 색과 맛에 영향을 끼친다. 색소로 분류되지는 않으나 어떤 색소의 색에 변화를 줌으로써 보조색소의 역할을 한다.

떫은맛은 주로 탄닌에 의한 것으로, 미숙한 과일이나 차 등에 많이 있다.

3. 영양소의 변화

(1) 수분함량의 변화

조리과정에서 수분함량의 변화는 채소가 어떤 상태인가에 따라 좌우된다. 채소를 물 속에 넣어 조리하면 물을 많이 흡수하게 되고, 찌면 물을 덜 흡수하며, 구우면 수분이 제거된다. 채소를 많은 물에서 오래 삶으면 물을 너무 흡수하여 채소의 질감이 지나치게 질척하게 된다.

(2) 탄수화물의 변화

채소를 조리하면 부분 혹은 전체적으로 전분의 호화가 일어나며 경우에 따라서는 당이 갈색화한다.

조리하는 물에는 상당량의 당이 들어 있는데 이것을 증발시키면 갈색화가 일어나 채소의 색이 변하게 된다. 조리가 끝나갈 때 물이 졸아버리면 채소가 변색되거나 눌어붙기 쉽다.

(3) 단백질의 변화

콩류를 제외하고는 채소에 있는 단백질 함량은 다양하게 분포되어 있다. 단백질에 대한 조리는 부분적으로 혹은 전부를 응고시키는 효과를 낸다.

(4) 무기질의 손실

채소류는 무기질의 함량이 많아서 우리 식생활에서 중요한 급원이 되고 있으나 수용성이므로 조리에 의한 손실이 크다.

(5) 비타민의 손실

① 카로틴

물에 녹지 않고 상당히 안정한 화합물이므로 조리에 의한 손실은 크지 않다. 채소류는 기름으로 볶을 경우 비교적 카로틴의 손실이 적고, 찌는 것이 그 다음이며 삶는 것이 가장 손실률이 높다고 한다.

② 비타민 B_2

수용성이므로 수침에 의해 용출되고, 끓이는 즙에도 용출되나 열에 비교적 안정하므로 즙으로 이용하면 이용률이 높다. 또한 적게 썬 경우, 즉 표면적이 클수록 국물 속으로의 용출량은 많아지고 알칼리에 약하다. 물의 사용량이 적은 경우가 비타민 B_1의 손실이 적게 나타난다.

③ 비타민 B_2

비타민 B_2의 손실은 비타민 B_1의 경우와 별 차이가 없고 고형질 등에 70%의 잔존율을 보이나 국물을 합치면 98% 이상의 잔존율을 나타내므로 열에 의한 손실은 없다고 보는 것이 좋다.

④ 니코틴산

수용성 비타민이어서 비타민 B_1과 마찬가지로 국물에 녹지만 열에 대해서는 비교적 안정하기 때문에 조리에 의한 손실은 별로 크지 않다.

⑤ 비타민 C

물에 잘 녹으며 열, 알칼리, 산화에 극히 불안정할 뿐 아니라 조리기구 등으로부터 용출되는 중금속 이온에 의해서도 파괴된다. 특히 물에 녹아 내리는 양이 많은 점에 주의하는 것이 좋다.

POINT

조리법	비타민 C 파괴율
찌　기	20%
튀기기	20%
데치기	40%
삶　기	50%

6-4 채소의 발효식품

POINT

김치의 기능적 특성
- 식욕 증진
- 정장 작용, 변비 예방 및 대장암 예방효과
- 동맥경화 예방 및 혈전 용해 작용
- 항산화, 항노화(항피부 노화 포함) 작용
- 항암 효과(항돌연변이 작용 및 항종양 효과)
- 항균작용 및 면역증진작용

1) 김치의 역사와 정의

우리나라의 김치 제조시기는 시경의 제작 연대와 비슷하게 기원전 2천년대로 예상하는데 삼국시대에 이르러 야채를 발효시키는 방법과 장에 절이는 방법이 생긴 것으로 알려져 있다.

김치의 식용 기원은 삼국시대 초기인 3세기 이전이나 김치담금법은 고려 중엽에 확립되었다. 소금에 절이는 짠지류의 형태에서 오늘날과 같은 김치류로 변한 것은 고려 후기부터이다.

조선조 말기에는 소금에 절여 담는 법에서 절인 소금을 퇴염하여 담는 2차 담금법이, 젓국을 이용한 생선식 해형 제조법이 유행하였다.

조선 중기 임진왜란 이후 고추가 도입되면서 많은 김치의 변화를 가져오게 되었는데 19세기 이전의 김치의 재료는 주로 외(오이) · 무 · 죽순 · 미나리 · 부추 · 아욱 · 박 · 가지 등이었다. 19세기 이후에는 배추재배의 활성화로 배추 · 외 · 무 · 가지 등이 주재료로, 1980년 이후에는 배추 · 무만이 주재료로 사용되었다.

현재 유통되는 김치는 고추가 전래되던 당시에 만든 것과 비슷하다. 고추와 젓갈로 맛과 색을 낸 김치는 17세기 말~18세기 초, 즉 조선 숙종 때이다.

표 6-2 김치의 종류

주재료	대표 김치	제조 방법
배추류	통배추김치	• 배추를 소금에 절였다가 씻어 건지고 속을 버무려 잎의 사이사이에 고루 끼워 담은 월동용 김장김치로 속에 무채, 갓, 미나리, 파, 마늘, 생강, 고춧가루 외에 젓갈과 해물을 곁들여 넣은 김치
	백김치	• 경기지방의 대표적인 김치로 배추를 통째로 소금에 싱겁게 절였다가 잎의 사이사이마다 무채, 미나리, 갓, 배, 밤, 실고추, 석이버섯, 마늘, 생강, 굴, 새우 등으로 속을 넣고 소금물을 부어 깨끗하고 않게 담가 익힌 김치
무류	동치미	• 작고 매운맛이 있는 무를 씻어 소금에 굴려 항아리에 담고 제철에 절였던 오이, 통유자, 배를 함께 넣고 그 위로 마늘, 생강, 고추 저민 것, 파의 흰 줄기를 많이 넣고 옅은 소금물을 가득히 부어 잘 봉한 김치
	깍두기	• 서울 · 공주 지방의 특색있는 김치의 한 종류로서 무가 주재료이고, 고추, 마늘, 파, 소금, 새우젓이 기본재료다. 여기에 갓, 배추, 굴, 실고추, 멸치젓, 청각, 낙지, 배, 곤쟁이젓, 실백, 밀가루 등을 첨가하기도 하며, 대구, 명태 등의 아가미를 넣어 담그는 경우도 있음.
섞박지류	섞박지	• 절인 배추, 무를 넓게 썰고 향신채, 소금, 고춧가루, 고기젓국으로 버무려 익힌 김치
엽채류	갓김치	• 갓을 소금에 절였다가 고춧가루, 멸치젓국, 파, 마늘, 생강 다진 것을 넣고 소금으로 간을 맞추어 버무린 것에 소금 간을 한 국물을 부어 익힌 김치
	고들빼기	• 고들빼기(씀바귀)를 냉수에 10여 일 담갔다가 건져서 멸치국수, 마늘, 생강, 고추로 버무려 담근 김치
과채류	오이지	• 날 오이 한 켜에 생강, 마늘, 고추, 부추, 흰 파 등의 양념을 한 켜씩 담고 짠 소금을 부어 익힌 김치
	도라지김치	• 도라지를 소금에 주물러 쓴맛을 뺀 후, 가운데 칼집을 넣고 양념한 소를 가득 채워 양념국물로 간을 맞춰 담근 김치
파/마늘류	파김치	• 실파를 주재료로 하여 젓국으로 담근 김치

〈자료 : 한국농촌경제 연구원(2009)〉

보통 산발효 채소로, 부패성 및 병원성 미생물의 발육을 억제시킬 수 있는 저장성 식품으로 야채가 생산되지 않는 계절에도 이용되어 부족되기 쉬운 영양소를 공급할 수 있고, 발효과정 중에 생성된 독특한 향미로 식욕을 높여주는 훌륭한 식품으로 취급되고 있다. 서양의 피클과 비슷한 발효식품이며, 현재 다양한 김치에 관한 과학적 연구가 이루어지고 있다.

김치는 배추, 무 등의 주 재료에 양념류, 젓갈류 등을 가미한 일종의 채소 발효식품으로, 식약청은 김치를 "배추 등 배추류를 주원료로 하여 절임, 양념혼합 공정을 거쳐 그대로 발효시킨 것이거나 이를 가공한 것"으로 정의하고 있다. 김치의 종류는 100여 가지 이상으로, 주재료별로 배추류, 무류, 섞박지류, 엽채류, 과채류, 파/마늘류 등으로 나눌 수 있다.

2) 김치의 명칭과 발달과정

채소의 소금절임을 의미하는 침채(沈菜)에서 딤채, 김채, 김치로 변화되어 오늘에 이르렀다. 어원에서도 볼 수 있듯이 초기 우리의 김치는 채소절임의 형태였다. 그러다가 12세기에 각종 향신채류를 가미한 독특한 김치가 생겨났고, 16세기 일본에서 고춧가루가 도입되면서 18세기부터 본격적으로 김치에 이용하여 오늘에 이르렀다.

3) 김치의 원료와 제조

김치의 주재료는 배추이며 부재료는 무 · 파 · 마늘 · 생강 · 고춧가루 · 소금 · 미나리 등이 있다. 주재료인 배추의 품종으로서는 결구배추와 비결구배추가 있는데 보통 결구배추는 단단하며 무거운 것이 좋다.

Guide

결구배추는 속이 차는 배추, 비결구 배추는 속이 꽉 차지 않은 배추를 의미하며, 김장용으로는 주로 결구배추를 쓴다.

무는 봄무, 가을무(조선무), 일본무, 총각무(알타리무) 군으로 구분하는데 봄무는 깍두기용, 가을무는 깍두기 및 배추김치의 속용으로, 총각무는 총각김치용으로 많이 사용되고 있다. 부재료는 향미를 증진시키기 위하여 각종 향신료(고추 · 마늘 · 생강 등)를 사용하고 있다.

배추는 수확 후에도 호기적으로 호흡하여 포도당에서 탄산가스와 물을, 혐기적 호흡으로 에탄올을 소량 생성하면서 증산작용을 동시에 하여 수분손실을 일으킨다.

그림 6-16
김치에 사용하는 향신료

만약 시간이 많이 경과하면 조직이 연화되거나 향기가 발생하고 색택이 변화되는 등의 생리적 현상이 일어난다.

식품공전에 의하면 김치의 재료는 선도가 양호하고 변질되지 않게 냉장시설에서 보관 관리하도록 명기하고 있다.

김치는 원료채소의 신선한 향과 맛이 손실되지 않게 하여 각종 성분을 내부에 침투시켜 독특하게 조화된 풍미를 가지도록 숙성시키는 것인데 주가공 원리는 침투작용, 효소작용 및 발효작용의 복합적인 작용이다.

침투작용은 배추의 숨을 죽이는 과정으로 배추에 적당량의 소금을 가하면 소금의 탈수작용으로 세포 내의 수분이 상실되어 원형질 분리가 일어나 원형질막의 반투성을 잃어버리고 외부의 소금 및 조미성분이 세포 내부로 들어오게 된다.

이 침투작용은 내외즙액의 농도차이가 크거나 온도가 높으면 그 속도가 빨라진다. 즉 삼투압의 차이가 클수록, 소금의 농도가 높을수록 침투작용은 빠르다. 배추 위 세포가 죽게 되면 효소에 의해 전분 및 단백질 등이 가수분해되므로 당류 및 아미노산과 같은 조화된 맛성분이 생긴다.

발효작용은 김치가공 중 여러 가지 미생물이 번식하여 각종 성분을 분해하여 산 또는 조미성분을 만들고 이것이 소금과 함께 배추세포 조직에 들어가서 특수한 향기와 맛을 갖게 하는 것이다. 미생물의 작용은 식염농도가 높을수록 번식이 억제되고 숙성이 늦어진다. 김치류의 발효가 일어나는 기간 중에는 배추에 자연적으로 존재하는 여러 가지 미생물 중 그때 생육환경에 적합한 것만 살아남게 된다.

(1) 재료의 처리와 절임

먼저 배추를 잘 다듬어 흙, 모래 등을 깨끗이 씻은 다음 두 쪽으로 쪼개어 소금물에 담가 속속들이 소금물을 붓고 뚜껑을 덮은 뒤 하루 동안 놓아 두어 완전히 절인다. 다 절인 배추는 물에 씻고 물을 뺀다.

배추 절이기

알타리무 절이기

그림 6-17 절이기

Guide

• **연부현상**

김치조직이 연해져 물러지는 현상

절임을 할 때 보통 소금물(10% 전후)로 16~20시간 배추를 절인 후 물로 씻는다. 이때 염도는 약 3% 정도가 적당하다.

만약 소금 농도가 3% 이하이면 김치의 빛깔은 좋으나 쉽게 시어지고 물러지는 연부현상이 일어나며 너무 높으면 잘 익지 않고 색깔과 맛이 나빠진다. 배추를 절이는 목적은 주재료에 알맞게 간을 배게 하고 재료의 숨을 죽여서 부드럽게 함으로써 부재료의 혼합을 쉽게 하며 일부 수분을 탈수 · 제거함으로써 제품의 수분과잉을 방지함에 있다.

절임의 첫째 요건은 소금의 작용에 의한 세포기능의 정지에 있다. 염지할 경우 채소의 탈수, 원형질분리, 세포의 기능 정지가 순차적으로 일어나서 절여지는데 이 현상은 소금의 삼투압작용 때문이다. 배추를 절일 때 염도가 너무 높으면 김치가 질겨지는데 그것은 소금으로 인해 배추세포의 수분이 삼투압 작용으로 빠져나가기 때문이다. 절이는 방법은 건염법과 염수법이 있다.

건염법은 배추의 폭을 젖히면서 사이사이에 마른 소금을 뿌려서 차곡차곡 쌓아 놓는 것으로 소금의 사용량은 재료의 약 10~15%로 한다. 염수법은 15% 내외의 소금농도에서 6시간 정도 담가놓는다. 배추의 적정 소금농도는 3% 정도인데 3% 정도의 염농도를 갖게 하려면 20% 식염수에서는 3시간, 15% 식염수에서는 6시간, 3% 식염수에서는 24시간이 소요된다.

(2) 숙 성

김치는 그 종류에 따라 사용하는 재료도 다르고 지방과 계절에 따라 그 맛도 다르다. 발효과정은 젖산발효에 의한 숙성기간, 균일한 상태로 유지하는 기간, 산패와 연부현상이 일어나는 기간 등으로 구분한다.

김치의 숙성은 소금농도와 숙성온도, 그리고 부재료로 첨가하는 조미료에 따라서 크게 영향을 받는다. 일반적으로 소금을 많이 사용할수록 숙성은 늦어지지만 산패나 연부는 억제된다. 반대로 염분이 적으면 김치의 빛깔은 좋으나 쉽게 연부현상이 일어난다.

식염농도 3~5%에서는 고초균, 대장균 등의 각종 세균이 번식하고 하룻밤 동안에 원료채소는 악취가 나고 부패한다. 식염 8~10%에서는 일반 부패균, 병원균의 활동은 거의 억제되지만 젖산균과 효모 등이 발육해서 영향을 준다.

젖산발효가 정상적으로 일어나면 잡균의 번식을 억제하고 저장성을 높인다. 그리고 액면에 산막효모가 생기면 서서히 잡균이 번식해서 원료의 조직을 연화시키고 악취를 내며 부패하게 된다.

식염농도가 10%로 되면 일반 부패균, 병원균은 완전 발육이 불가능하게 되고 젖산발효는 약하게 일어난다. 이 농도에서는 일반효모와 산막효모 및 식염에 내성이 강한 세균도 쇠약하게 된다. 20%의 식염농도가 되면 짠맛이 강해서 맛은 없지만 미생물 번식은 일어나지 못하므로 저장성은 좋아진다.

소금농도가 낮을 때는 *Leuconostoc mesenteroides* 및 *Streptococcus*가 발효 초기에 많이 번식하며 소금농도가 높을 때는 주로 *Lacto bacillus brevis* 및 *L.plantarum*이 잘 번식하여 산을 생성한다.

일반적으로 저장온도가 낮을 때 숙성 및 발효속도가 느리며 온도가 높아감에 따라 숙성 및 발효속도가 빠르다. 저온일수록 숙성이 느리지만 김치의 맛은 좋아진다. 숙성은 고온에서는 단시간, 저온에서는 장시간이 소요되며 가장 좋은 풍미를 내는 숙성온도는 0~2℃에서 수주일간이다(대량 생산은 20~30℃에서 약 2일, 가정에서는 5~10℃의 저온에서 장시간).

온도와 미생물의 관계를 보면 저온에서는 *Leuconnstocs*속이 우세하게 번식하고 *Pediococcus*속은 잘 번식하지 못하지만 고온에서는 그와 반대로 *Leuconostocs*속이 억제되고 *Pediococcus* 속은 더 잘 번식한다.

김치의 발효과정에서 중요한 것은 젖산의 생성이다. 젖산은 방부작용을 비롯하여 염분을 부드럽게 해주는 작용이 있다. 김치 발효와 관련된 균은 세균 200주, 효모 2주인데 그 중 50주는 호기성세균, 150주는 혐기성 젖산균이다. 김치의 발효 및 저장 중 혐기성 세균은 50일까지 급격한 증가를 보여주는 반면, 호기성 세균은 초기에 증가를 보이다가 곧 감소하며 저장후기에 다시 증가한다. 그것은 피막형성의 효모가 번식하여 젖산이 분해되기 때문이다.

김치 발효균 중 *Lruconostoc mesenteroides*는 초기에 많이 번식하는 이상젖산발효균으로 젖산과 탄산가스를 생성하는 김치를 산성화 및 혐기 상태로 만들어 호기성 잡균의 번식을 억제하여 준다. *Streptococcus*는 발효 초기에, *Pediococcus*는 중기에 활발히 번식하고, *Lactobacillus*는 후기에 생육한다.

(3) 김치의 품질 특성

김치를 담근 후 발효 · 숙성시키면 재료에 존재하는 여러 가지 미생물 중 숙성온도, 공기의 존재 여부, 그리고 재료의 종류에 따라 이에 적합한 미생물만이 선택적으로 생육하게 되고 이들이 젖산을 비롯한 각종 유기산을 생성하여 pH를 저하시키면 자연히 내산성 세균이 자라게 된다.

결국 김치가 발효되는 동안에 미생물상의 계대현상이 일어나게 된다. 이때 발육하는 미생물의 종류와 그 생리적 활성에 따라 발효산물의 조성이 달라지게 되고 김치의 특유한 맛과 냄새, 영양성분이 달라지게 된다.

김치가 시어지고 군내가 나며 흐물흐물해지는 것은 효모와 잡균이 다시 자라서 산화작용을 일으키고 펙틴을 분해하기 때문이다.

김치류는 삼투작용에 의해서 밖으로부터 소금 및 그 밖의 수용성 성분이 들어오고 내부로부터 일부 성분이 침출되는 동시에 효소, 세균의 작용에 의해서 단백질, 지방, 전분이 분해되므로 향미성분이 증가된다.

김치의 주 생성물인 유기산과 부수적으로 발생되는 탄산가스는 김치의 맛을 지배하는 대표적인 성분인데 이들의 생성량은 관여 미생물의 특성과 생육조건에 따라 상당히 달라진다. 김치의 숙성 중 유기산 함량과 pH는 김치의 맛에 결정적 영향을 미치는 요소들인데(보통 총산 0.6~0.8%, pH 4.0 내외 정도에서 가장 알맞은 맛을 냄) 숙성온도 및 염도와 관계된다.

일반적으로 김치의 숙성 후기, 즉 산패기에는 유리산의 증가에 비해서 pH가 더디게 떨어지는데 이것은 각종 유리아미노산이나 유기산의 완충작용 때문이다. 김치 중의 유기산은 채소 중에 함유된 효소와 숙성에 관여하는 각종 미생물들이 분비하는 효소들이 채소 및 그 밖에 재료의 여러 성분이 작용하여 생산되므로 원료의 종류, 온도, 시간, 및 소금 농도에 따라 상당한 차이를 나타낸다.

김치 중 휘발성 유기산은 총산 중 20~44%를 차지하고 젖산함량은 50~67%이다. 비휘발성 유기산으로는 젖산 · 옥살산 · 말론산 · 숙실산 · 말산 및 구연산 등이 있는데 짠 김치에는 발효가 억제되어 젖산과 숙실산이 적고 구연산은 많다. 완숙김치에 존재하는 휘발성 유기산은 개미산과 초산이다.

김치는 주재료 외에 부재료를 많이 사용하기 때문에 여러 종류의 영양소가 포함되어 있다. 특히 발효로 인해 그 전에 없었던 비타민군의 변화가 일어나는데 발효 초기에는 일시적으로 감소되지만 가장 맛있게 익었을 때 최대가 된다.

특히 김치 숙성 중의 비타민류의 변화는 김치의 완숙기에 가장 높은 함량을 나타내는데, 비타민 B_1, B_2의 증가는 미생물에 의하여 합성되었거나 효소에 의하여 유리되어 나온 것이며, 카로틴과 나이아신은 숙성과 반비례하여 감소된다. 비타민 C는 숙성 초기에 일단 감소된 후 약간 증가하는 것으로 알려져 있다.

(4) 김치의 저장, 유통과 국제규격

김치는 −5℃에서 김치국물만 얼고 김치조직은 얼지 않는데 착안하여 0~−5℃에서 저장할 수 있으나 보통 0~4℃에서 저장하고 있다. 그러나 겨울에는 −1℃, 여름에는 −2~−3℃에서 저장하면 좋다. 보통 상품으로 유통되는 것은 0~4℃로 보관하는 것으로 되어 있다.

유통기간은 김치의 발효숙성 후 균일한 상태로 유지하는 기간이며 산패 및 연부현상이 일어나기 전까지로 하고 있다. 그러나 발효초기에 가스 발생으로 상품성을 상실하는 경우가 있으므로 보관 및 유통방법에 따라 실제 유통기간은 달라진다. 김치를 담는 용기는 재래식 독을 비롯하여 유리병, PVC용기, PE 비닐, 파우치용기 등이 다양하게 사용되고 있다.

그림 6-18 김치의 종류

상품으로서 김치의 유통기한은 보통 제조일로부터 약 20일 정도로 보고 있다. 25~30℃에서 1~3일, 4~6℃에서 15~25일, 0~2℃에서 약 3개월 경과하면 시어진다. 이것은 미생물의 발생, 증식, 탄산가스의 발생, 연부현상, 부패현상, 맛, 신선도 등을 고려하여 결정한 것이다.

식품공전에서는 제품이 직사광선을 받지 않는 서늘한 곳에서 보관 · 유통하여야 하며, 권장유통기한은 살균제품은 6개월, 기타 제품은 7일로 하며 10℃ 이하의 냉장제품은 28일로 하고 있다.

김치를 포장할 때 가열처리하는 경우가 있는데, 이때 고려해야 할 점은 김치의 신선도 유지이다. 김치발효의 초기에 관여하는 호기성 세균인 *Bacillus macerans*와 *Pseudomonas*속의 포자형성균은 숙성기에 이르면 거의 활성을 상실하지만 *Lactobacillus plantarum*이나 *Lactobacillus brevis* 등은 그렇지 않으므로 이들을 사멸시키는 것을 목표로 삼아야 한다.

일정한 크기로 포장된 김치의 품온을 60℃로 하려면 가열 수조의 온도는 그보다 훨씬 높아야 한다. 김치 중 미생물을 완전살균하는데는 85℃에서 25.2분이 소요되지만 이는 미각과 조직의 신선도에 손상을 가져오므로 85℃에서 15분 이내의 살균이 적당하다.

김치를 통조림통에 넣을 경우에는 최단시간에 내부까지 효과적으로 가열되도록 하여야 한다. 병에 김치를 넣을 경우에는 85℃의 열탕 속에서 살균하고 밀봉하여 상품화한다.

우리나라는 국제적으로 김치분쟁을 사전에 없애기 위해 김치의 국제규격을 국제식품규격위원회(CODEX)에 제출하였다. 주요 내용은 김치의 산도는 1.0 이하, 배추 등 고형물이 80% 이상, 소금의 농도는 1.5~4.0, 중금속은 kg당 10.0mg을 초과하지 않도록 하였다.

김치의 유통과정에서 발생할 수 있는 문제는 주로 산의 생성이 많아져 섭취하기 곤란한 상태가 되는 경우이다. 이러한 현상이 산패이며 김치의 보존기간이 제한되는 이유 중의 하나이다.

김치의 산패는 젖산균이 생산하는 유기산에 기인하기 때문에 산패를 억제하기 위해서는 세균의 발육을 조절하는 수밖에 없다. 따라서 김치의 저장방법은 김치의 품질에 손상을 주지 않으면서 젖산균의 발육을 어떻게 조절하고 억제하느냐에 달려 있다.

김치류의 연부현상은 야채류의 식물세포 간에 존재하는 펙틴질이 분해되기 때문에 여기에 관여하는 효소는 산막미생물이 분비하는 폴리갈락투로나아제(polygalacturonase)이고, 펙틴메틸에스테르 가수분해효소(pectin methyl esterase)는 상관이 없다.

지금까지 연부효소를 분비하는 미생물로 밝혀진 것으로는 호기성 중온균인 *Bacillus subtilis*, 산막효모인 *Saccharomyces fragilis*, *Candida pseudotropicalis*와 곰팡이 등이 있다.

4) 세계화 김치 개발의 필요성

일본에는 라면박물관, 카레박물관 등의 테마식 놀이문화와 외식업이 믹스된 박물관들이 있다. 입장료를 내고 관련책이나 소품들을 살 수도 있으며, 각종 라면, 카레를 먹을 수 있게 되어 있다. 라면은 차치하더라도 카레는 명백한 인도음식이다.

그러나 그들은 카레박물관을 통하여 테마여행 코스화를 성공시키고 있다.

우리도 김치박물관, 비빔밥박물관 등을 건립하여 일본인들, 아니 세계인들이 김치와 비빔밥을 더 깊이있게, 다양하게, 맛있게 먹을 날이 오도록 해야 할 것이다.

5) 해외시장에서의 위상과 경쟁력

(1) 수출 현황

김치수출은 1995년부터 물량과 금액이 모두 증가하였다. 그러나 동기간 금액대비 물량증가폭이 커서 단위당 가격은 오히려 감소한 것으로 나타났다.

현재 김치수출량은 1995년부터 꾸준히 증가하여 2010년 11월에는 중량기준 26,300톤으로 1995년 대비 128% 증가하였지만, 금액 기준으로는 2010년 11월 기준 8,713만 원으로 1995년 대비 76% 증가에 그쳤다.

2005년, 2006년 김치수출이 2004년 대비 감소한 것은 2005년 수입김치 파동의 영향으로 보인다.

표 6-3 김치 수출입 추이

년도	수출량	수출액(달러)	수입량(kg)	수입액(달러)
1992	7,192,650	23,089,396	–	–
1993	9,313,934	34,204,583	–	–
1994	11,090,306	44,191,738	–	–
1995	12,476,068	50,909,869	1	19
1996	10,699,688	39,138,023	19,219	41,234
1997	12,080,249	39,691,969	24,164	44,985
1998	15,938,948	43,743,190	10,000	4,913
1999	24,560,523	78,839,974	92,246	39,824
2000	23,433,327	78,847,255	473,252	201,601
2001	23,784,659	68,730,769	393,255	198,540
2002	29,212,595	79,318,379	1,051,087	474,180
2003	33,064,399	93,195,274	28,706,702	10,315,103
2004	34,827,410	102,726,070	72,605,226	29,472,557
2005	32,309,296	92,964,621	111,459,095	51,340,461
2006	25,599,787	70,327,945	177,958,791	87,955,366
2007	26,469,515	75,308,896	220,305,926	110,841,632
2008	26,897,493	85,295,051	222,369,501	112,715,049
2009	28,505,261	89,385,826	148,124,495	66,335,298
2010.11	26,320,265	87,127,925	172,713,172	90,682,048

〈자료 : 농수산물무역정보, http://www.kati.net 무역통계, 2011〉

(2) 김치 수지 현황

농수산물유통공사에 따르면 2010년 11월 김치 주요 수출대상국은 일본 · 대만 · 미국 · 홍콩 · 호주 순으로 나타났으며, 수출국이 다변화되고 있음을 알 수 있다. 2001년에는 일본이 93.3%로 우리나라 김치 수출량의 대부분을 차지하고 있었는데, 2010년에는 그 비중이 82.6%로 줄어들고 타국가의 비중이 늘었으며, 수출국도 2001년 30개국에서 2010년 54개국으로 확대 되었다.

표 6-4 김치 주요 수출국 및 비중

구분	1위	2위	3위	4위	5위	총 수출국
2001	일본 93.3	미국 2.7	북마리아나 0.8	홍콩 0.6	대만 0.5	30
2008	일본 85.6	대만 2.2	미국 1.6	홍콩 1.5	뉴질랜드 1.5	48
2009	일본 85.6	대만 3.1	미국 2.4	홍콩 1.5	뉴질랜드 1.5	54
2010.11	일본 82.6	대만 3.2	미국 3.1	홍콩 1.8	호주 1.3	54

〈자료 : 농수산물무역정보, http://www.kati.net 무역통계〉

표 6-5 김치 수출입 추이

년 도	요 약
시장특성	• 노동집약적, 높은 원재료 의존도, 원재료 가격 변동에 의한 시장 구매 전환 가능성이 높음, 가정용 김치와 업소용 김치 시장의 양분화
시장 및 제품동향	• 자체생산 김치 지속적 감소, 시판김치 지속적 성장 – 업소용 시장 고성장, 가정용 시장 완만한 성장 – 가정용 김치는 수익성과 포장 김치의 성장 잠재율이 높음 • 김치 전년 동기 대비 수입 13% 증가 • 포장김치 기업 1개사 생산량 전년대비 12.4% 증가, 전년동월 대비 생산량 감소하다가 11월 배추파동으로 11월 생산량 반등 • 소포장 제품 출시, 안전성 강조, 제품 세분화
(포장김치) 원료 및 유통	• 포장김치는 대부분 국내산 원료 사용 • 포장김치 주원료는 계약재배, 부재료는 산지 및 영농조합 구매 비중 높음 • 2011년 배추, 무 가격이 평소의 3-4배로 급등하여, 기업의 원래료 수급에 차질 • 소매업체 직접 납품이 가장 높고, 외식 급식업체 비중이 두 번째
해외시장	• 최근 수출 김치 단위당 가격 하락 • 김치 수출국 일본, 대만, 미국, 홍콩, 호주 순으로 높고, 수출국 다변화
해외시장	• 기업의 마케팅 중점사항은 김치 상품화율 증대, 과학화, 안정성 확대 • 애로사항은 원재료 수급 및 가격 불안정, 제조원가 상승, 판촉비용 증가, 잦은 식품표시 변경으로 인한 비용증가 등

〈자료 : 가공식품 세분화시장 현황조사(종합편), 농림수산식품부, 2011〉

2. 피클류

1) 정의 및 원료

피클(pickles)은 구미 각국에서 널리 애용되는 침채류로 채소 또는 과실류를 소금, 식초 또는 향신료 등을 넣어 절인 것을 총칭하는 것으로 주로 오이, 콜리플라워, 양파, 미숙 토마토 등을 원료로 사용한다.

피클의 종류에는 원료를 절임하여 젖산발효를 일으킨 것과 발효시키지 않고 초에 담근 것으로 구분하는데 전자는 신맛을 가진 샤워 피클(sour pickles)이라 부르고 설탕을 넣어 단맛을 내게 한 것은 스위트 피클(sweet pickles)이라 한다. 또 딜 피클(dill pickles)이 있는데 오이를 딜풀 및 기타의 향료와 함께 발효시킨 것이다.

피클용 오이는 육질이 단단하고 짧고 둥글며 완숙되기 직전의 것이 가공용으로 적합하다. 오이의 모양이 이상한 것, 너무 크거나 작은 것은 선별해 내고 비교적 균일한 크기와 모양의 오이를 피클용으로 사용한다.

2) 가공원리 및 제조

유기산인 초산, 젖산, 구연산 등을 이용하여 절이는데 가장 흔히 사용되는 산은 초산이며 제품에 따라서 젖산과 구연산을 혼합한다. 숙성 중의 미생물의 생육은 침채류와 비슷한데 젖산균은 젖산, 알코올 등을 만들어 향미 형성에 기여하며 유해균의 증식을 억제한다.

오이피클의 숙성은 담근 초기에는 주로 *Flavobacterium*, *Achromobacter*, *Pseudomonas* 등의 호기성 잡균이 번식하여 조직을 연하게 하지만 그다지 산을 만들지는 못한다. 그러나 이상젖산발효균인 *Leuc.mesenteroides*가 그 후 번식하여 탄산가스를 생성하여 혐기조건을 만들므로 그 밖의 젖산균이 번식하게 된다.
사워크라우트(Sauerkraut)의 경우에는 담금 초기에는 *Leuc.mesenteroides*가 생육하나 pH 4 이하 되면 *L.brevis*와 *L.plantarum*이 주류를 이룬다. 발효성 효모도 생육해서 알코올이나 에스테르를 만들어 풍미를 향상시킨다. 지나치게 숙성되면 산막효모가 침채류의 표면에 방생하여 젖산을 소모시키고 산의 양을 줄게 하므로 부패균 및 그 밖의 잡균이 자라게 된다.

특히 낙산균(*Clostridium*속)은 번식하여 악취가 발생하며 연부현상을 일으킨다. 참고로 시중의 피클 제품을 소개하면 절임 오이(82%), 합성보존료(소르빈산칼륨 0.08%), 정미선조미료(MSG), 합성식초(빙초산 0.05%), 합성산미료(유기산 (0.03 %)), 인공감미료(아스파탐 0.012%), 식염(8.5%) 등으로 제조하였다.

Chapter 7

과일류의 조리

7-1 과일의 분류 및 성분

1. 과일의 성분

과일의 일반성분은 가식부의 경우, 수분이 전체의 85~90%, 단백질 0.5~1.0%, 지방은 0.3%, 탄수화물은 당분이나 섬유 등으로 10~20% 정도이다. 그 밖에 회분은 0.4% 가량으로 K, Ca 등이 다소 많이 들어 있으며 비타민 등도 다양하게 함유되어 있다.

과일의 성분은 일반성분보다 특수성분이 중요하며 맛, 향, 색깔을 비롯하여 펙틴물질, 효소 등이 과일의 특성을 나타내는 성분으로 손꼽히고 있다.

1) 맛 성 분

과일의 맛성분으로는 단맛과 신맛을 형성하는 당분과 유기산이 있다. 당분의 종류는 포도당, 과당, 설탕 등이 있으며 숙성이 진행됨에 따라 단맛이 증가하는데 그 이유는 전분 분해와 포도당으로부터의 과당 생성 때문이다.

2) 향기성분과 색소

과일의 색소는 외과피의 색소물질(주로 탄닌, 페놀계)과 과육의 색소물질로 구분하는데 주로 외과피 색소가 그 과실의 색깔을 결정한다.

주요 색소는 클로로필류의 녹색, 카로티노이드류의 오렌지색, 노란색, 빨간색을 비롯해 노란색, 빨간색을 나타내는 플라보노이드류로 구성되어 있다.

2. 과일의 분류

1) 인 과 류(仁果類)

인과류는 꽃받이가 발육성장하여 과육으로 된 것을 말한다.

(1) 사 과 (apple)

사과의 주요성분은 당분, 유기산, 펙틴이다. 포도, 감귤류 다음으로 세계적으로 생산량이 많으며, 일반적으로 한랭하고 건조한 지방에서 잘 자란다.

표 7-1 과일의 분류

분 류	정 의	과 일
인과류	씨방 외측의 꽃받침의 연장부가 이를 둘러싸서 발달하여 과실의 중요한 부분을 이룬 것으로 씨방 안에 종자가 있고 과실 꼭지는 배꼽 반대편에 있다.	사과, 배, 비파(loquat, Japanese medlar)
준인과류	씨방이 발육성장한 것으로 인과류와 다르나, 중심부에 모여 있는 것은 인과와 유사하며 준인과라 한다.	감, 감귤
핵과류	씨방이 생장 발달한 것이며, 가운데 단단한 핵을 이루고 그 속에 종자가 있다.	복숭아, 매실, 살구, 자두, 대추, 앵두(cherry)
장과류	과실은 중과피와 내과피가 유연하고 즙이 많은 육질로 구성되었다.	포도, 딸기, 파인애플, 무화과(fig)
견과류	외과피가 단단하게 되고 식용부위는 곡류나 두류처럼 종실을 가식부로 한다.	밤, 호도, 야자(coconut, palm) (예) 야자유 palm(coconut) oil 은행(ginko-nut)

사과는 생식하거나 과일 샐러드, 그 밖에 각종 샐러드의 혼합재료로 쓰이고, 또 다음과 같은 여러 가지 가공품을 제조하는데 쓰인다.

조 리

사과를 이용한 대표적인 과자는 애플파이이며 구운 사과, 잼 등에는 홍옥과 같이 신맛을 가진 것이 적당하다. 주스, 젤리, 무스, 샤베트를 만들며, 프랑스의 야생조류 요리에는 사과 소스가 자주 사용된다. 사과의 풍미가 야생조류의 독특한 냄새를 없애주며 맛을 더욱 돋우어 주기 때문이다.

월도프 샐러드

애플 소스

사과 파이

그림 7-1 사과를 이용한 조리

(2) 배 (pear)

배는 수분이 80% 정도이고 당질은 12% 이상이며 비타민 B_1, B_2, C가 소량 들어 있다. 온화하고 건조한 기후에서 잘 자란다.

우리나라의 유명한 배의 산지는 경기, 경남, 황해, 전라 등지이며, 특히 구포 · 삼랑진 · 나주 등은 배의 산지로 유명하다.

조 리

불고기를 잴 때나 육회 등에 배나 배즙을 섞으면 고기가 연해지고 소화성도 좋아진다. 그밖에도 변비 · 이뇨 · 기침에 좋다. 과육이 부드럽기 때문에 샤베트, 무스 등에 사용하면 좋고 잼, 주스, 설탕 절임, 과자 등에도 잘 어울린다. 치즈와 가장 어울리는 과일 중의 하나이므로 치즈와 같이 샐러드를 만들거나 치즈케이크의 소스에 사용한다.

육회

배숙

적포도주 배절임

그림 7-2 배를 이용한 조리

(3) 모 과(Chinese quince)

중국 원산이며 관상수, 과수 또는 분재용으로 심는 배나무과의 낙엽교목 열매이다. 나무껍질이 조각으로 벗겨져서 흰무늬 형태로 된다.

알칼리성 식품으로 당분은 과당이 5%로 많고, 칼슘 39mg%, 인 29mg%, 칼륨, 철분, 비타민 C가 많이 함유되어 있다. 탄닌 성분이 있어 떫은맛이 나고 사과산, 구연산 등의 유기산이 들어 있어 신맛이 난다. 모과의 단맛을 주는 과당은 다른 성분보다도 혈당의 상승을 막아주는 효과가 있다. 체내의 당분 흡수를 더디게 할 뿐만 아니라 이미 흡수된 당분을 빨리 소비시키기 때문이다.

위기능을 좋게 하고 경련을 멈추며 각기병 치료에 독특한 효능이 있다. 관절고통, 복부경련, 근육류머티즘에 효과가 좋다. 소화불량, 설사, 이질에도 좋고, 가래를 없애는데도 효과적이다. 유기산은 신진대사를 도와주며, 소화액의 분비를 촉진시켜 주는 효과가 있다. 탄닌성분은 피부를 수렴하는 작용이 있어 설사에 좋다.

조 리

모과주, 모과차

2) 준 인과류

씨방이 발달하여 과육이 된 것을 준인과류라 한다.

(1) 감(persimmon)

감은 동양이 원산이고 기후에 잘 적응하는 과일로서 그 품종도 다양하다. 감은 어느 과일 못지 않게 영양이 풍부한데, 특히 당분으로 포도당과 과당이 많아 14%나 되며, 비타민 C는 사과의 약 8~10배나 들어 있다. 보통 과일과는 달리 신맛을 내는 유기산이 없으며 떫은맛을 나타내는 것은 탄닌산이다.

조 리

감은 꼭지의 반대쪽과 씨 주위가 가장 달다. 세로로 잘라먹는 것이 좋은데, 네 개의 홈을 따라 자르면 씨에 닿지 않게 나눌 수 있다. 감을 얇게 썬 것과 햄을 섞어 만든 샐러드는 감의 단맛과 햄의 짭짤한 맛이 잘 어우러져 독특한 맛을 느낄 수 있다.

주요 요리로는 감장아찌, 감식초, 감떡, 감잼, 감정과, 감잎차 등이 있으며, 잼이나 소스에도 이용한다. 우리나라에서는 감을 말린 곶감이 유명하고 또한 이를 이용한 조리도 다양하다.

곶감오림

수정과

그림 7-3 곶감을 이용한 조리

(2) 귤 또는 감귤류(mandarin, tangerine)

감귤류에는 오렌지 · 여름귤 · 네이블 · 레몬 · 팔삭 · 그레이프 프루트 · 금귤 등 10여 종이 있다. 생식, 주스, 캔으로 해서 식용으로 쓰고, 과피를 건조시킨 것은 진피라 해서 한약의 재료 또는 소스의 원료 등으로 쓰이기도 하는데, 저장성이 약하다.

감귤의 효능은 겨울 추위에 견딜 수 있게 신진대사를 원활히 하여 체온이 내려가는 것을 막아주고, 겨울철 감기예방에 효과가 있다. 그러나 지나치게 먹으면 신장에 부정적인 영향을 줄 수도 있으며, 색소가 피부를 노랗게 물들여 황달에 걸린 것처럼 되는 경우도 있으므로 주의해야 한다.

● 조 리

감귤은 주스, 통조림, 천연향료나 분말 등의 가공원료로 쓰인다. 귤껍질은 한약재로 많이 이용하며, 과즙과 함께 졸여 마멀레이드라는 잼을 만들기도 한다. 귤껍질을 말려 차로 마시면 맛과 향이 일품이다.

(3) 유 자(citron)

유자는 중국 양자강 상류의 사천(四川), 호북(湖北), 운남(雲南), 감숙성(甘肅省)에서 티베트까지 자생이 되고 있어서 이곳을 원산지로 보고 있다. 의창지와 밀감의 자연교잡종으로 추정이 되고 있으며, 분류학상 독립종으로 취급되고 있다.

우리나라에 유자가 들어온 내력은 확실하게 알려져 있지 않으며, 장보고가 신라시대 문무왕 2년(840년)에 당나라에서 열매로 가져온 것이 남해안 지역에 퍼져서 전파된 것으로 구전되고 있으나, 그 이전일 가능성도 있다.

국내 유자재배는 80년대 초반까지는 큰 규모가 아니었으나, 80년대 중반이 되면서 급격히 증가해서 90년대 중반에 와서는 규모면에서 비약적인 발전을 하여 '96년부터 5,121ha에 18,520M/T을 생산함으로써 일본보다 많은 세계 최대생산국이 되었다.

시면서도 약간의 단맛이 섞여 있는 유자는 비타민 C가 귤의 3배나 들어 있으며 헤스페리딘이라는 성분이 있다. 비타민 A의 모체인 카로틴과 칼륨, 칼슘 등의 무기질이 풍부하다.

● 조 리

유자차, 유자청매작과

3) 핵 과 류(核果類)

(1) 복숭아 (peach)

중국이 원산지로 우리나라에서도 약용과 식용 및 화목용 등의 목적으로 오래 전부터 재배한 과일이다. 복숭아의 주성분은 설탕 · 과당 · 포도당으로 7.6~11.5% 정도 함유되어 있다.

그림 7-4 복숭아 무스케익

● 조 리

주로 생식을 하거나 가공품으로서 통조림, 넥타, 복숭아 주스, 술 등의 원료로 쓰인다. 또한 복숭아를 이용한 요리로는 주스 · 잼 · 젤리 · 샤베트 · 아이스크림 · 바바로와 등 맛과 향을 살린 디저트에 잘 어울린다. 중국에서는 복숭아 모양을 한 찐빵인 수도 속에 과육을 넣는 등 여러 가지 이용방법이 있다.

(2) 살 구(apricot)

과실은 구형이며 익어감에 따라 황색으로 된다. 살구의 주성분인 당질은 자당이며, 나머지는 과당, 포도당이 1 : 1의 비율로 함유되어 있다. 유기산은 사과산 · 주석산 · 구연산이 들어 있으며, 생과에는 비타민 A · B · C가 함유되어 있고, 회분은 칼륨 · 철이 많이 들어 있다. 생식하는 외에 잼 · 캔 · 건과 등 가공품으로 이용하며, 씨는 건조시켜 약재로 이용한다.

(3) 자 두 (Korean plum)

초여름의 과실로서 독특한 향미를 가지고 있으나 과실이 작고 다른 과실에 비하여 그 수요량이 한정되어 있다. 생식용, 건과용, 주스, 잼 등으로 이용된다.

(4) 앵 두 (Cherry)

중국 원산으로 고려 때부터 제사에 공물로 쓰거나 약재로 썼다. 주요성분은 단백질 · 지방 · 당질 · 섬유소 · 칼슘 · 인 · 철분 · 비타민 A · B · C 등이다. 사과산, 시트르산 등의 유기산이 들어있으며, 안토시아닌 색소때문에 붉다. 혈액순환을 촉진하고, 부종을 치료하는데 효과가 있으며, 폐기능을 도와 가래를 없애고 혈색을 좋게 한다.

조 리

젤리, 잼, 정과, 앵두편, 화채, 주스, 술

(5) 매 실 (Japanese apricot)

그림 7-5 매실

매실은 강한 신맛을 내는 것이 특색으로 그 신맛은 5% 가량의 유기산에 의한 것이며, 피로회복의 효과와 입맛을 돋우는 효과를 기대할 수 있다. 매실주를 만드는 데 이용되며 미숙한 과일로부터 핵을 제거하고 과피를 까서 연기 중에서 건조시킨 것은 조매라 하여 한약으로 쓰인다.

조 리

생식도 가능하고, 또 소금에 절이거나 매간 또는 매실주용으로 이용한다. 매실장아찌 · 매실절임 · 매실장 · 매실잼 등의 원료로 쓰인다. 미숙과는 생식하지 않는 것이 상식이다.

(6) 대 추 (jujube, Chinese date)

대추는 생과보다 건조시켜 건과로 다양하게 이용된다. 우리나라에서는 대추를 주로 한약재로 쓰지만 후식용으로도 널리 이용한다.

조 리

대추는 한약재뿐만 아니라 요리, 떡에 이용되는 등 용도가 아주 다양하다. 대추 음식으로는 대추차 · 대추미음 · 대추인절미 · 대추초 · 대추주악 등 여러 가지가 있다.

말린 대추를 물에 1시간 정도 불려 씻은 다음 혼드뷰소스나 육수에 2시간 정도 삶아 고운 체에 거른 후 진한 농도로 끓여서 가금류 요리에 곁들이면 맛이 어울린다.

> *Guide*
> **• 혼드뷰소스**
> 테미크라스소스, 페퍼소스와 함께 일반적으로 많이 쓰이는 스테이크용 소스

각색단자

대추초

그림 7-6 대추를 이용한 조리

> **POINT**
> **찹쌀과 대추**
> 약식 또는 약밥은 겨울철 특히 정초에 먹어 온 우리의 전통식이며 예로부터 회갑연 등 잔치에는 꼭 끼어야 할 만큼 귀한 음식이었다. 약식은 병을 고친다는 의미로 쓰인 것이 아니라 '귀한 밥'이라는 뜻에서 붙여진 이름이다. 약식의 주재료인 찹쌀은 주성분인 녹말이 74% 이상이나 되어 인체가 필요로 하는 에너지를 쉽게 공급할 수 있다.
> 찹쌀의 녹말은 질이 좋아 소화흡수율이 거의 100%에 이른다. 그 뿐만 아니라 6% 이상의 단백질을 가지고 있다. 그러나 쌀에는 지방이 적으며 칼슘과 철분, 섬유의 함량이 적은 것이 결점이다. 이러한 결점을 보완해 주는 훌륭한 식품이 대추이며 부재료로 참기름과 잣이 쓰인다. 영양적인 균형 외에도 고운 붉은색의 대추는 장식성과 시각적 효과뿐 아니라 식욕증진에도 좋은 식품이다.

4) 장 과 류(漿果類)

과실이 무르익으면 과피 안쪽의 과육부 세포는 거의 액포가 되고 다량의 과즙을 함유하여 연화되는 과실류를 장과류라 한다.

(1) 포 도 (grape)

포도는 당질이 주성분인데, 독특한 단맛을 내는 것은 대부분이 포도당과 과당이므로 쉽게 소화흡수되어 피로회복에 큰 도움을 준다. 과피에는 떫은 맛을 내는 탄닌류와 소량의 펙틴, 이노시톨(inositol) 등이 장의 활동을 촉진시키며, 과피의 색소는 안토시아닌계에 속하는 에닌(oenin)이라는 배당체로 적포도주의 색깔을 지닌다.

단맛이 많고 풍부한 과즙을 가지고 있으므로 생과뿐만 아니라 포도주나 주스로서 훌륭한 식품이며, 건포도를 만들어 사용하기도 한다.

● 조 리

주스, 젤리, 샤베트, 잼, 제과 원료에 적합하다. 이 경우 검은 계통의 신맛이 있는 품종이 맛도 좋으며 깔끔하다. 날것을 그대로 케이크 등에 사용할 때는 알맹이가 큰 것을 이용한다.

(2) **딸 기** (strawberry)

딸기는 과일 중 비타민 C가 가장 많은 편으로 감귤보다도 많으며 사과에 비해서는 16배나 많다. 붉은 색소는 안토시아닌이며 열에 약해서 가공하면 쉽게 퇴색한다. 잼이 가장 중요 가공품인데 펙틴이 적어서 펙틴을 첨가해주는 일이 요구된다. 즉, 잼 제조 시 익힌 사과를 가해주면 엉기는 힘이 좋다.

(3) **오 디** (Mulberry fruit)

오디는 양잠용으로 재배되어온 뽕나무의 과실이다. 최근 양잠산물의 기능성 효과가 널리 알려지면서 누에뿐만 아니라 뽕잎, 뽕나무의 뿌리, 껍질 등에 관한 연구가 활발하다. 오디는 생식용이나 침출주 제조용으로 이용되고 있다. 그 밖에 뽕잎은 누에 먹이로써 중요할 뿐만 아니라 당뇨 · 습진 등의 치료에 이용되고 뽕나무의 뿌리와 껍질은 이뇨제 등으로 한방에서 널리 이용한다.

오디는 딸기나 포도에 비해 단백질 함량이 4~5배 높을 뿐만 아니라, 산딸기와 같은 과실에 비하여 섬유소 · 철 · 비타민 B_1의 함량이 높은 고영양 과실이다. 포도당 · 과당 · 구연산 · 사과산 · 탄닌산 · 펙틴 · 비타민 A · 비타민 B_1 · B_2 · D · 칼슘 · 인 · 철 등이 풍부하고, 주요 당류는 포도당 · 자당 · 과당 · 맥아당 등이다. 오디의 주요 유기산은 구연산이 0.43%를 차지하고 있고, 옥살산이 0.1%, 말산이 0.04%, 숙신산이 0.03% 함유되어 있다. 주요지방산은 리놀레산과 팔미트산이다.

표 7-2 여러 가지 과실류의 영양성분

과실명	에너지 (kcal)	수분 (%)	단백질 (%)	지질 (%)	당질 (%)	섬유소 (%)	철 (mg%)	비타민 A(R.E.)	비타민 B(mg%)	비타민 C(mg%)
오디(재래종)	50	84.2	2.6	0.3	9.3	2.7	2.3	8	1.47	5
딸기	26	91.5	0.8	0.2	6.2	1.0	0.4	2	0.02	2
블루베리	52	84.6	0.7	0.4	12.8	1.3	0.2	10	0.05	13
산딸기	22	91.2	1.3	0.4	4.0	0.7	0.6	17	0.02	28
포도(캠벨얼리)	59	83.7	0.5	0.3	15.1	0.2	0.5	5	0.03	8

조 리

오디주스, 오디양갱, 오디샤베트, 오디 요구르트, 오디편

(4) 산딸기(Korean bramble)

산과 들에서 흔히 자라며 높이는 약 2m이다. 뿌리가 길게 옆으로 뻗고, 밑에서 싹이 돋아 커다란 군집으로 발달하고 줄기 전체에 가시가 드문드문 난다. 꽃은 6월에 흰색으로 피며 열매는 집합과로서 둥글고 7~8월에 짙은 붉은빛으로 익는다. 열매는 식용하거나 약으로 쓴다. 한국, 중국, 일본, 우수리강에 분포하며 긴잎산딸기, 섬산딸기가 있다.

수분 87.0%, 탄수화물 9.2%, 칼슘 4mg%, 인 32mg%, 철 0.9mg%, 비타민 A 3921 IU, 비타민C 29mg% 등이 함유되어 있다. 산딸기 열매가 완전히 익기 전에 따서 말린 것을 복분자라고 하는데 맛은 달고 시며 성질은 따뜻하다. 산딸기를 먹고 소변을 보면 그릇이 뒤집어질 정도로 정기를 북돋운다 하여 엎을 복(覆)과 동이 분(盆)을 쓴다.

강장작용, 강심작용, 불임증, 남성 발기부전과 신경쇠약 등에 좋다.

5) 견과류(堅果類)

(1) 밤(chestnut)

주성분은 당질이 40%로 가장 많다. 이 중 50%는 전분이며, 단백질의 함량은 약 3%로서 알부민이 들어 있고, 무기질은 K, P, Ca이 있으며 비타민 A, B_1, C도 함유한다. 영양가는 곡류와 비슷하나 소량의 탄닌도 함유되어 있다.

밤을 삶을 때 명반(백반, potassium aluminium sulfate)을 약간 가해서 끓이면 밤이 가지고 있는 플라본 색소가 명반의 알루미늄(aluminium)과 불용성인 염을 만들기 때문에 고운 노란색을 띠며, 밤이 잘 부스러지지 않게 된다.

율란

밤크림 패스트리

그림 7-7 밤을 이용한 조리

조 리

① **한 식** : 밤떡, 밤밥, 밤암죽, 밤즙, 밤초, 밤편, 밤단자, 밤암죽, 떡의 부재료 등

② **양 식** : 생률을 곁들인 샐러드, 밤수프, 밤크림 패스트리 등

(2) 호 두 (walnut)

지방이 60%로 가장 많고 단백질도 23% 정도 함유되어 있으며 그 품질도 좋다. 단백질은 글루텔린(glutelin)이 많고 아미노산은 트립토판, 리신이 많아 우수하다. 무기질로는 Ca, P이 많고 Mg과 K도 들어 있다.

조 리

① **한 식** : 생식 이외에도 호두과자, 호두죽, 호두두부, 호두엿, 호두말이, 호두엿강정 등으로 쓰며 잘게 다져 잣가루 대신 사용하기도 한다. 또한 무침이나 엿재료로도 사용한다.

② **양 식** : 구워서 샐러드에 곁들이면 고급스런 맛을 즐길 수 있고 통호두는 으깨어서 거위간 전채요리에 곁들여도 좋다. 또한 갈색 버터소스에 호두를 첨가해 광어나 혀가자미 등 담백한 생선요리에 주로 사용한다.

③ **제 과** : 피칸파이의 피칸 대용으로 호두를 사용하기도 한다.

호두말이

호두강정

호두캔디

그림 7-8 호두를 이용한 조리

(3) 은 행 (ginko-nut)

당질이 31.5%로 풍부하며 이는 주로 전분이 많다. 단백질의 절반은 글로불린으로서 트립토판이 많아 아미노산 조성도 우수하다. 지방은 적고 약간의 에르고스테린(ergosterine)도 함유하고 있다. 무기질은 Ca, P이 들어 있다.

6) 열대과일

(1) 파인애플 (pineapple)

향기가 좋아서 많이 애용하며, 생과로 저장하기는 힘들기 때문에 주스, 과육통조림, 파인 슬라이스 등으로 가공된다.

그림 7-9 파인애플 푸딩

● 조 리

① 한 식 : 고기요리에 갈아서 사용하기도 하는데 단백질 분해효소가 워낙 많으므로 2~3시간 안에 먹을 수 있을 경우에만 이용하는 것이 좋다.

② 양 식 : 주스, 잼, 케이크, 파인애플 사바욘(sabayon) 소스, 파인애플 볶음밥, 파인애플 푸딩 등의 디저트류에 사용된다.

③ 중 식 : 말려서 먹기도 하고 탕수육이나 단 음식 등에 부재료로 사용한다.

(2) 바나나(banana)

그림 7-10 바나나 플람베

미숙한 것은 미량의 이산화탄소, 아세틸렌 가스(acetylene gas)로써 빛깔을 아름답게 할 수 있으며, 공기 중에 후숙시키면 맛이 좋아진다.

● 조 리

① 양 식 : 주스, 밀크셰이크, 아이스크림, 무스, 샐러드, 카레나 스튜 등의 요리에 사용한다.

② 중 식 : 바나나탕(고구마맛탕처럼 밀가루로 옷을 입혀 튀긴 다음 설탕을 녹여 만든다)에 이용한다.

(3) 아보카도(avocado)

중앙아메리카와 멕시코가 원산인 아보카도는 과일 중 지방함량이 17% 정도로 높은 것이 특징이다. 모양은 서양배와 유사하며, 색깔은 녹색으로 클로로필과 카로틴이 주요 색소이다. 과육은 질감이 매우 부드럽다.

● 조 리

① 일 식 : 와사비 간장과 함께 먹으면 다랑어와 비슷한 맛이 난다. 레몬, 식초 등 신맛과 잘 어울리고 마요네즈, 생크림과도 잘 맞는다(아보카도 김밥).

② 양 식 : 수프, 생선요리의 소스에도 부드럽고 소박한 맛을 내며, 주로 샐러드 재료로 이용한다. 잘 익은 것은 독특하게 구수한 맛이 있다.

(4) 멜 론(melon)

멜론류는 머스크멜론 종류와 수박으로 분류한다. 수박은 과육이 주로 적색이나 어떤 것은 황색인 것도 있으며 과당, 포도당 등 당분은 3~7% 함유되어 있다. 멜론류는 비타민 C의 좋은 급원이 된다.

그림 7-11 멜론

그림 7-12 멜론과 생햄

Guide

• **리큐르** (liquerurs)
발효나 증류시킨 주정에 초근목피의 향료성분을 배합한 혼성주

조 리

멜론은 꼭지 반대 부위가 가장 달다. 따라서 세로로 잘라서 사용하며, 주스, 샤베트, 무스, 젤리 등에 적합하다. 믹서에 갈아 리큐르(ligueur)를 섞어 만든 소스는 케이크, 무스, 어패류의 샐러드 등에도 잘 어울린다.

(5) 망 고 (mango)

핵과류에 속하며, 세계에서 가장 많이 재배되고 있는 열대과수이다. 비타민 A가 많고 카로틴은 푸른잎 야채와 거의 같은 양이 들어 있다.

조 리

날로 먹거나 디저트와 과자재료로 쓰이며, 샐러드 드레싱, 소스, 수프에 사용된다. 그 밖에 코코넛(coconut), 람부탄(rambutan), 두리안(durian) 등의 열대과일이 있다.

7-2 과일의 수확 후 변화

과일은 수확 후에도 조직이 살아 있어 호흡작용이 계속되어 대사반응도 어느 정도 계속 진행된다. 이와 같이 수확 후에도 계속 진행되는 생리현상을 추숙(追熟)이라고 한다. 과일의 수확 후에 나타나는 중요한 변화로는 호흡작용, 수분함량, 탄수화물, 유기산 및 pH 등의 변화를 들 수 있다.

1) 호흡작용

과일을 추수할 때쯤이면 호흡률이 저하되나 추수 직후에는 산소흡입과 이산화탄소 생성률이 전환기에 도달할 때까지 증가한다. 그 후에는 감퇴기가 오므로 호흡률이 일정하게 감소한다.

모든 과일은 호흡작용을 하는데 이것은 이들 중에 포함된 산소의 작용에 의한 것이다. 식품의 품질변화에 영향을 미치는 호흡작용을 완전히 억제시키면 자가효소작용과 외부의 부패균작용에 의해 쉽게 부패하게 된다.

2) 수분함량

추수 후의 과일은 수분공급은 없고 수분의 손실만이 생기므로 저장 중의 큰 문제는 수분의 손실인데 고온의 건조한 공기에서는 수분손실이 빠르다. 추수 후 곧 낮은 온도에서 저장하면 수분손실이 적다.

3) 탄수화물

미숙한 과일은 주로 전분을 함유하며 단맛을 주는 가용성 당은 적게 함유한다. 그러나 성숙하면 전분이 당으로 전환되어 전분은 감소하고 당이 증가한다.

전분이 당으로 전환되는 데에는 저장온도가 영향을 미치는데 저온이 고온보다 당으로 전환되는 속도가 빠르고 단맛도 더하다.

4) 펙틴물질

펙틴질은 과실이나 야채류의 세포막이나 세포막 사이에 결착물질로 존재하면서 조직이나 가공품의 품질에 영향을 주는 다당류 물질이다. 또 펙틴질은 세포벽을 구성하는 중요한 물질로 식물조직의 유연조직에 많이 존재하는 불용성 프로토펙틴(protopectin)과 가용성 펙틴인 펙티닌산(pectinic acid), 펙틴(pectin), 펙틴산(pectic acid) 및 그 염류가 있다.

5) 섬유소

섬유소, 반섬유소는 저장 중 서서히 감소한다. 배의 경우 크실란(xylan), 아라반(araban)은 급격히 증가하며 섬유소는 감소한다. 배는 돌세포에 목질소가 포함되어 있는데, 이 점은 다른 과일과 다르다.

6) 유기산

사과와 배는 낮은 농도로 여러 가지 유기산을 포함하는데 구연산은 적게 포함하나 사과산은 상당량을 함유하고 있다. 보통 과일은 당보다 유기산이 호흡작용에 의해 소비되므로 저장 중 당의 변화는 크지 않으나 신맛이 감소하기 때문에 단맛이 커지는 것 같이 느껴진다.

7) 후 숙

수확하기 전 미숙 과실이 점점 익어가면서 우선 단맛이 증가하고 신맛이 감소하는 등 여러 가지 성분변화가 일어난다. 만약 미숙한 채로 과실을 수확하여 일정한 온도조건에서 후숙시키면 완숙과실에 가까운 상태로 되는데, 이 조작을 후숙 또는 추숙이라 한다. 바나나, 복숭아, 토마토가 여기에 포함된다.

그런데 수확 후 과실의 호흡량이 일정기간 경과하면 급격히 증대하는 시점이 있는데 이러한 호흡작용의 갑작스런 상승현상을 호흡률 급상승이라 하며 그 전 기간을 미숙단계, 그 뒤 기간을 과숙단계로 구분한다.

사과 · 배 · 바나나 · 망고 · 살구 · 밀감 · 오렌지 · 복숭아 · 토마토 · 아보카도 등은 전형적인 호흡률 급상승 현상을 나타내는 과일인데 후숙 중에 성분이 많이 변하므로 호흡률 급상승 이전에 수확하여 저장했다가 성숙해지면 시장에 출하하는 것이 좋다.

수확 후 또 다른 호흡량의 변화는 비전환성(non-climacteric) 과일(자몽 · 레몬 · 파인애플 · 수박 · 체리 · 포도 · 딸기 등)의 경우인데 여기에 속하는 과일들은 수확 후부터 계속해서 호흡률이 떨어지므로 반드시 완숙한 단계에서 수확해야 한다. 이러한 형태의 과일은 수확 후 유기산이 감소하고 당분은 증가하는 경향을 나타낸다.

7-3 과일의 변색 및 억제방법

과일을 자르거나 껍질을 벗겨 공기 중에 방치하면 절단면의 색이 변하는데 이것을 갈변반응이라 한다. 이러한 반응 중의 일부는 활성효소를 조직 내에 포함함으로써 일어나는데, 효소가 열이나 그 밖의 다른 요인에 의하여 변성되면 더 이상 갈변은 일어나지 않는다.

효소 아닌 다른 어떤 원인으로 나타나는 갈변현상을 보면 농축시킨 오렌지 주스가 가끔 변색되고 맛뿐만 아니라 외양에도 좋지 않은 변화가 생기는 경우가 있는데 이것은 대부분의 효소가 변성을 일으킬만한 온도 이상에서 가열처리되어 일어난 것이므로 비효소적 변화라고 생각되고 있다.

1) 효소적 갈변

효소에 의한 갈변은 감자 · 고구마 · 가지 · 우엉 · 버섯 · 사과 · 배 · 복숭아 · 감 등의 채소나 과일의 식물조직에 있어서 상처 받은 면이 공기에 접촉되어 일어나는 현상으로, 이러한 반응은 페놀 혹은 폴리페놀의 효소에 의한 산화이며 이것에 관여하는 효소는 페놀산화효소(phenoloxidase), 폴리페놀 산화효소(polyphenoloxidase) 등이다.

페놀 혹은 폴리페놀류를 함유하는 식물조직 중에는 이것을 산화시키는 산화효소가 함유되어 있어 조직이 파손되면 양자가 반응하여 갈변물질이 생성된다.

[효소적 갈변의 억제]]

효소적 갈변은 효소, 기질, 산소의 3가지 요소가 있을 때 일어나므로 3가지 요소 중 어느 하나를 배제하면 갈변을 억제할 수 있다. 여기에는 여러 가지 방법이 있으나 원칙적으로 효소의 불활성화와 효소의 최적조건의 변동에 의한 억제방법이 이용된다.

사과 · 살구 · 바나나 · 버찌 · 포도 · 복숭아 · 배 · 딸기 등과 달리 갈변에 관여하는 효소가 없는 과일은 쉽게 변색을 일으키지 않는다. 레몬 · 오렌지 · 라임 · 그레이프 프루트 · 참외 · 파인애플 · 토마토가 이에 해당한다.

표 7-3 효소적 갈변의 억제방법

종 류	방 법	예
가열처리 (blanching)	효소는 단백질로 구성되어 있으므로 polyphenol oxidase, tyrosinase 등을 가열로 불활성화시킨다. 고온에서 효소단백질이 변성된다.	채소, 과일 통조림의 blanching
pH 조절	Polyphenoloxidase(최적 pH5.8~6.8)가 존재하는 식품의 산성으로 pH를 변화시켜 억제하는 것으로, pH 3 이하에서는 효소활성이 저하되나, pH5~7에서는 활성이 높다.	과일을 박피 후 산용액에 침지 구연산이나 염산(HCl)용액에 침지
온도조절	−10℃까지는 효소작용이 계속되므로 식품의 온도를 −10℃ 이하로 유지한다.	동결저장 효소저해제
효소저해제 이용	아황산가스와 아황산염은 polyphenol oxidase에 대하여 강한 저해작용을 가지므로 감자, 사과, 복숭아, 등의 가공 시 갈변방지를 위해 사용된다.	SO_2아황산염, 소금의 사용. SO_2는 가스상태로 아황산염은 묽은 용액 상태로 사용된다.
효소 및 기질제거	갈변기질과 효소가 수용성인 경우 물에 담가 침출시키면 polyphenol 화합물에 의한 갈변을 막을 수 있으며, 산소의 접촉도 막을 수 있다. Tannin을 제거할 목적으로 과즙에 gelatin 같은 것을 가하면 결합되어 불용성 물질로 침전되어 제거할 수 있다.	감자, 고구마, 밤껍질을 벗긴 후 물에 침지
산소제거	산소가 존재하면 효소적 갈변이나 비효소적 갈변이 촉진되므로 산소를 제거하여 산소의 접촉을 억제한다.	분유 등의 밀폐용기에 N_2가스, CO_2가스 등 불활성 가스를 충전 원료의 전처리 과정에서 과일절편을 소금물이나 맹물에 담그는 것도 산소의 차단에 의한 갈변억제방법 과육을 설탕액에 담가 진공치환으로 과육중의 공기를 당액과 치환하기도 한다.
환원성물질 첨가	갈색화반응은 산화반응이므로 환원성 물질을 가하면 억제할 수 있어 효소적, 비효소적 갈변을 억제한다.	Ascorbic acid 첨가 SH 화합물, cysteine, glutathione
금속이온 제거	Polyphenol oxidase와 tyrosinase는 구리를 가진 금속효소로 Fe, Cu 용기를 사용하면 효소활성촉진으로 갈변이 증가한다.	철제금속용기사용 억제 대나무, 스테인리스 그릇 사용
과즙이용	파인애플주스에는 sulfhydryl(-SH)물질이 있고, 레몬에는 구연산과 비타민 C가 많아 환원제의 역할을 한다.	귤, 레몬, 파인애플, 토마토 등은 갈변물질이 없으나 사과, 배, 복숭아, 가지, 우엉 등은 polyphenol 화합물이 많아 갈변되기 쉽다.

파래는 강한 알칼리성 식품으로 요오드가 들어 있는데, 양배추의 약 70% 이상 함유하고 있다.

현재 김 모양으로 가공하여 사용하거나 직접 식용으로 사용하고 있다.

그림 8-1 파래의 종류

● 조 리

한식에서는 주로 파래무침으로 이용한다. 이때 간혹 고춧가루를 넣는 경우가 있는데, 고유의 향과 맛이 달아나므로 되도록 실고추를 이용하는 것이 좋다.

(2) 청 각(sea staghorn)

사슴뿔 모양으로 자라며, 김치의 맛을 내는 데 사용한다. 일본에서는 바다 속에 사는 소나무라는 뜻으로 미루(海松, みる)라고 부른다. 김치를 담글 때 젓갈이나 생선의 비린내, 마늘의 냄새를 중화시켜 뒷맛을 개운케 하며, 구충작용과 항생작용이 있는 것으로 알려져 있다.

(3) 매생이(seaweed fulvescens)

겨울철 음식으로 무기염류와 비타민이 많다. 가늘고 부드러운 갈매패목의 녹조류이다. 정약전의 자산어보에서 매생이는 누에실보다 가늘고 쇠털보다 촘촘하며 길이가 수척에 이르며, 맛은 매우 달고 향기롭다고 하였다. 남도지방에는 '미운 사위에게 매생이국 준다' 는 속담이 있는데 이는 매생이국은 아무리 끓여도 김이 잘 나지 않아 뜨거운 줄 모르고 먹다가 입 안에 온통 화상을 입기 쉬워서라 한다.

2) 갈 조 류(褐藻類)

우리나라 거제도, 흑산도, 제주도에서 많이 생산되고, 7~9월에 채취하며, 건조하여 사용한다. 갈조류는 클로로필, β-카로틴, 푸코크산틴 등의 색소를 함유하고 있으며 요오드의 함량이 특히 많다. 갈조류는 생명력이 강하고 찬물에서 잘 자란다. 미역과 다시마, 톳이 여기에 속한다.

(1) 미 역(brown seaweed)

미역의 영양성분은 수분이 전체의 약 83%이며, 당질과 무기질이 비교적 많이 들어 있는 편이다. 미역의 점성물질은 알긴산인데, 이 물질은 점액선으로부터 분비되며 뿌리보다 잎이나 줄기에 많이 들어 있다.

> **POINT**
>
> **알긴산 (alginic acid)**
>
> 갈조류를 탄산나트륨 용액으로 추출한 알긴산은 나트륨염의 형태로 물에 잘 풀어져 교질용액을 형성하므로 가공식품의 첨가제로 사용된다. 알긴산염은 안정제, 증점제, 유화제로 사용되는데, 예로는 치즈, 시럽, 아이스크림, 샤베트, 농축 오렌지주스, 푸딩, 맥주 거품 등의 안정제로 사용되는 것이다.
>
> 알긴산은 간과 신장에 들어간 납과 카드뮴같은 유해 중금속을 흡착시켜 제거하는 능력이 뛰어나며, 담즙관의 활동장애, 위와 십이지장염, 십이지장궤양, 위경련 등을 예방 · 치료하는 효과가 있다고 한다.
>
> 또한 체내 나트륨과 결합하여 배설하므로 혈압조절 효과가 있어 음료, 식품개발의 재료로 쓰인다.

미역은 열량원으로의 가치는 적지만 산모와 성인병에는 좋다. 그 이유는 칼슘, 요오드, 점성다당류, 비타민, 무기질 등의 효과 때문이다.

미 역

판미역

말린미역

실미역

미역꼬리

넓미역

쇠미역

그림 8-2 미역의 종류

조 리

미역은 고기나 생선 또는 달걀 등의 산성식품을 먹을 때 산도를 중화시키는데 가장 효율적인 식품이다.

(2) 다시마(kelp, sea tangle, devil's apron)

다시마는 지방은 적게 들어 있으나 비린내가 많이 나고 불검화물을 함유하고 있다. 특히 회분 중에는 칼슘, 요오드가 많이 들어 있다. 다시마는 튀각, 다시마산자, 다시마차 등으로 이용되며 빛깔이 검고 조직이 두꺼울수록 좋은 제품이다.

> **POINT**
>
> **인공조미료(MSG)**
>
> '다시(出し, だし)'는 육식의 전통이 없던 일본에서 가다랭이포, 멸치, 다시마 등에서 감칠맛 나는 성분을 우려낸 국물을 일컫는 일본어이다. 1700년대부터 이용해오다 1900년대에 여러 '다시' 재료 가운데 다시마에서 감칠맛 성분인 글루탐산을 발견함으로써 이를 화학적으로 합성(MSG : Mono Sodium Glutamate)해 상품화하였다. 중국음식에 많이 첨가되므로 미국에서는 '중국음식 증후군'이라 하여 MSG 섭취 후 두통을 호소하는 경우도 있지만 유해하다는 보고는 없다.

그림 8-3 다시마

그림 8-4 다시마로 만든 제품

조 리

① 튀겨서 설탕을 발라 안주용 및 간식용 요리, 감자국 요리, 라면 등의 국물요리에 이용된다.

② 튀겨서 바삭바삭할 때 간장, 설탕을 첨가하여 반찬요리에 이용한다.

(3) 톳(녹미채 ; seaweed fusiforme, bundle)

그림 8-5 톳

바닷말이라고도 불리우는 톳은 Ca, Fe이 풍부하며 우리나라 동해안, 서해안과 제주도에 분포하고 있다. 바닷가 바위에 군락을 이루며 붙어서 자라는데 겨울에서 봄까지 성장하며 여름에는 말라 죽는다. 높이는 20~100cm이며 색깔은 황갈색이나 건조시키면 흑갈색이 된다.

조 리

현미밥에는 흔히 녹미채를 곁들이는데 이는 현미의 부족한 칼슘을 보충해 줌으로써 균형있는 식단을 만들기 위해서이다. 늦가을 이후에 채취된 녹미채는 줄기가 단단하여 식용에는 적합하지 않으며, 또 떫은맛이 강해서 날로 생식하지 못한다. 조리방법으로는 무침이나 튀김, 국물요리에 적합하다.

3) 홍조류(紅藻類)

홍조류는 깊은 바다에서 자라며 그 종류는 약 4,000종에 달한다. 붉은 색소는 피코에리트린(phycoerythrin)이고 그 밖에 클로로필, 카로티노이드 등의 색소를 가지고 있으며 또한 글리코겐과 비슷한 홍조전분을 함유하고 있다. 따뜻한 물에서 잘 자라므로 남해안에서 많이 생산되며 김, 우뭇가사리가 여기에 속한다.

(1) 김(laver : 해태)

특유의 감칠맛과 독특한 향미를 가진 대표적 알칼리 식품이다. 김은 건조김으로 직접 식용에 이용하기도 하고 맛김, 김부각, 조미김 등으로 이용된다. 조미김의 경우 김을 다시 구우므로 소화흡수율이 높아지고, 식용유로 도포하기 때문에 부족한 지방함량을 보충하는 등 영양적 균형을 이루도록 한 것이다.

그림 8-6 김의 종류

김을 이용한 중국요리 중에 계란이나 야채를 말아서 요리한 냉채요리가 있는데, 담백한 맛과 향이 일품이다.

(2) 우뭇가사리(agar–한천의 재료)

그림 8-7 우뭇가사리

한천 원료로 이용되며 수온 10~25%의 간만의 차가 작은 곳에서 생육하며, 다년생으로 생장이 느리고 포자로부터 2년에 걸쳐 생장한다. 세포 내에 한천이 존재하기 때문에 우뭇가사리를 끓여서 나오는 즙을 분리하고 응고·동결·융해 등의 조작으로 탈수·정제하여 한천을 만든다.

한천은 저열량 식품으로 젤상의 식품첨가물, 미생물 배양배지, 젤리, 과자 등으로 많이 이용되며 소화가 되지 않기 때문에 변비치료에도 쓰인다.

POINT

한천의 여러가지 이름

- 부산·장흥·서산·통영·거제 : 우무
- 울릉·목포 및 강원·경남 : 천초
- 울산 : 까나리
- 제주 : 우미
- 강릉·속초·동해·삼척·양양·고성 : 한천
- 소의 털과 흡사하다 하여 : 우모초
- 끓인 다음 식히면 얼음처럼 굳는다 하여 : 해동초 (자산어보)

조 리

주로 무침이나 샐러드로 많이 이용하고 또한 된장국에 넣으면 끈적임이 있어 특유한 맛이 일품이다.

3. 해조류의 성분

1) 일반성분

(1) 탄수화물

해조류에 탄수화물은 50% 정도 함유되어 있다. 그 대부분은 해조류의 특유한 점성다당류이다. 녹조류는 포도당을 주체로 하며 갈조류는 알긴산이 주가 되고, 만니톨(mannitol), 라미나린(laminarin), 헤미셀룰로오스(hemicellulose) 등을 함유한다. 다시마 표면의 흰 가루의 단맛이 있는 성분은 만니톨이다. 또 홍조류는 갈락토오스를 주체로 하며 우뭇가사리에는 한천이 함유되어 있다.

(2) 수분·칼로리

① 해조류는 수분이 많아서 90% 정도 함유하고 있으나, 보통 10~20%까지 건조한 것이 이용된다.

② 해조류의 탄수화물은 인체 내에서의 이용도가 밝혀져 있지 않기 때문에 칼로리를 계산할 수 없다.

(3) 단백질 · 지방

① 단백질은 다시마 · 미역 등의 갈조류에 10% 정도 함유되어 있고, 홍조류에는 그 양이 많아서 20~30% 정도 함유하고 있다. 전 질소 양의 10~30%는 유리아미노산이다. 다시마에는 글루탐산(glutamic acid)이 많으며 혈압강하작용이 있는 리진 유도체인 라미닌(laminin)이 함유되어 있다.

② 지질은 1% 정도에 지나지 않는데, 그 주체는 트리글리세리드가 아니고 카로티노이드계 색소류이다.

(4) 무기질 · 비타민

① 무기질은 10~30%에 이르는 우수한 급원이다. 무기질 가운데서 나트륨 · 칼륨 · 칼슘 · 인 · 철 등을 함유하는 한편, 갈조류 · 홍조류에는 요오드 · 브롬이 많다. 다시마에는 0.1% 가까이 요오드가 함유되어 있어서 식품 가운데서 가장 많다.

② 비타민 A의 함량이 가장 높고, 특히 김은 식품 가운데서도 최고치를 보여준다. 김에는 비타민 B_1 · B_2 · C · 니아신도 상당히 많은 양이 함유되어 있다.

2) 특수성분

(1) 색 소

녹조류의 청색 등의 색소는 지상식물과 같은 클로로필에 의한 것이며 미역, 다시마와 같은 갈조류의 색소는 푸코크산틴, 피코페인, 카로티노이드, 크산토필 등을 함유한다.

김에는 클로로필, 카로티노이드, 피코에리트린의 색소가 공존하고 있다. 김은 저장 중 점차 변색하여 광택을 잃어 적색소가 되는데, 이것은 피코시아닌이 피코에리트린으로 환원되기 때문이다. 이 반응은 습기가 있으면 더욱 빨리 진행된다. 또 햇빛에 오랫동안 쬐면 표백된다. 따라서 마른 김은 습기를 막기 위하여 밀봉하여 어두운 곳에 저장해야 한다.

(2) 향

해조류는 독특한 냄새를 가지는데, 그 성분은 갈조류에서는 테르펜계, 녹 · 홍조류에서는 함황계화합물이 주가 된다. 김의 냄새성분은 디메틸황산이다.

(3) 맛

해조류의 맛은 추출물에 의해서 나며, 해조류에는 당알콜이 있기 때문에 어느 정도 감칠맛을 나타낸다. 추출물의 주체는 아미노산인데 모든 해조류에 함유되어 있는 아미노산은 알라닌, 로이신, 발린, 아스파르트산, 세린, 트레오닌, 알기닌, 티로신, 프롤린 등이 있다.

김의 감칠맛 성분은 글리신 · 알라닌 등의 아미노산에 의하며 다시마의 감칠맛 성분은 글루탐산이다.

Chapter 9

버섯류의 조리

버섯류는 엽록소가 없어 다른 생물에 기생하며, 식물에서 볼 수 있는 줄기 · 잎과 뿌리같은 기관들이 없다.

9-1 버섯의 종류와 성분

1. 버섯(mushroom, fungus) 성분

1) 버섯의 일반성분

(1) 수분, 열량, 당질

① 일반성분은 채소류와 비슷하여 수분이 90% 정도이다.
② 당질은 고형분의 주성분을 이루고 그 가운데서 만니톨이 많아서 건물 중 12%를 차지하며 그 밖에 트리할로스(trehalose), 글루코오스, 덱스트린과 소량의 글리코겐이 있고 전분은 없다. 또 섬유소가 많아서 2%에 이르며 인체 내의 탄수화물의 이용도는 확실히 밝혀져 있지 않다.

(2) 지 질

버섯류의 지질은 매우 적어서 0.2% 정도로 유리지방산과 불검화물의 비율이 많은 것이 특징이다. 불검화물 가운데는 에르고스테롤(ergosterol)을 비롯한 각종 스테롤, 고급 포화알코올 등이 있다.

(3) 단백질

① 단백질은 2% 정도인데 반 정도는 비단백태이다.
② 표고버섯의 혈중 콜레스테롤 저하작용은 에리타데닌(eritadenine)이란 특수한 아미노산에 의한다.

(4) 비타민 및 무기질

① 일반적으로 비타민 A · C는 거의 없고 비타민 B_1 · B_2도 양이 적다. 그러나 비타민 D의 모체인 에르고스테롤은 건물 중 0.2%에 이르고 자외선조사에 의하여 비타민 D의 효과를 나타낸다.

② 무기질은 K이 많고 P이 다음이다.

(5) 버섯의 발육과정

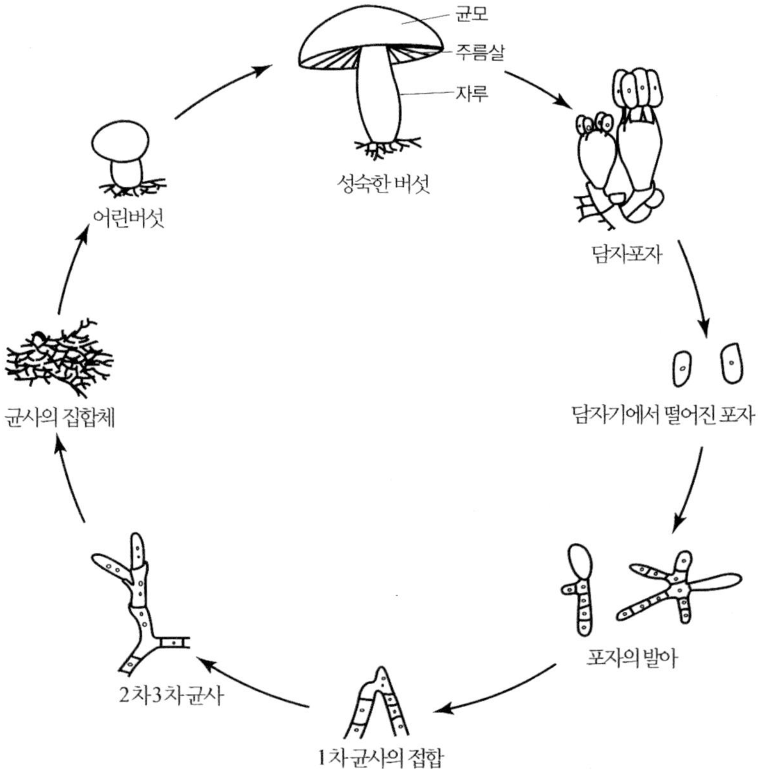

그림 9-1 버섯의 발육과정

일반적으로 버섯은 곰팡이의 한 종류로 재배버섯과 야생버섯이 있다. 세계적으로 약 1,000여 종 정도의 식용버섯이 있는데, 재배 대상이 되는 버섯은 20여 종 정도이다. 세계에서 가장 많이 재배되는 버섯은 양송이버섯이며, 다음으로 느타리버섯류, 목이버섯류, 표고버섯 순이다.

2) 특수성분

① **에르고스테롤** : 생표고버섯에 함유한 비타민 D_2의 전구체로서 자외선에 의해서 비타민 D_2로 변화하는 물질이다.

② 5-guanylic acid(GMP), 트리할로스, 만니톨 : 식용 버섯류에 함유된 좋은 맛을 내는 물질이다.
③ 렌티난(lentinan) : 생표고버섯의 열수유출로부터 분화 · 정제된 다당류의 하나로 종양의 발육을 억제하는 작용을 한다.
④ 크레스틴(krestin) : 질그릇의 배양균에 의하여 취하는 항암물질로 면역성을 높이는 간접적 제암용 항암제이다.
⑤ 렌티오닌(lenthionin) : 표고버섯에 존재하는 향기성분인 일종의 알코올이다.
⑥ 마스터게올(matsutakeol) : 송이버섯의 방향성분인 일종의 알코올이다.
⑦ 리그닌(lignin) : 버섯류 중에 존재하는 식물섬유이다.
⑧ 에리타데닌(eritadenine) : 날것이나 삶은 표고버섯에 존재하는 혈중 콜레스테롤의 농도를 조절하는 작용을 하는 물질, 즉 생표고버섯과 삶은 표고버섯의 품질성분의 특징이며 건조할수록 향기, 맛성분이 증가하여 영양적으로는 비타민 B_1, B_2의 함량이 많게 된다.
⑨ 색 소 : 플라보노이드(flavonoid)계 색소가 많고 산화효소에 의하여 변색한다.
⑩ 독버섯의 유독성분 : 주로 아마이드(amide)로서 muscarine, neurin, alkaloid, phalloidin, amanitin 등이 있다.
⑪ 효소 : 버섯에는 protease, amylase, glycogenase, trehalase, maltase, inulase, cellulase, hemicellulase, pentosanase 등이 있다.

2. 버섯의 종류

1) 표고버섯 (pyogo mushroom, mushroom)

표고버섯은 날것보다 말린 것이 향미가 좋고, 특수성분이나 영양성분의 손실이 없기 때문에 좋다. 기계건조보다는 자연건조 시 비타민 D 생성이 많이 된다. 단백질 1.5%, 지방 0.4%, 탄수화물 6% 정도 함유되어 있고 환원당의 당질들이 있다. 에르고스테롤이 많이 있으며 비타민 B_1, B_2도 상당히 함유하고 있다. 특히 S성분이 있어 렌티오닌이 함유되어 있다.

그림 9-2 표고버섯

(1) 표고의 효능

표고는 18~20%의 단백질과 65% 내외의 가용성 무기질소물, 7% 내외의 섬유소를 함유하는 영양가가 많은 식품이다. 표고와 잣버섯은 항암 성분인 렌티난을 함유하고 있으며, 항바이러스작용, 혈압강하작용을 한다.

POINT

렌티난(lentinan)

천연의 방어물질인 인터페론이라는 물질을 만들어 내며, 면역체계를 올려주고 바이러스 침입을 막아주는 효과가 있다.

표고는 예로부터 조미료로써 사용되어 왔는데, 맛을 내는 본체가 5-구아닌산나트륨이라는 사실이 밝혀져, 현재는 이 제법이 특허를 받아 양산 단계에 있다. 화학조미료로서 글루탐산, 이노신산과 함께 일반 가정에서 널리 사용되고 있으며, 표고의 독특한 향기의 주성분은 레티오닌이라는 사실도 밝혀졌다.

(2) 표고버섯의 영양적 가치와 약효

표고버섯의 영양적 가치와 약효에 대해 연구되기 시작한 것은 약 20년 전부터이며 지금은 비만, 고혈압, 당뇨병, 동맥경화 등의 성인병을 예방하고, 특히 암세포의 증식을 억제하는 작용으로 인정되었다.

① 비타민 B군의 공급을 위해 중요한 식품이다.
② 미네랄과 식이섬유를 포함한 저칼로리 건강식품이다.
③ 에리타데닌(Eritadenine)이 있어 콜레스테롤의 대사를 촉진하고 그것을 체외로 배출하는 작용을 한다.

(3) 표고버섯의 종류

땅에서 돋아나는 것을 '균', 나무에서 돋아나는 것을 '심' 이라고 하며 표고버섯을 '향심' 이라고 한다.

동고 : 이른 봄 아직도 기온이 낮을 때에 생겨서 갓이 열리지 않은 상태

화고 : 표면이 희고 터져서 꽃처럼 무늬가 생긴 상태

향고 : 동고와 향신 중간쯤 되는 것을 향고라 하며 갓이 크고 두껍다.

흑화고 : 표면이 갈색이면서 터져서 꽃처럼 무늬가 생긴 상태
향신 : 기온이 높고 습한 계절에 생긴 것은 갓이 엷고 크게 벌려져 있다.

그림 9-3 표고버섯의 종류

(4) 좋은 표고버섯 고르기

① 생표고 크기가 균일하며 균일도가 90% 이상이고 갓이 완전히 벌어지지 않아야 한다. 약간 오므라든 것으로 그 정도가 균일하며 갓의 형상이 품종 고유의 모양으로 같아야 한다. 또 두께가 두껍고 갓의 색깔이 품종 고유의 색택으로 신선하고 탄력이 뛰어난 것으로 흡습하지 않은 버섯이다.

② 마른표고 갓의 형상이 표면에 거북이 등 또는 국화꽃 모양으로 균열되어 있으며, 원형이나 타원형이고 개열정도가 50% 이하이며 끝둘레 전체가 오므라들고 두께가 균일하다. 고유의 색택으로 균열부위가 백색 또는 유백색이며 갓의 뒷면이 유백색이다. 또 수분함유율이 13%로 이하이고 크기가 대 · 중으로 균일하다.

(5) 표고버섯을 이용한 조리

① **한 식** : 표고버섯은 제철에 구입을 하여 쓰거나 구입해서 건조해 두었다가 물에 불려 사용한다. 표고버섯은 생으로는 잘 먹지 않고 주로 익힘조리를 해서 먹는다(버섯전골, 버섯볶음, 표고버섯전, 무침 등).

② **양 식** : 서양요리에서 표고는 가장 많이 사용되는 버섯 중의 하나로, 핵산이 많이 들어 있어 조미를 하지 않아도 맛이 좋다.

③ **중 식** : 중식에서는 야채 볶음요리, 류산슬, 팔보채, 또는 수프요리에 사용한다.

④ **일 식** : 표고버섯 튀김－튀김옷을 입혀 높은 온도의 기름에서 튀겨 표고 그대로의 맛을 즐긴다.

표고버섯을 주재료로 먹기보다 표고버섯 윗 부분에 모양칼집을 내어 음식의 가니쉬로 많이 사용한다. 특히 달걀찜, 우동, 생선전골, 각종 찜요리 등에 가니쉬로 쓰인다.

표고전

류산슬

그림 9-4 표고버섯을 이용한 조리

2) 송이버섯 (Japanese pine fungus)

소나무 숲에서 9~10월에 나는 것이 가장 맛있고, 살짝 구워먹거나 찌개나 국에 넣어 먹으면 풍미와 맛을 살릴 수 있다.

송이는 적송에 기생하는 향기높은 버섯으로 종전에는 자연생의 것만을 이용하여 왔으나 근년에는 인공적으로 임지재배가 가능하게 되었다. 향기성분은 methycinnamate, methyl ester, matsutakeol이 혼합되어 있으며 독특한 방향은 옥테놀(octenol)에 의한 것이다.

(1) 송이버섯의 종류

버들 송이버섯

자연산 송이버섯

그림 9-5 송이버섯의 종류

(2) 송이버섯의 조리

송이버섯의 향미를 살리기 위해 열을 많이 가하지 않는 것이 좋으며 , 구이 · 산적 · 전골 · 볶음 등으로 주로 먹는다. 송이구이는 버섯을 잘 손질하여 버섯 모양으로 도톰하게 썰어서 석쇠에 살짝 구운 후 구운 은행 몇 알과 함께 접시에 담고 솔잎 약간을 장식하여 내면 먹는 사람이 참기름 소금에 살짝 찍어 먹을 때 최고의 향기를 즐길 수 있을 것이다.

그밖에도 송이산적 · 송이전골 · 송이회 · 송이밥 · 송이국 · 송이튀김 등이 있고, 일식으로는 송이덮밥 · 송이죽 · 송이주전자찜이 있고, 스끼야끼 · 샤브샤브 등에도 이용된다.

3) 양 송 이 (agaricus bisporus)

세계에서 가장 생산량이 많은 양송이는 다른 버섯류에 비하여 단백질이 풍부하여 표고버섯의 약 2.5배 정도 많다. 갓이 피면 포자의 색깔 때문에 음식이 검게 되고 맛이 없다.

갓이 전혀 피지 않은 button이라고 불리는 것이 질이 좋으며 이것으로 통조림을 만든다. 또는 수프, 샐러드, 튀김 등의 재료로 이용되고 있다.

그림 9-6 양송이

● 조 리

① 한 식 : 볶음, 무침, 전골류, 전 등
② 양 식 : 샐러드, 스튜, 양송이수프 등
③ 중 식 : 팔보채, 류산슬, 모듬야채 등

육질이 백색이고 유연하며 맛이 훌륭하여 널리 식용되고 있다. 국, 튀김, 찌개, 버섯밥 등의 재료로 사용되고 있다.

4) 느타리 버섯
(oyster mushroom)

그림 9-7 느타리 버섯

(1) 좋은 느타리버섯 고르는 방법

① 품종 고유 색택과 표면에 윤기가 있는 것
② 대 길이, 갓 등이 균일하고 크기가 다른 혼입이 10% 이내일 것
③ 신선하고 탄력 있는 것으로 고유의 향기가 뛰어난 것
④ 육질은 부드러운 것
⑤ 피해품(병충해, 상해, 기형, 오염)이 없는 것
⑥ 이물질이 없는 것

조 리

버섯 고유의 색깔과 표면에 윤기가 있는 것이 상품으로 옛부터 된장국 등에 많이 사용하였다. 맛이 부드러워 생선요리 등의 가니쉬로 많이 이용된다. 국, 생선냄비 · 무침 · 튀김 · 찌개 · 버섯밥 등 어떤 요리에도 잘 어울리는 버섯이다.

5) 팽이버섯
(velvet-stemmed agaric)

팽나무 · 감나무 · 느티나무 · 뽕나무 등에 야생하지만 재배가 용이하여 인공재배가 많이 행해지고 있다. 달콤한 향기와 씹는 느낌이 좋으며, 찌개 · 국 · 튀김 등에 이용된다.

6) 목이버섯
(Jew's ear)

버섯의 색은 백색 · 회색 · 갈색이고 몸 전체가 아교질의 반투명체로 되어 있어서 수분을 흡수하면 부풀어 부드러운 버섯이 된다.

그림 9-8 목이버섯

조 리

특유의 향과 맛이 있고 씹는 촉감이 좋은 목이버섯은 돼지고기와 두부요리에 잘 어울리며, 씹는 맛이 좋아 수프나 볶음 등 각종 중국요리의 국물요리, 전골, 우동 종류, 볶음요리에 쓰여지는 재료이다. 또한 담백한 맛이 있어 탕수육 · 잡채 · 볶음 등에 많이 쓰이고 있다.

7) 석이버섯
(manna lichen)

산 바위 위에 붙어서 자라는 버섯으로 습할 때는 부드럽지만 마르면 부서지기 쉽다.

담백한 맛과 씹는 맛을 즐기며 초무침 · 튀김 · 떡 등 음식의 고명으로 쓰인다. 지로포르산 성분이 있어서 중국 한방에서는 강장, 각혈, 하혈 등에 지혈제로 이용한다.

그림 9-9 석이버섯

POINT

버섯의 저장

생버섯은 여러 효소가 많기 때문에 매우 변질되기 쉽고, 또 박테리아로 말미암아 부패되기 쉽다. 따라서 생버섯은 냉장 또는 냉동 저장을 해야 한다. 그러나 대개 통조림이나 소금절이 또는 건물로서 저장한다.

Chapter 10

유지를 이용한 조리

10-1 유지의 종류 및 성분

천연유지는 여러 종류의 지방산으로 된 트리글리세리드를 주성분으로 하는 혼합물이며 서로 다른 종류의 유지의 특성은 공통적인 성분인 글리세롤이 아니라 그 구성지방산의 종류에 따라서 유지의 물리화학적 성질이 달라진다.

$$
\begin{array}{lcl}
CH_2OH & + \ HOOC \cdot R_1 & & CH_2OOC \cdot R_1 \\
| & & & | \\
CHOH & + \ HOOC \cdot R_2 & \xrightarrow{-3H_2O} & CHOOC \cdot R_2 \\
| & & & | \\
CH_2OH & + \ HOOC \cdot R_3 & & CH_2OOC \cdot R_3 \\
\text{glycerol} & \text{지방산} & & \text{triglyceride(유지)}
\end{array}
$$

$R_1 = R_2 = R_3$일 때 (심플 글리셀리드) simple glyceride
$R_1R_2R_3$가 같지 않을 때 (믹스 글리셀리드) mixed glyceride

식물성 유지는 상온에 방치했을 때 건조하는 것을 건성유(요오드가 130 이상), 건조되지 않는 것을 불건성유(요오드가 100 이하), 그 중간의 것을 반건성유(요오드가 100~130), 그리고 상온에서 고체상태로 존재하는 것을 식물성 지(fat)로 분류한다.

- 유지
  - 천연유지
    - 식물성유지
      - 식물성유
        - 건성유(130 이상) : 아마인유, 들기름, 대두유
        - 반건성유(100~130) : 참기름, 옥수수기름, 면실유
        - 불건성유(100 이하) : 올리브유, 땅콩기름, 피마자유
      - 식물성지 : 야자유, 코코아유
    - 동물성유지
      - 동물성유
        - 해산동물유
          - 어유 : 정어리기름
          - 간유 : 대구간유
          - 해수유(海獸油) : 고래기름
        - 육산동물유(陸産動物油) : 번데기유
      - 동물성지
        - 체지방
        - 유지방(乳脂肪) : 버터
  - 가공유지 : 마가린, 쇼트닝

그림 10-1 유지의 분류

1. 유지의 성분

식품 중의 지방은 물에 녹지 않으며 유기용매에는 녹는다. 유지는 글리세롤과 지방산이란 두 가지 물질로 구성되어 있다. 글리세롤은 세 개의 수산기(−OH)를 가진 3가 알코올이고, 지방산은 카르복실기(−COOH)를 가진 탄소원자결합의 유기산이다. 이 지방산의 종류에 따라서 여러 가지 지방 또는 기름이 형성되는 것이다. 지방산이 글리세롤 중의 수산기와 합쳐져 에스테르를 형성하면 지방으로 형성되는 것이다.

지방산의 종류에 따라 여러 가지 지방, 기름이 형성되는데 3분자의 지방산이 동일할 경우 simple triglyceride라 하고, 동일하지 않을 경우 mixed glyceride라고 한다. 식용유지에 가장 흔히 함유되어 있는 지방산은 스테아르산(stearic acid), 팔미트산(palmitic acid), 올레산(oleic acid)이다.

표 10-1 불포화지방산의 종류와 특징

탄소수 : 이중 결합수	일 반 명	계 통 명	구 조	융 점 (℃)	소 재
16 : 1	palmitoleic 산	9-hexadecenoic 산	$CH_3(CH_2)_5CH=CH(CH_2)_7COOH$	0.5	버터, 동물유
18 : 1	oleic 산	9-octadecenoic 산	$CH_3(CH_2)_7CH=CH(CH_2)_7COOH$	10.9 ~11.5	일반동식물유
18 : 2	linoleic 산	9,12-octadecadienoic 산	$CH_3(CH_2)_4CH=CHCH_2CH=CH(CH_2)_7COOH$	−5.2~−5.0	일반식물유
18 : 3	linolenic 산	9,12,15-octadecatrienoic 산	$CH_3(CH_2)CH=CHCH_2CH=CHCH_2CH=CH(CH_2)_7COOH$	−11.3~−10.0	아마인유 (건성유)
20 : 4	arachidonic 산	5,8,11,14-eicosatetraenoic 산	$CH_3(CH_2)_3(CH_2CH=CH)_4(CH_2)_3COOH$	−49.5	간유, 난황유, 어유
20 : 5	eicosapenta-enoic 산(EPA)	5,8,11,14,17-eicosapentaenoic 산	$CH_3(CH_2CH=CH)_5(CH_2)_3COOH$		어유
22 : 1	erucic 산				
22 : 5	claupanodonic 산	4,8,12,15,19-docosapentaenoic 산	$CH_3(CH_2CH=CHCH_2)_2=CH=CHCH_2(CH_2CH=CHCH_2)_2CH_2COOH$	−78	정어리유
22 : 6	docosahexaenoic 산(DHA)	4,7,10,13,16,19-docosahexaenoic 산	$CH_3(CH_2CH=CH)_6(CH_2)_2COOH$		어유
24 : 6	nisinic 산	4,8,12,15,18,21-tetracosahexaenoic 산	$CH_3CH_2(CH=CHCH_2)_4(CH_2CH=CHCH_2)_2CH_2COOH$		청어유

2. 식용유지의 종류

1) 버터 (butter)

우유를 원심분리하면 우유의 지방층, 즉 크림층이 따로 분리되는데 이것을 발효시켜서 얻은 것이 버터이다. 풍미가 좋고 영양가가 높은 식품으로 특히 그 소화속도는 식용유지 중에서 가장 빠르다. 버터의 조성은 일반적으로 지방 80% 이상, 수분 16% 내외, 무지유 고형분 1% 내외, 식염 2~3%이다.

버터의 종류로는 크림을 발효시켜 만든 발효버터(sour cream butter)와 발효를 시키지 않고 만든 무효소 버터(sweet cream butter)가 있다. 버터는 비타민 A의 좋은 급원이므로 다른 지방에 비하여 소화가 쉽고 풍미가 있어서 식품으로서 가치가 높다. 우유 중에 포함된 락토오스에 의하여 젖산(lactic acid)과 소량의 프로피온산(propionic acid), 아세트산(acetic acid) 등이 형성됨으로써 맛을 돕는다.

조 리

버터를 이용한 요리방법은 다양하나 그 중에서 수프나 그라탱(gratin) 요리에 버터를 첨가하면 풍미와 감칠맛이 증가된다. 볶음요리나 구이요리에 있어서 주의해야 할 사항은 산패율이 낮아서 저장성은 높지만 인체에 유해한 콜레스테롤 수치를 증가시키는 점이다.

2) 마가린 (margarine)

마가린은 천연버터와 유사한 인조버터이며 버터 대용으로 1869년 제조되었다. 소의 젖통 안에서 체지방이 유지로 전환하는 줄 믿었기 때문에 원료로써 소의 젖통과 우유 · 융점이 낮은 소기름을 사용해서 버터와 매우 흡사한 마가린을 만들었다. 유지 약 80%와 유제품 등 20%를 혼합 · 유화시켜서 만든 유중수적형의 유화액(emulsion)이다.

주성분의 대부분은 식용경화유이며 그 종류는 다양하지만 고래유(선유), 어유, 야자유의 경화유가 주이고 이것에 유지, 돈지 등의 정제동물지와 면실유, 대두유, 낙화생유 등의 정제식물류가 배합된다.

마가린의 영양가는 버터에 비할 만하고 소화흡수가 쉽도록 유화되어 있어 융점이 낮으며 거의 100%로 이용된다. 식염, 유화제, 보존료, 산화방지제, 향료, 착색료, 비타민 A 등의 급원으로도 좋다.

3) 돈지 (lard)

가정에서 식용유지로 가장 오래 전부터 사용된 것 중의 하나이며, 돼지의 지방조직을 잘게 다진 후 가열하여 녹여서 정제한 지방이므로 라드의 공급은 도살된 돼지의 수와 크기에 의존한다.

라드는 돼지의 지방조직에서 나온 기름인데 기름의 질은 콩팥 주변에 있는 것이 최상급이고, 다음은 등에서 나온 것이며, 장 주변의 것이 가장 질이 떨어진다.

다른 어떤 유지보다 shortening power가 커서 음식을 부드럽게 하는 힘이 크기 때문에 제과용으로 많이 이용한다. 패스트리를 만들 때 라드를 사용하면 보다 바삭거리고, 음식에 넣으면 다른 기름보다 음식을 한결 부드럽게 해준다.

4) 쇼트닝(shortening)

쇼트닝은 마가린이 발명된 10년 후 라드의 대용품으로 미국에서 발명되었다. 쇼트닝 제조는 동물성 지방처럼 융점이 높은 지방과 융점이 낮은 식물성유를 섞어서 만드는 경우가 있고, 다른 경우는 한 가지 또는 여러 가지 식물성유를 혼합하여 수소를 첨가함으로써 제조된다.

쇼트닝은 제과, 제빵에 주로 쓰이는데, 이 용도에 쓰여질 때 질소가스는 제품의 가소성을 강화하고 도우(dough) 중에 분산한 가스미립자를 바탕으로 발효과정 중 생성된 CO_2가 모이기 때문에 빵의 질이 좋고 제품의 외관을 좋게 하는 효과가 있다.

5) 식용유(oil)

식물 중의 지방함량이 많은 조직체에 고도의 압력을 가하여 기름을 짜낸 것을 정제하여 식용으로 한다. 원료로는 대두, 면실, 참깨, 들깨, 낙화생, 옥수수, 해바라기, 올리브, 평지씨, 코코야자 열매, 야자 등의 기름이 있다.

불포화지방산함량이 많은 건성식물유, 고도불포화지방산을 함유하는 수산동물유는 액상이나, 내열성이 없고 산화되기 쉬우므로 적당하지 않다.

6) 땅콩 버터 (peanut butter)

견과(Nut)로 만든 유일한 버터이다. 볶아서 blanching한 땅콩에 소금을 첨가하고 갈아서 만든 것이다. 기름이 분리되지 않게 하기 위하여 안정제를 첨가한다. 식탁용으로도 사용하고 제과에 많이 이용된다.

7) 대체유지 (fat replacers)

대체유지란 유지의 기능을 가지고 있으면서 칼로리를 대폭 낮춘 물질로서 주원료가 천연 유지류가 아닌 것이 특징이다. 제조방법에 따라 분류하면 먼저 난백 또는 우유 단백질에서 유래한 심플리스와 같은 제품이 있는데 미세분자로 만들어 아이스크림 등에 사용하나 열에 대한 불안정성 때문에 조리에는 이용되지 못하고 있다.

또한 가수분해한 옥수수 전분이나 폴리덱스트로스(Polydextrose)와 같이 탄수화물을 변형한 것들이 이미 제품화되어 있고, 식물성 유지 중의 장쇄지방산과 설탕의 에스테르화합물로서 장에서 흡수되지 않으며, 천연유지와 비교하여 하등 손색이 없는 기능성을 가진 올레스트라(Olestra) 등이 있다.

3. 동식물 재료에 따른 분류

1) 식물성 유지

(1) 면실유(cotton seed oil)

목화는 섬유용으로 재배하고 부산물로서 종실을 유지원료 및 단백사료로 이용한다. 면실유는 주요한 지방산인 리놀렌산(linolenic acid)이 변향의 원인이 되기 때문에 부분경화하여 양을 감소시켜 사용하기도 한다.

변향을 줄이고 산화안정을 높여 튀김유로 사용하는 등 오래 전부터 식용하여 왔으나, 생장저해물질인 고시폴(gossypol)을 함유하고 있어 정제하는데 주의해야 한다. 면실유는 주로 마가린, 쇼트닝의 재료로 사용된다.

(2) 옥수수유(corn germ oil)

옥수수유는 전분을 추출하고 난 배아를 분리하여 압착하고 용매로 추출한 것으로 정제하고 동유처리하여 왁스성분을 제거한 것이다. 옥수수유는 조리용, 샐러드용, 튀김유로 이용되며 마요네즈, 마가린, 쇼트닝의 재료로 사용되고 있다.

(3) 미강유(rice bran oil)

도정 중에 생산되는 부산물인 미강은 7~8%이며, 이 중 약 14~18%의 유지분이 함유되어 있으므로 여기에서 얻을 수 있는 미강유는 국내생산 식용유의 적극적인 자원개발이라는 점에서 상당한 가능성을 가지고 있는 것으로 사료된다.

또한 별도의 경지를 직접 이용하지 않고도 도작의 부산물로 얻어지는 미강유의 사용에 대한 인식이 날로 높아지고 있다. 다만 도정 후 미강자체에 내포된 효소에 의한 변패가 용이하며 다른 식물류에 비하여 왁스(wax), 검(gum)질, 인지질 등을 많이 함유하고 있어 합리적인 수집체계, 적절한 착유 및 정제기술의 개발이 시급하다.

(4) 참기름(sesame oil)

참깨는 우리나라를 비롯하여 중국, 인도, 아프리카, 남아메리카, 중앙아메리카, 멕시코 등지에서 재배된다. 참깨는 45~55%의 지방질이 함유되어 있고 단백질, 탄수화물, 비타민 A, B_1, B_2, C 등이 풍부하다. 참기름은 항산화성이 있는 토코페롤과 세사몰(sesamol)을 함유하고 있어 산화방지 역할과 향미를 부여하며 저장성이 좋은 반건성유이다.

(5) 대두유(soybean oil)

대두유는 세계에서 가장 많이 생산되고 있는 기름으로 대두는 미국, 브라질, 중국에서 재배되고 있으며 비타민 E가 100mg% 가량이나 들어 있어 미용과 노화방지의 효과를 지니고 있다. 또한 대두유에 함유되어 있는 불포화지방산은 동물성 지방의 과잉 섭취에서 오는 콜레스테롤을 씻어내는 역할을 하는 것으로 알려져 있다.

(6) 팜 유(palm oil)

팜(야자)은 아프리카, 말레이시아, 인도네시아, 나이지리아 등에서 주로 재배되며 팜유는 카로틴 함량이 0.02~0.20%로 진한 오렌지색, 적색을 띤다. 정제된 팜유는 산화안정성과 담백한 특유의 풍미 및 저렴성 등으로 인해 라면 튀김유로 우리나라에서 많이 사용되고 있다.

팜유와 코코넛유는 상온에서는 반고형상태이지만 입 속의 온도에서 녹으며 마가린, 제과 등의 재료로 사용된다. 팜유는 생산성과 경제성이 우수하며 앞으로도 그 증산이 가능하므로 대두유와 더불어 세계 2대 유지로서 이용이 기대된다.

2) 동물성 유지

(1) 우 지(beef tallow)

우지는 소의 배, 신장, 심장 등의 지방조직으로부터 얻어지는 연한 황색을 띠는 고체지방으로서 신선한 것은 냄새나 맛이 없다. 중요한 구성지방으로는 올레산, 팔미트산, 스테아르산이다.

우지는 융점이 45~50℃로 높기 때문에 식으면 백색의 고형이 되어 입에 엉키므로 더울 때 먹는 조리에 쓰인다. 한편 우지를 60~65℃의 물로 융출하여 정제한 것으로 특유의 풍미를 지닌 식용우지(edible beef fat)가 있는 반면에, 비누나 세척제의 재료로 이용되는 우지도 있다.

> *Guide*
> - **쇼트닝성**
>   쿠키나 파이 등을 무르고 부서지기 쉽게 하는 성질
> - **크리밍성**
>   고형유지가 교반에 의해 내부에 공기를 품는 성질

(2) 라 드(lard)

라드는 돼지의 복부, 콩팥 및 기타 다른 지방조직으로부터 얻어지는 백색의 고체지방이다. 라드의 융점은 30~50℃로 우지에 비해 낮아서 입에서의 촉감이 좋다. 라드는 쇼트닝성이 뛰어난 반면 크리밍성이 떨어지므로 다른 유지(버터, 마가린 등)와 함께 사용하여 크리밍성을 보완하여 제과용으로 쓰인다.

(3) 어 유(fish oil)

어유는 물고기에서 얻어지는 기름으로 EPA, DHA와 같은 고도 불포화지방산이 다량 함유되어 있으므로 자동산화가 대단히 용이하게 일어나기 때문에 직접 식용유지로 상용되지 못하고 수소를 첨가한 경화유로 만든 다음에 사용한다. 즉, 어유나 고래기름 등은 이용가치가 높은 마가린, 쇼트닝의 원료를 제조하는데 이용한다.

(4) 버 터(butter)

버터는 우유를 원심분리하여 얻은 크림을 살균하여 혼합세균배양으로 발효숙성시킨 다음 교반하여 만든 것으로 우유 중의 지방을 주성분으로 한 유제품이다.

버터의 특징적인 풍미는 디아세틸(diacetyl), 초산(acetic acid), 프로피온산(propionic acid) 등에 의한 것으로 특유한 맛이 좋아서 각종 조리에 쓰이고 있다. 특히 버터는 비타민 A의 좋은 급원으로서 소화속도는 식용유 중에서 가장 빠르고 소화율이 97%이다. 버터의 색소는 우유지방 카로틴(carotene)에 의한 것이며, 그 함량은 소의 품종이나 사료의 종류에 따라 다르다.

10-2 유지를 이용한 조리

유지류는 조리에 있어서 식품에 열을 전달하는 매체, 음식 맛의 증진제, 유화제, 밀가루 제품의 연화제 등 여러 가지 용도로 사용된다.

표 10-2 기름을 이용한 종류별 특징

분 류	특 징
튀 김	유지는 물보다 끓는점이 높아 고온에서 단시간 내에 조리하므로 영양과 수분의 손실이 적어 재료 고유의 맛을 살릴 수 있는 조리법이다. 기름에 튀긴 요리는 기름이 재료에 스며들어 부드러움을 더해 준다.
조리용	기름을 넣고 조리하면 재료 속에 기름이 스며들어 질긴 채소류의 섬유질을 연화시켜 부드럽게 먹을 수 있게 한다.
제 빵	빵을 만들 때 밀가루 반죽에 유지를 첨가하면 기름막이 생겨 글루텐 생성을 막아 부드럽게 해준다. 크로와상, 패스트리는 밀가루 반죽에 판쇼트닝을 넣고 접기를 반복하며 밀어 주면 켜가 생겨 부드러운 식감을 준다.
제 과	쿠키반죽 시 유지의 크리밍성을 이용해 쿠키의 기공을 만들어 주어 부드럽고 바삭한 맛을 내어 준다. 유지반죽으로 글루텐의 생성을 막아 바삭하게 만든다.

표 10-3 조리법별 주요 특징

구 분	볶 기 (Saute)	부치기 (Pan-fry)	튀기기 (Deep-fat fry)
온 도	발연점까지 가열액 240℃	팬에 희미한 아지랑이	165~180℃
매개체	식용유	식용유, 버터	식용유, 쇼트닝
목 적	• 빠른 조리 • 육류 : 색, 육즙 • 채소 : 색, 영양소 • 그 외 : 수분증발 맛과 풍미	• 밀가루/빵가루 의 부드러운 질감, 색상, 형태 유지	• 빠른 조리 • 수분증발 & 유지향미 • 아삭아삭함 • 튀김옷(有)-수분보호 • 튀김옷(無)-탈수현상
기름량 음식크기	• 소 량 • 작은 크기	• 소량(음식 잠길 정도) • 1인 분량	• 깊이 잠길 정도 • 작은 크기
식재료 대표메뉴	육류, 해산물, 야채 예) 찹스테이크	육류, 해산물, 야채 예) 돈까스	육류, 해산물, 야채 예) 탕수육

1. 기름을 매개체로 한 조리법의 종류와 특징

기름은 음식을 튀기거나 볶거나 하는 데 이용되며 가열하면 할수록 온도가 상승되므로 삶거나 찌는 법에 의해서 조리된 음식과는 다른 풍미와 질감을 줄 수 있다. 일반적으로 철판에 기름을 치고 볶거나 지지는 것을 양식조리법에서 sauteing, pan frying이라고 하며, 많은 기름 속에서 튀겨내는 것을 튀김(deep-fat frying)이라고 한다.

때로 sauteing은 pan frying보다 기름을 적게 사용하게 된다. 튀김을 할 때는 식품이 유지에 잠겨야 하며 튀김 온도가 보통 177~205℃이므로 다른 어떤 조리 매체를 사용할 때보다 조리시간이 단축된다.

2. 한식 · 양식에서의 기본 조리법

1) 튀기기

다량의 기름을 열의 매체로 해서 식품을 가열한다. 이용온도 범위는 120~200℃로 높다. 식품에 열을 투과시키고 특유한 향기와 맛, 색을 낸다. 즉, 기름에 고온 가열함으로써 탈수, 흡유 등에 의해서 독특한 맛을 내며, 영양가의 손실도 적다. 가열 중에는 조미를 할 수 없기 때문에 미리 조미액에 담그거나 식탁에서 조미액과 섞는다.

(1) 튀김용 기름

튀김기름은 몇 번씩 또는 몇 시간씩 사용되는 것이기 때문에 기름의 열화가 문제시 된다. 기름은 가열함으로써 재료로부터 유출된 성분, 공기와의 접촉, 일광 등에 의해 열화해서 지질 과산화물 수치와 산가가 높아지고 점도가 증가해서 작은 거품이 생기며 색깔도 진해진다.

튀김재료의 투입량은 기름온도가 너무 내려가지 않게 표면을 덮을 정도가 좋다. 공기와의 접촉면적을 작게 하는 것이 열화를 방지할 수 있는 방법이다.

(2) 가열온도 및 시간

한 번에 다량의 재료를 기름에 투입하면 온도가 내려가서 저온에서 튀기는 것이 되므로 좋지 않다. 튀김온도는 통상 180℃ 부근이다. 하지만 튀겨지는 재료의 크기 및 목적에 따라 기름의 온도를 설정해서 최종적으로는 바싹 튀겨지도록 180℃ 부근에서 꺼내도록 한다. 고구마류나 두께가 있는 육류 등은 중심부까지 화기가 통하도록 약간 저온에서 시간을 두고 튀겨낸다.

튀김을 할 때는 온도의 심한 변화를 막기 위하여 두꺼운 금속으로 된 직경이 좁은 팬을 사용하는 것이 좋다. 두꺼운 금속으로 된 용기에 많은 양의 기름을 넣고 일정한 온도에 도달된 기름에 음식을 넣으면 기름온도의 변화는 적다. 튀김 온도는 172~185℃ 정도가 좋다. 조리하지 않을 때는 기름을 93℃ 정도에 맞추어 놓았다가 조리할 때 온도를 높인다.

기름에 비하여 식품의 양을 한꺼번에 많이 넣지 않도록 주의해야 한다. 이유는 기름의 비열(0.5kcal/kg℃)이 낮아 차가운 재료가 많이 들어갈 때 온도가 급속히 내려가서 식품에 기름이 많이 흡수되기 때문이다.

(3) 튀김기름의 감소 원인

기름의 일부는 식품재료에 흡수되고, 가열하는 동안 기름이 분해되어 휘발성 물질을 생성하기 때문이다. 그리고 수분이 증발할 때 비산한다.

(4) 기름의 흡수

튀김음식에서 기호성을 지배하는 중요한 요소는 흡유량이다. 적당한 한도 내에서 기름을 적게 흡수하는 것이 좋다. 흡유량이 많으면 입안에서의 느낌이나 맛이 나빠지며 소화속도가 느려진다.

(5) 기름흡수에 영향을 주는 조건

① **기름의 온도와 가열시간** : 낮은 온도에서 튀기는 경우에 적당한 갈색이 되도록 하기 위해서 더 긴 시간이 걸리기 때문이다. 튀김시간이 길어질수록 흡유량이 많아지는 것이 보통이다.

② **식품재료의 표면적** : 튀기는 식품의 표면적이 크면 클수록 흡유량이 증가한다.

③ **재료의 성분과 성질** : 기름흡수가 증가되는 것은 재료 중에 당과 지방의 함량이 많을 때, 레시틴의 함량이 많을 때, 수분함량이 많을 때이다. 달걀 노른자에는 인지질이 함유되어 있어서 재료에 달걀을 넣게 되면 흡유량을 증가시킨다. 그러나 글루텐이 많은 경우에는 흡유량이 감소된다. 즉, 박력분을 사용하는 경우에는 강력분을 사용하는 경우보다 흡유량이 더 많은데 이는 반죽 시 형성되는 글루텐이 흡유량을 감소시키기 때문이다.

(6) 튀김음식을 할 때 주의점

① 한꺼번에 너무 많은 식품을 넣지 않는다. 온도의 상승이 늦어서 흡유량이 늘어난다.

② 수분이 많은 식품은 미리 어느 정도의 수분을 제거시킨다.

③ Frying basket을 사용하는 것이 이물질을 쉽게 제거할 수 있다.

④ 튀긴 후에 과도하게 흡수된 기름을 제거하기 위하여 반드시 기름종이를 사용하도록 한다.

⑤ 가열 기름에 식재료를 넣으면 식재료의 표면에서 수분 증발이 되며 기름이 흡수된다.

⑥ 가열온도가 높아서 식재료의 내외부 온도차가 크다. 재료의 크기를 작게 하도록 한다.

⑦ 가열 중에 조미가 불가능하므로 먼저 밑간을 해서 튀기거나 식탁에서 버무려 먹는다.

표 10-4 몇 가지 음식의 최적온도와 시간

조리의 종류	온 도(℃)	시 간(분)
어패류의 튀김(튀김옷 입힌 것)	180~190	1~2
고구마		
감자(튀김옷 입힌 것)	160~180	3
연근	180	2~3
굴튀김(빵가루를 씌운 것)	180	3~4
가쓰레쓰(빵가루를 씌운 것)	180	7~8
닭튀김(마른 밀가루를 씌운 것)	190~299	1~1.5
크로켓	180	3
도 넛	130~140	8~10
포테이토 칩	140~150(첫 번째)	5~10
생선튀김(마른 밀가루를 입혀 튀긴 것)	180(두 번째)	30초

2) 볶 기

볶음은 유지와 철판의 고열을 식품에 전달하는 방법으로 고온의 냄비나 철판에 소량의 기름을 열의 매체로 하여 식품을 교반하면서 가열하는 조리법이며 튀김과 구이의 중간형태 조리법이다.

기름으로 인해 식품이 냄비에 눌어붙지 않으며 기름의 풍미가 식품에 부가된다. 매우 단시간에 조리함으로써 영양손실이 적고 조리하면서 조미할 수 있으나 조미료의 침투는 적다.

(1) 볶는 방법

유지는 식물성을 비롯하여 버터 · 라드(lard) 등을 사용한다. 사용량은 재료에 따라 다르나, 채소 · 육류 · 난류는 3~5%, 밥은 10% 정도가 적당하고, 재료의 크기나 가열시간에 따라 달라진다.

수분이 많은 것은 유량을 적게, 기름 흡수가 잘 되는 것은 많게 조절한다. 가열할 때 수분이 많은 경우 특히 강한 불로 단시간에 볶아야 한다.

냄비는 열용량이 큰 두꺼운 것이 좋으며, 형태는 교반하기 쉬운 중화냄비가 적합하다. 냄비에 비해 식품의 양이 많으면 각반이 잘 되지 않아 균일하게 가열되지 않으므로 주의해야 한다. 대체로 고온처리가 많아 가열시간이 짧으므로 재료의 색이 아름답게 유지되고, 향기가 생기게 된다.

(2) 볶음에 의한 영양소 변화

고온에 의한 단시간 처리이기 때문에 비타민류의 손실이 적으며 오히려 기능을 돕는 역할을 한다. 비타민 B_1 및 비타민 C는 80% 전후로 잔존한다.

3) 순간 볶음(sauteing)

프라이팬에 소량의 기름을 넣고 160~240℃에서 살짝 볶아내는 방법이다. Pan frying이나 shallow frying이라고도 부른다. 잘게 썬 고기류나 야채 등은 팬을 자주 돌리면서 조리해야 하며, 스테이크나 커틀릿 생선 등은 팬을 흔들지 않고 색깔이 날 수 있도록 조리해야 한다.

3. 중식에서의 기본 조리법

1) 좌 채

재료를 기름으로 볶아서 소량의 탕과 조미료를 넣어 조린다. 대부분이 탕에 녹말로 농도를 붙인 것이 많다. 질이 연한 것, 즉 생선살 같은 것은 칭좌오에는 부적당한 재료이다. 좌채의 종류에는 칭좌 · 간좌 · 징좌 등이 있다.

2) 젠 채

기름에 볶거나 지진 물기 없는 요리를 말한다. 그 중에는 좌채나 꺼채와 수법이 비슷한 것이 많다.

전채의 종류로는 볶음요리, 지짐요리, 윤이 나게 구운 요리 등이 있다. 볶음요리는 소량의 기름으로 볶아서 조미한 것이다. 칭좌와 다른 점은 탕을 넣지 않는 것과 녹말로 농도를 붙이지 않는 점이다. 그리고 지짐요리는 소량의 기름에 지져내는 요리로 서양 요리의 sauteing과 같다.

3) 짜 채

튀김요리인 짜채도 기름을 많이 사용한다는 점에서 좌채나 젠채와 같이 중국의 대표적 요리이다. 이 요리는 기후 관계상 화열을 잘 이용하는 화북지방에서 더 발달되어 있다.

짜채의 종류에는 칭짜 · 간짜 · 가오리 등이 있으며, 칭짜는 녹말을 씌우지 않고 그대로 튀겨내는 것이다. 고기 · 생선완자나 재료 특유의 향을 낼 때 이 방법을 쓴다.

간짜는 녹말을 묻혀 튀기는 방법으로 마른 녹말 가루를 사용한다. 가오리는 거품을 이룬 난백에 가루를 섞은 것을 씌워서 튀긴 것이다. 가오리는 희고 깨끗한 것이므로 기름을 새것으로 하고 비교적 낮은 온도에서 튀겨야 한다.

4. 일식에서의 기본 조리법

아게모노

재료를 그냥 또는 튀김옷을 입혀서 고온의 기름 속에 익히는 조리법으로 기름의 풍미가 현대인의 미상에 잘 어울린다. 일반적으로 그냥 튀김(스아게), 가루튀김(가라아게), 고로모아게(덴뿌라), 변화튀김(가와리아게) 등으로 분류된다.

스아게는 재료에 함유된 수분을 어느 정도 제거하고 그대로 튀기는 방법으로 수분이 적고 너무 부드럽지 않은 재료에 적합하다. 가라아게는 밀가루, 전분, 갈분 등을 재료의 표면에 입혀서 튀겨낸다.

덴뿌라는 바삭바삭하게 튀긴 튀김옷과 속의 재료와의 조화가 중요하다. 진한 덴뿌라 맛국물, 맛소금, 레몬 등의 즙과 함께 먹는다. 가와리아게는 재료와 튀김방법은 덴뿌라에 준하지만 튀김옷 그 자체를 살리기 위해서 색이 나지 않도록 조금 저온에서 튀김하는 경우가 많다.

10-3 가열에 의한 변화

1) 발연점(열분해 온도)과 조리

① 기름을 끓는점 이상으로 계속 가열할 때 푸른 연기를 내기 시작하는 온도를 발연점이라고 한다. 이때 지방산과 글리세롤로 분해되고, 글리세롤이 탈수되어 자극성 냄새를 가진 아크롤레인(acrolein)으로 변한다.

② 발연점이 높은 기름은 튀김 음식의 맛을 좋게 하고 기름의 흡수량도 적어 튀김용으로 적당하다(면실유).
③ 튀김기름의 온도가 140℃ 이하가 되면 재료에 기름이 배어 맛이 없어지고, 고온으로 장시간 가열하면 점도가 높아지고 갈변하며 해로운 물질이 생긴다.
④ 사용했던 기름은 발연점이 저하되므로 식힌 후 걸러서 재사용한다.

표 10-5 유지의 발연점, 인화점 및 발화점

	발 연 점	인 화 점	발 화 점
옥수수유	227	326	359
대 두 유	256	326	356
올리브유	199	321	361
참 기 름	178	–	–
돼지기름	190	215	242
버 터	208	–	–

POINT

발연점에 영향을 주는 요소

- 유리지방산의 함량
- 기름의 표면적
- 불순물의 존재
- 사용횟수

2) 유 화(emulsification)

서로 혼합될 수 없는 2가지의 액체(물, 기름)가 서로 혼합되어 있는 상태를 말한다. 유화제는 한 분자 내에 친수성과 친유성 부분을 함께 가지고 유화액의 형성에 도움을 준다. 예를 들면 난황의 인지질(레시틴), 다이글리세라이드(diglyceride), 모노글리세라이드(monoglyceride) 등이 있다.

3) 연 화(shortening)

밀가루 반죽에 라드나 쇼트닝을 넣으면 지방이 글루텐 표면을 둘러싸서 글루텐이 길고 복잡하게 연결되는 것을 방해하여 음식이 부드럽고 연해지는데 이를 연화(쇼트닝화)라고 한다. 그 예로 파이에 생기는 켜도 쇼트닝 작용에 의한 것이다.

4) 산 패(rancidity)

유지나 유지함량이 많은 식품을 오래 저장하거나 가열을 반복하면 공기 중의 산소, 일광, 미생물, 효소, 온도, 금속이온 등의 영향에 의해 불쾌한 취기를 내며 맛이 나빠진다. 이렇게 된 유지의 열화현상을 일반적으로 유지의 산패라고 한다.

POINT

- **산패촉진물질** : 공기 중의 효소, 자외선, 수분, 금속(구리 · 니켈 · 철), 그 외 세균이나 열
- **산패를 막으려면** : 공기와의 접촉을 막고, 냉암소에 저장하되, 일단 사용한 기름은 새 기름과 섞지 말아야 한다.

표 10-6 유지의 이화학적 변화

변화요인	변 화 개 요	영향을 미치는 인자	변 화 방 지 법
열	공기 존재하에 자동산화 및 열산화를 촉진한다. 물의 존재하에 가수분해를 촉진한다. 250℃ 이상 고온에서는 열중합 · 열분해를 일으킨다.	자동산화속도는 10℃의 온도 상승으로 약 2배가 된다. 열중압 · 열분해는 주로 온도에 의존하는 바 300℃ 전후 온도에서 격렬하게 일어난다.	저온으로 보존, 프라이 장치 전열 면의 과열방지
빛	광산화가 일어난다.	자외선의 영향이 가장 크다. 500nm 이하의 가시광선 영향도 무시하지 못한다.	금속깡통, 알루미늄박, 골판지, 불투명 필름 등을 사용한다.
산 소 (공기)	자동산화 및 열산화가 일어난다.	산소농도 1~2% 이하에서는 산화속도의 저하가 크다.	산소농도의 저하 공기 접촉면적을 작게 한다.
물	가수분해를 일으킨다.	리파아제, 산성물질, 유화성물질에 의해 촉진된다. 생성되는 유리지방산에 의해 자체 촉매작용을 한다.	저온 보존 시클로프로펜산 등의 가수분해 방지제 사용
효 소	산화 및 가수분해를 일으킨다.	리폭시게나제 작용의 최적조건은 온도 25~30℃, pH 6.5~6.8이다. 리파제(췌장)의 경우는 온도 25~35℃, pH 7~8이다.	가열에 의해 효소를 실활(失活)시킨다.
전이금속 및 heme 화합물	자동산화를 촉진한다.	철은 1ppm, 구리는 0.1 ppm의 존재로서 산화에 영향을 준다. Heme 화합물은 변성으로 영향력을 증대한다.	구연산, 인산, 아미노산 등 금속 킬레이트제의 사용

Chapter 11

육류의 조리

11-1 쇠고기

쇠고기는 세계적으로 상당히 오래 전부터 먹어 왔다. 기원전 3000~2000년의 이집트에서 쇠고기를 먹는 모습이 피라미드의 벽화에 남아 있다. 종류로 흑모종, 갈모종, 무각종 등이 있다.

최근 쇠고기의 수입이 늘고 있는데 주된 수입처는 미국, 오스트레일리아, 뉴질랜드로 소의 종류는 소트혼, 헬레포드, 샤롤레이 등의 육용종이 이용된다.

쇠고기는 부위별로 독특한 맛을 내어 미각을 돋우고 영양가도 높다. 한방에서는 비위를 보하고 기혈을 도우며 근골을 튼튼하게 하고 성장에 필요한 아미노산이 고루 함유된 좋은 식품으로 꼽고 있다.

쇠고기는 빨갛고 윤택이 나며 얄팍하게 썰었을 때 손으로 찢기 쉬운 것이 좋은 고기이다. 또 수분을 충분히 함유하고 있어야 한다. 고기를 손가락으로 눌러 보았을 때 탄력이 있으면 신선한 것이다.

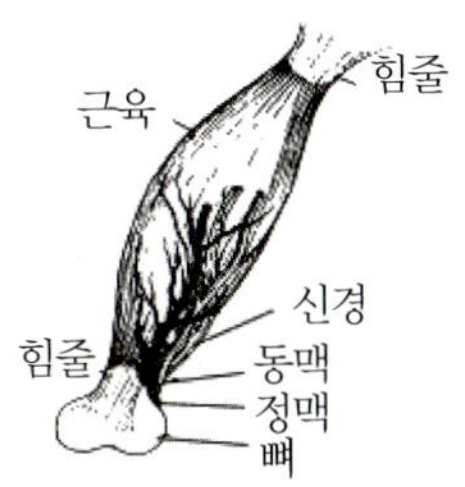

골격근의 모식도

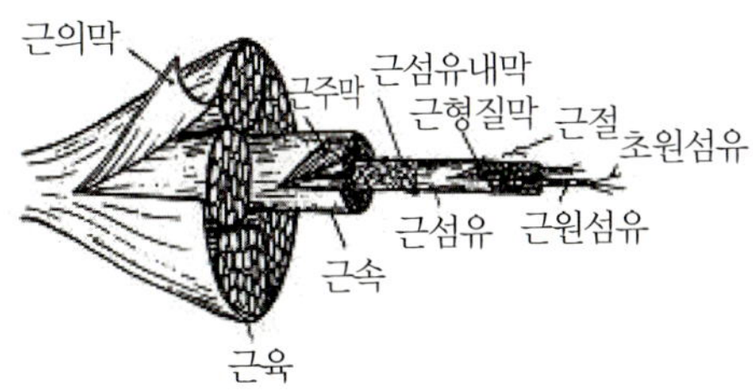

근육구조의 모식도

그림 11-1 골격근과 근육구조의 모식도

쇠고기의 부위는 쇠머리, 장정육, 안심, 등심, 채끝살, 갈비, 우둔살, 홍두깨살, 쇠꼬리, 쇠족, 도가니, 업진육, 사태육, 양지육 등으로 나눌 수 있다.

쇠고기를 주재료로 한 조리법으로는 편육, 탕, 조림, 구이, 산적, 전골, 찜, 육회, 족편 등이 있다. 이때 선택되는 쇠고기의 부위는 매우 다양하며, 조리할 때 주의해야 음식의 맛을 살릴 수 있다.

POINT

사후경직(rigor mortis)

동물이 도살되면 혈액순환이 정지되어 산소공급이 중단되므로 혐기적 과정만 진행되어 근육조직에 젖산이 축적되어 pH 7.0~7.2에서 pH 5.5로 저하된다. 액틴과 미오신 간의 가역적 반응에 필수적인 ATP가 고갈되면서 비가역적인 액토미오신(actomyosin) 결합이 형성되어 유연성과 신축성을 잃고 굳고 뻣뻣해지는 현상을 사후경직이라 한다.

쇠고기 사후경직의 시작과 최대경직시기는 12~24시간이며, 그 후 48시간까지 경직이 지속되며 닭고기의 사후경직의 시작과 최대경직 시간은 6~12시간이다.

숙 성(ripening, aging)

경직되었던 근육 내의 단백질 분해효소 작용에 의해 자기소화가 일어나 연해지는 동시에 수분이 많고 독특한 향기와 냄새를 풍기게 된다. 이 변화를 육류의 숙성이라 한다. 저온에서 세균의 번식을 억제하면서 숙성시키는 것이 바람직하다.

온도에 따른 쇠고기의 숙성기간은 도축 후 0~4℃의 냉장상태에서 4~7일간이다. 육류를 보관할 때는 진공팩 또는 랩으로 충분히 밀착포장하여 공기와의 접촉을 피하는 것이 중요하다.

카텝신(cathepsin)

동물이 죽었을 때 pH가 산성으로 기울어지면서 활성화되어 자기소화를 일으키는데 관여하는 단백질 분해효소(protease)의 한 종류이다.

어원은 '소화'라는 뜻의 그리스어로 1929년 R. 벌스테터에 의해 명명되었다. 카텝신 A · B · C 등 몇 가지 효소로 나뉘는데 카텝신 A는 펩신과, 카텝신 B는 트립신과, 카텝신 C는 키모트립신과 비슷하다.

표 11-1 육질 등급

등급	지방교잡	고기의 색과 광택	고기의 수축 · 결	지방의 광택과 질
1	지방교잡이 상당히 많다.	육색 및 광택이 상당히 좋다.	수축과 결이 상당히 촘촘하다.	지방의 색, 광택 및 질이 상당히 좋다.
2	지방교잡이 약간 많다.	육색 및 광택이 약간 좋다.	수축이 약간 좋고, 결이 약간 촘촘하다.	지방의 색, 광택 및 질이 약간 좋다.
3	지방교잡이 표준	육색 및 광택이 표준	수축 및 결이 표준	지방의 색, 광택 및 질이 표준
4	지방교잡이 약간 적다.	육색 및 광택이 표준에 준한다.	수축 및 결이 표준에 준한다.	지방의색, 광택 밀 질이 표준에 준한다.
5	지방교잡이 적다.	육색 및 광택이 떨어진다.	수축이 떨어지고, 결이 거칠다.	지방의 색 광택 및 질이 떨어진다.

※ 한우의 등급은 최상품 1++ 등급부터 1+, 1, 2, 3 등급의 5단계로 분류한다.

그림 11-2 쇠고기 부위별 명칭

1. 국내산과 한우의 차이점

'국내산' 이라 함은 원산지를 말하는 것이고, '한우' 는 품종을 말하는 것이므로 구분 개념 자체가 다르다. 한우는 우리나라 고유 품종의 토종 소로서 당연히 국내산이지만, 국내산에는 외국 품종의 육우고기나 젖소고기도 포함된다.

육우고기나 젖소고기는 모두 외국 품종이며, 우리나라에서 태어나 기른 것뿐만 아니라 외국에서 살아있는 채로 들여와 6개월 이상 기른 것도 모두 국내산으로 구분하며 수출국을 함께 표시한다.

도축된 소에 대해 검사관은 검사합격표시를 하게 되는데 쇠고기의 종류에 따라 한우는 적색, 육우는 녹색, 젖소는 청색으로 색깔을 달리한다.

1) 구 분

(1) 원산지별 구분

① **국내산 쇠고기** : 한우고기, 젖소고기, 육우고기(검역계류장 도착일로부터 6개월 이상 국내에서 사육된 수입생우에서 생산된 고기 포함)

② **수입산 쇠고기** : 검역계류장 도착일로부터 6개월 미만 국내에서 사육된 수입생우

(2) 품종별 구분

① **한우고기** : 순수한 한우에서 생산된 고기
② **육우고기** : 육용종, 교잡종, 젖소수소 및 송아지를 낳은 경험이 없는 젖소암소에서 생산된 고기
③ **젖소고기** : 송아지를 낳은 경험이 있는 젖소암소에서 생산된 고기

> POINT
>
> 감별법
>
> ① 쇠고기의 빛깔은 윤기가 나는 선홍색이 좋다.
> ② 색이 옅으면 어린 소의 고기로 맛이 떨어지고 반대로 진하면 늙은 소이거나 운동할 때 쓰는 근육 부위이므로 고기가 단단하다.
> ③ 잘 먹고 자란 적당한 나이의 소라면 고기의 결이 섬세하고 연하며, 사태처럼 운동할 때 쓰는 부위나 늙은 소의 고기는 결이 거칠고 또한 질기다.
> ④ 지방은 색이 우유빛이며 끈기가 있고, 소 특유의 향기가 나는 것이 좋다. 이러한 지방을 배합사료를 적당히 먹고 잘 자란 소에게서 얻을 수 있으며 지방이 누런 빛을 띤 것은 목초만을 먹고 자란 소일 경우가 많고 풀 냄새가 나서 맛이 없다. 그러나 어느 경우든지 각각 부위에 따라 조리법을 택하는 것이 중요하다고 할 수 있다.

2. 한우의 등급 분류

좋은 고기를 먹으려는 소비자들에게 보다 좋은 한우를 보급하고, 소비자들은 안심하고 고를 수 있도록 한우의 이력과 등급을 기록하여 소비자들에게 정보를 제공하고 있다.

한우의 등급은 육질등급과 육량등급으로 나누어지는데, 보통 우리가 한우 등급을 말할 때에 사용하는 등급은 육질 등급을 말한다.

1) 육질등급

육질등급은 16단계의 등급으로 분류되는데, A · B · C 등급과 등외 등급인 D 등급이 있다. 한우 등급의 분류 내용을 정리해보면 다음과 같다.

① A 등급 : 1++A, 1+A, 1A, 2A, 3A
② B 등급 : 1++B, 1+B, 1B, 2B, 3B
③ C 등급 : 1++C, 1+C, 1C, 2C, 3C
④ D 등급 (등외 등급)

주의할 것은 3A라는 고기등급이 A 등급 중 제일 낮은 등급이라는 점이다.

얼핏 생각하기를 3A가 A 등급 중 제일 높은 것으로 착각을 할 수 있는데, 1++A가 가장 높은 등급이다.

특히 한우에는 쇠고기(한우) 이력제라는 제도가 시행되고 있는데, 이 한우 이력제를 잘 이용하면 질 좋은 한우를 쉽게 구별할 수가 있다. 이는 한우의 원산지, 그 소의 사육자, 소의 종류, 소의 등급 등이 기록되어 있어서 소비자들이 수입 쇠고기와 쉽게 구별할 수 있고 좋은 육질의 고기를 고를 수 있도록 도와준다.

그 뿐만 아니라 판매 중인 고기에 이상이 생기면 이력을 추적하여 문제점을 해결할 수 있고 회수, 폐기까지 할 수 있도록 제도화하여 소비자들이 안심하고 한우를 사서 먹을 수 있도록 하는 제도이다. 이 쇠고기 이력은 쇠고기에 부착되어 있는 개체 식별 번호를 입력하면 위의 모든 내용이 상세하게 제공된다.

1) 육량등급

그 다음 육량등급이라는 것이 있다. 이 육량등급은 쇠고기의 질과는 상관없는 고기량을 판정하는 방법으로, 고기의 지방과 일정 범위의 넓이 안에 들어 있는 도체량 등을 산정하여 판정하므로 조금은 어려운 과정을 필요로 하는 등급산정이다.

육량등급은 육질등급과는 다르게 A · B · C 세 등급으로 구분된다.

① A 등급은 육량지수가 67.5이상이며

② B 등급은 육량지수가 62.0~67.5

③ C 등급은 육량지수가 62.5이하를 말한다.

3. 한우의 부위별 특징

1) 안심 (Tenderloin)

소의 중심부인 안심은 가장 부드러운 속살이어서 쇠고기 맛의 정수요, 으뜸이다.

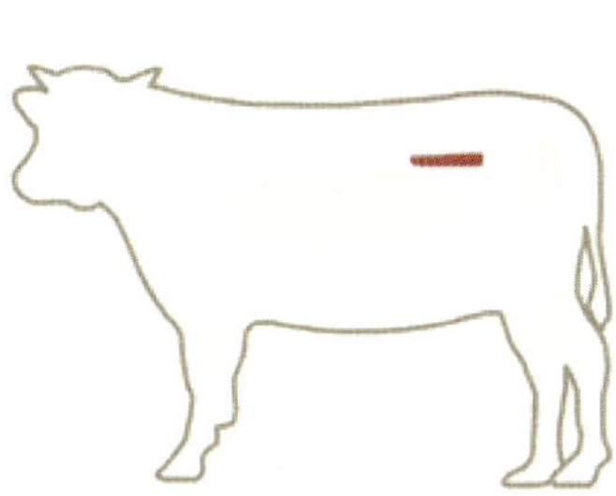

그림 11-3 안심

① 부위 위치 : 채끝 밑 허리등뼈 끝자락의 안쪽 부분

② 마리당 생산량 : 5.8kg

③ 주요 특징

- 색이 진홍색을 띠며 결이 곱다.
- 한우 부위 중 가장 부드럽다.
- 지방이 없어 오래 굽거나 삶으면 질겨진다.
- 지방량 : 6.5%

④ 요리 : 구이, 스테이크, 장조림

2) 등심 (Ribeye roll)

한의학에서 쇠고기는 혈액의 성분들을 걸러주는 비장(脾臟, 지라)과 음식물을 소화하는 위장(胃臟)을 보양하고, 기(氣)와 혈(血)을 보하며, 근육과 뼈대를 강하게 한다고 한다. 어느 부위도 따라올 수 없는 독특한 육즙 맛을 자랑하는 등심은 소의 등줄기를 따라 윗등심, 꽃등심, 아랫등심으로 나뉜다. 그 중 꽃등심은 육즙이 가장 진할 뿐만 아니라 맛이 달고도 고소하여 단연 쇠고기의 으뜸 부위로 꼽는다.

등심은 육질도 곱고 연하며, 향과 더불어 붉은 살코기 속에 몸에 좋은 지방이 적당이 고르게 박혀 있어 맛 또한 최고다. 마치 서리가 내려 앉은 것처럼 아름답게 분포되어 있는 마블링은 등심만의 향기로운 맛을 더한다.

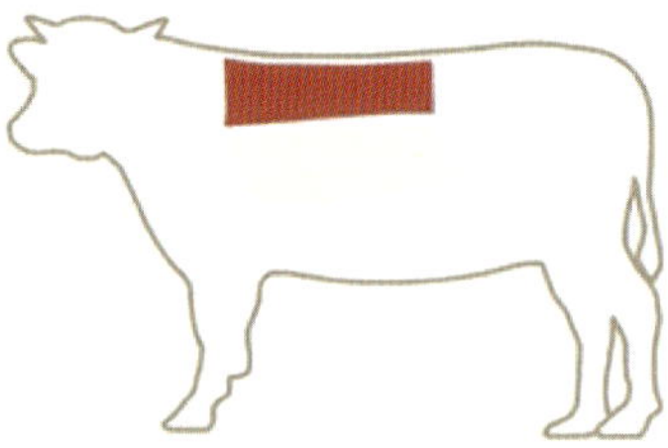

그림 11-4 등심

① **부위 위치** : 소 등의 가운데 부분
② **마리당 생산량** : 28kg(등심), 6.5kg(꽃등심)
③ **주요 특징**
- 선홍색을 띠며 육질이 연하다.
- 육즙이 진하면서도 양이 많다.
- 근육 사이에 지방이 많아 풍미가 좋다.
- 지방량 : 11%

④ **요리** : 구이, 스테이크, 샤브샤브

3) 살치살 (Chuk flap)

사전에는 '등심살로 분류되는 부위로서 등심에서도 최상급인 꽃등심을 얻기 위해 분리한 살코기'라고 되어 있다. 살치의 '치'는 '키'의 방언으로, 곡식을 까불러서 검불을 날려 보내는 키처럼 생겼다 하여 이름 붙여졌다. 살치살은, 몰라서 그렇지 살짝 구워 먹으면 입안에 들어가는 순간 살살 녹는 고소한 맛이 그만이다.

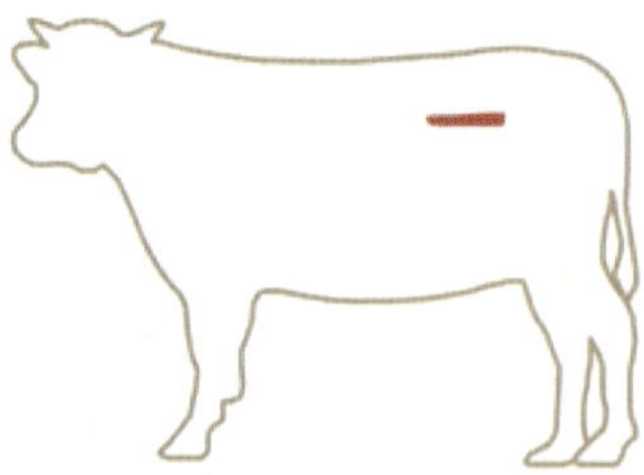

그림 11-5 살치살

① **부위 위치** : 한우 어깨쪽, 윗등심 앞부분
② **마리당 생산량** : 5kg
③ **주요 특징**
- 마블링이 좋아 보기에도 좋다.
- 숙성이 완료되면 입에서 살살 녹는 듯 식감이 좋다.

④ **요리** : 구이

4) 채끝살 (Striplion)

소를 몰 때 휘두른 채찍의 끝이 몸에 닿는 부분이라 해서 붙여진 이름이다. 채끝은 살아 있을 때부터 수없이 채찍을 맞아 온 부위이니 저절로 연해졌을 것이다. 한우 부위 중 입에 고이는 단맛이 으뜸인 부위가 바로 이 채끝이다. 육류를 주식으로 하는 미국, 영국 등 외국에서는 비프스테이크의 대명사격으로 이 부위를 최고로 친다.

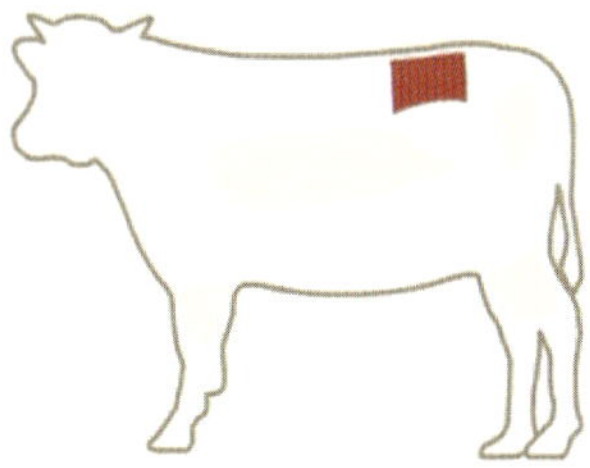

그림 11-6 채끝살

① **부위 위치** : 한우 허리 끝부분
② **마리당 생산량** : 8.2kg
③ **주요 특징**
- 구울 때 좋은 향기가 난다.
- 단맛이 많이 나는 부위다.
- 적당한 마블링으로 결이 곱고 부드럽다.

④ **요리** : 구이, 스테이크, 산적

5) 목심 (Neck meat)

우리나라는 쇠고기를 귀하게 먹는 민족답게 요리도 다양하게 발달시켜 왔다. 특히 국물을 좋아하여 손님을 대접할 때는 결코 국이 빠지지 않는데 우리 음식문화에서 최고의 국거리 재료는 역시 쇠고기였다.

소를 귀중하게 여겼던 만큼이나 쇠고기가 들어간 음식을 통해 보은과 감사의 마음을 담아 냈던 것이다. 산모의 미역국에도 당연히 쇠고기가 들어가고, 제사상에 오르는 탕은 반드시 쇠고기로 만든다.

충분한 시간을 두고 천천히 삶아서 맛을 내는 탕 요리와 국거리감, 불고기감으로 가장 좋은 부위가 바로 목심이다. 움직임이 많은 부위여서 다소 결이 거칠지만 쇠고기 특유의 맛을 내는 성분이 다른 부위보다 많기 때문이다.

그림 11-7 목심

① **부위 위치** : 한우 목덜미 위쪽 부분
② **마리당 생산량** : 12.6kg
③ **주요 특징**
- 색이 진하며 씹는 맛이 강하다.
- 삶아서 맛을 내는 요리에 적합하다.
- 요리 전에 물에 담가 핏물을 빼주는 것이 좋다.

④ **요리** : 탕, 국거리, 불고기, 전골

6) 꾸리살 (Chuck tender)

"기름기가 없는 연한 황육(黃肉)의 살을 얇게 저며 물에 담가 핏기를 빼고 가늘게 채썬다. 파와 마늘을 고루 다져서 후추가루, 깨, 소금, 굴을 섞어 고기와 잘 주물러 재고, 잣가루를 많이 섞는다." 우리 전통요리 자료인 〈시의전서(是議全書)〉에 나와 있는 육회 요리법이다.

꾸리살이야말로 이런 육회감으로는 최고의 부위이다. 둥글게 감아 놓은 실꾸리처럼 생겼다 하여 이름 붙여진 꾸리살은 가운데 질긴 힘줄을 제거하고 육회로 즐기면 금방 쳐낸 인절미 같은 질감과 살아 숨쉬는 육향을 맛 볼 수 있다.

그림 11-8 꾸리살

① 부위 위치 : 앞다리 겨드랑이 쪽
② 마리당 생산량 : 3kg
③ 주요 특징
- 맛을 내는 성분이 풍부하다.
- 육질은 부드러운 듯 약간 쫄깃하다.
- 지방이 적고 힘줄이 많아 결이 거칠다.

④ 요리 : 육회, 불고기, 국거리

7) 부채살(Flat iron)

부채살은 옛날 임금님의 좌우로 시녀들이 들고 서 있던 깃털부채처럼 생겼다 하여 붙여진 이름이다. 고깃점 하나하나가 다 부채살 같은데 그것을 접시에 담는 모양마저 부채처럼 펼쳐놓으면 처음 먹어보는 사람도 대뜸 '아, 이래서 부채살이구나!' 할 것이다.

양념없이 살짝 굽기만 해도 은은한 고기향이 꽃향기처럼 입안에 퍼진다. 특히 부채의 살처럼 뻗어나간 힘줄은 약간 질긴 듯 하면서도 씹으면 씹을수록 쫀득쫀득하여 특유의 감칠맛이 있다.

부채살을 구이로 먹을 경우 안심이나 등심에 비해 싼 가격에 한 번, 고기향에 또 한 번 놀랄 것이다.

그림 11-9 부채살

① 마리당 생산량 : 4kg
② 주요 특징
- 육즙이 풍부하다.
- 꼬들한 씹는 맛이 있다.
- 펼쳐 놓으면 모양이 아름답다.

③ 요리 : 구이, 불고기

8) 우둔살(Top round)

우리말로 '볼기살' 이라 부르는 우둔(牛臀)은 뒷다리 부위 중 가장 연하고 맛도 담백하여 불고기, 국거리, 육포, 산적, 샤브샤브 등 쓰임새가 다양하며, 기름기가 적어 육회로도 인기가 좋다.

① 부위 위치 : 뒷다리 위 엉덩이 안쪽
② 마리당 생산량 : 15.8kg

그림 11-10 우둔살

③ 주요 특징
- 뒷다리살 중 가장 연한 부위이다.
- 지방이 거의 없는 살코기이다.
- 처음에는 진홍색이나 숙성되면 연홍색이 된다.

④ 요리 : 불고기, 국거리, 육포, 샤브샤브 장조림, 산적, 육회

9) 홍두깨살 (Eye round)

'아닌 밤중에 홍두깨' 라는 속담은 많이 쓰지만 정작 홍두깨가 어떻게 생겼는지 잘 모른다. 이것은 다듬이질을 할 때 쓰이는 굵고 둥그런 모양의 긴 나무봉을 말한다.

홍두깨살은 우둔 옆면에 길게 붙어있으며 원통모양으로 생겼다. 소 볼기에 붙어있는 방망이처럼 기다란 살코기로 '볼기긴살' 또는 '긴살' 이라고도 한다. 홍두깨살은 고기결의 흐름은 균일하지만 고기의 근육섬유가 약간 거칠고 단단하다. 형태가 좋아 지방이 들어가면 안 되는 요리에 적합하며 찢어지는 결을 갖고 있어서 장조림용으로는 최고로 취급되고 있다.

과거에는 육포를 만드는 데 쓰였다. 신라시대부터 이어져 지금도 폐백상에 빠지지 않는 육포는 조상의 슬기와 혼이 담겨 있는 우리 고유의 전통음식으로 궁중의 연회상이나 사대부가의 교자상에 오르던 귀한 음식이었다.

어릴 때 어른들의 술상에서 쇠고기 육포를 한 점 얻어먹어 본 사람이라면 씹을수록 입안에 고이는 그 고소한 맛을 잊지 못할 것이다. 그래서 슬그머니 한 점 더 집어 먹으려고 하면 어머니의 날카로운 손이 '아닌 밤중에 홍두깨' 처럼 날아온다.

최근에는 홍두깨살이 육회로도 대중화가 되었는데, 이 역시 씹는 맛이 좋기 때문이다.

그림 11-11 홍두깨살

① 부위 위치 : 뒷다리 위 엉덩이 안쪽

② 마리당 생산량 : 3.2kg

③ 주요 특징
- 연한 진홍색으로 결이 다소 거칠고 질기다.
- 모양이 좋고 섬유질 방향이 일정하다.
- 씹는 맛이 좋고 육즙이 진하다.

④ 요리 : 장조림, 육회, 육개장

10) 보섭살 (D-rump)

'소를 잡으면 울음소리밖에 버릴 게 없다.' 라는 말이 있다. 소는 머리부터 꼬리까지 안 쓰이는 부위가 없기 때문이다. 하다못해 쇠똥까지 거름으로 쓸 정도로 소의 어느 것 하나 버리지 않던 우리 조상들의 알뜰함을 느낄 수 있다.

동서양의 모든 신화에서 소는 힘과 창조적 에너지를 상징한다. 소는 결실의 여신에게 바쳐진 신성한 동물이었고, 남성을 상징하는 쟁기 또한 신성한 도구였다. '소가 쟁기를 끌고 밭을 가는 행위' 는 결실의 여신을 상징하는 대지를 잉태시키는 행위였고, '소가 쟁기로 밭을 가는 꿈' 은 결실을 거두고 모든 일이 만사형통한다는 길몽이라 했다.

부드러운 살코기로 뒷다리에서 가장 맛이 뛰어난 보섭살은 쟁기 끝에 끼워서 땅을 일구는 농기구인 '보습' 과 닮아서 이름 붙여졌다.

그림 11-12 보섭살

① 부위 위치 : 엉덩이 윗부분
② 마리당 생산량 : 6kg
③ 주요 특징
- 육색은 진한 붉은색을 띤다.
- 채끝과 이어진 살코기이다.
- 뒷다리 부위 중 가장 풍미가 좋다.

④ 요리 : 불고기, 구이, 로스트비프, 육회

11) 도가니살 (Knuckle)

소의 모든 부위는 저마다 특유의 보신 효과가 있는데 도가니살은 특히 무릎이 부실한 사람에게 좋다고 알려져 있다. 쇠고기에 가장 많이 함유된 성분은 양질의 단백질이다. 식물성 단백질보다 체내 흡수율이 높고 성장기에 꼭 필요한 필수 아미노산 함량도 높다. 소의 뒷다리 쪽에 붙어 있는 도가니살은 지방이 거의 없고 연골성 육질인 물렁뼈가 포함되어 있어서 부드럽게 씹히는 맛이 좋다.

푹 우려낸 도가니살은 진하고 구수한 국물맛이 일품이면서도 다른 탕보다 칼로리가 낮고 영양소는 많아 임산부와 노인, 허약체질에 좋다. 또한 골다공증 예방과 더불어 풍부한 단백질이 소화도 잘 돼 수술 후 회복기 환자의 보양식으로는 으뜸이다.

그림 11-13 도가니살

① 부위 위치 : 뒷다리 위쪽 뼈를 감싸고 있는 부분
② 마리당 생산량 : 10.6kg
③ 주요 특징
- 소분할하면 여러 개의 작은 부위로 나누어진다.
- 씹는 맛이 강하다.
- 지방이 적고 단백질이 많다.

④ 요리 : 불고기, 국거리, 로스트비프

12) 차돌박이 (Brisket point cut)

차돌박이는 고기결에 직각으로 썰어 덩어리로 나누어 놓으면 붉은 살 속의 하얀 지방질이 마치 모래 속에 단단한 차돌이 박혀있는 것처럼 보이기 때문에 지어진 이름이다. 두터운 지방이 하얗게 퍼져 있어 예전에는 '하얀 고기' 라고도 불렀다고 한다.

이름만큼이나 육질도 단단하여 차돌박이는 보통 얇게 썰어서 먹는다. 얇다 보니 색깔도 더 투명하게 보여 접시에 담겨 있는 차돌박이는 손수건처럼 하늘거리는 느낌이다.

차돌박이는 구울 때 나오는 기름 향기가 독특하며 꼬들꼬들 씹히는 맛이 차지고 질긴 듯하면서도 아주 고소하다.

그림 11-14 차돌박이

① 부위 위치 : 앞가슴의 갈비뼈 아래쪽 부분
② 마리당 생산량 : 2.2kg
③ 주요 특징
- 씹는 맛이 꼬들꼬들하다.
- 고소하고 진한 육즙이 풍부하다.
- 우윳빛 연골성 지방층이 단단하여 얇게 썰어 먹는다.

④ 요리 : 구이, 샤브샤브

13) 업진살(Short plate)

소는 일을 하거나 여물을 먹을 때가 아니면 대부분 한가롭게 엎드려 지낸다. 업진살은 소가 그렇게 엎드려 누웠을 때 바닥에 닿는 배 부위, 즉 뱃살을 말한다. '엎드려 지내서 업진살' 인 셈이다. 소의 삼겹살이라는 뜻에서 '우삼겹' 이라고도 하는데, 흔히 국거리로 잘못 알고 있는 부위이다.

이 업진살은 돼지 삼겹살처럼 고기와 지방층을 이루고 있어 얇게 썰어 야채를 곁들여 구워 먹으면 고소한 맛을 제대로 느낄 수 있다.

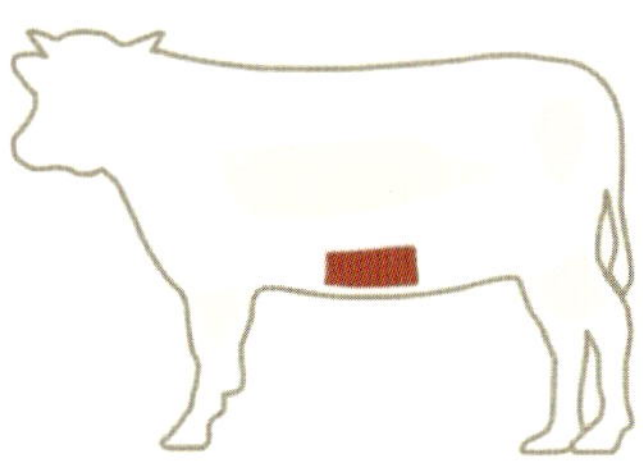

그림 11-15 업진살

① 부위 위치 : 한우 복부 중앙 아래 부분
② 마리당 생산량 : 3.4kg
③ 주요 특징
- 지방과 고기부위가 층을 이루고 있다.
- 한우 부위 중 육즙맛이 가장 뛰어나다.
- 결은 다소 거칠지만 마블링이 좋다.
- 지방량 : 8%

④ 요리 : 구이, 국거리, 수육

14) 업진안살 (Inside skirt)

예로부터 한우고기는 풀만 먹는 여름보다 쇠죽을 먹는 겨울에 더욱 제 맛이 난다고 하였다.

세계 최고의 종자를 자랑하는 한우는 볏짚을 삶은 쇠죽을 먹고 자라서 그런지 맛을 내는 올레인산(Oleic Acid)이 수입산에 비해 월등히 많다. 혈중 콜레스테롤을 낮춰 다이어트에 효과가 좋은 올레인산은 암을 비롯해 심장질환을 예방하고, 노화지연은 물론 피부미용에도 좋다고 한다.

업진살 가운데에 가늘고 길게 비스듬히 걸쳐 있는 업진안살은 그 특징이 안창살과 비슷하다. 이름도 '업진안창살'의 준말이다.

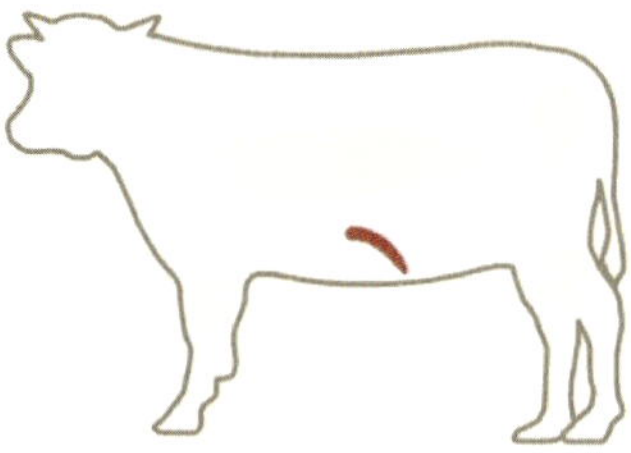

그림 11-16 업진안살

① **부위 위치** : 한우 복부 중앙 아래 부분
② **마리당 생산량** : 0.8kg
③ **주요 특징**
- 진홍색을 띠며 업진살에서 분리한다.
- 식감이 꼬들꼬들하다.
- 육즙이 연하면서 약간 단맛이 난다.

④ **요리** : 구이

15) 치마살 (Flap meat)

우리 민족은 이가 튼튼하여 오감과 더불어 씹는 맛도 중요하게 여겼는데, 생고기를 즐기는 것도 이 때문이다.

이름 그대로 여성의 주름치마처럼 생긴 치마살은 씹는 맛이 가장 좋은 부위 중 하나다. 고기결이 약해 부드러운 맛이 살아 있고, 육즙과 지방이 풍부해 은은한 향의 야채와 곁들여 구워 먹으면 그 맛과 향을 넉넉히 느낄 수 있다.

쟁기질을 할 때 늘 채찍을 맞는 부위여서 '채받이살'이라고도 한다.

그림 11-17 치마살

① **부위 위치** : 한우 복부 뒤쪽 뒷다리 가까운 부분
② **마리당 생산량** : 2.6kg
③ **주요 특징**
- 근육이 원통모양으로 다발져 있다.
- 연한 진홍색으로 약간의 단맛이 난다.
- 식감이 부드럽고 쫄깃한 감칠맛이 있다.

④ **요리** : 구이, 육회

16) 앞치마살 (Flank steak)

주방에서 쓰는 앞치마 형태의 타원형 판모양처럼 생긴 앞치마살은 보기에 곰이 발자국을 찍어 놓은 듯한 모양이라서 '곰발바닥' 이란 별칭을 갖고 있다. 또 생김새가 다리 없는 오징어처럼 보여서 '오징어살' 이라고도 부른다.

양지의 일부로 근육이 다발을 이루고 있는 앞치마살은 일부 지역에서 전용 구이집이 성행할 정도로 구이용으로 인기가 높다. 다소 손이 가더라도 고기결에 직각으로 썰어 구워 먹으면 쫀득한 맛의 진수를 만끽할 수 있다.

그림 11-18 앞치마살

① **부위 위치** : 한우 배부분 뒤쪽
② **마리당 생산량** : 2.5kg
③ **주요 특징**
- 진홍색과 선홍색이 섞여 있다.
- 근육이 다발을 이루고 있어 육질이 거칠다.
- 다소 질기지만 육즙이 풍부하고 고소한 맛이 좋다.

④ **요리** : 구이, 국거리

17) 아롱사태 (Digital muscle)

'아롱' 이라는 말은 실제로 근육의 모양새가 눈에 아롱거릴 정도로 아름답다 하여 붙여진 이름이다. 소의 장딴지 부분이라 운동량이 많아서 단단한 사태는 앞사태, 뒷사태, 뭉치사태, 아롱사태 네 가지로 구분한다.

이 중 뭉치사태 한가운데에 알을 밴 듯 붙어있는 아롱사태는 사태 중 가장 맛있는 부위로, 예전에는 아롱사태를 먹어야만 한우고기를 먹었다 할 정도로 최고로 쳤다. 지금의 미식가들도 살짝 구워서 양념장에 찍어 먹는 아롱사태를 으뜸으로 친다.

사태는 힘줄이 많고 단단하나 이 힘줄에는 다양한 아미노산과 영양소가 풍부하며, 삶으면 삶을수록 연해진다. 또한 인체에서는 합성되지 않아 외부에서 섭취해야 하는 필수 아미노산인 류신(Leucine) 성분이 있어서 피부를 곱게 한다고 한다. 피부미인을 꿈꾸는 여성들이라면 아롱사태를 적극 추천한다.

그림 11-19 아롱사태

① **부위 위치** : 뒷다리 윗부분의 뭉치 근육 안쪽
② **마리당 생산량** : 0.68kg
③ **주요 특징**
- 지방이 적고 육즙과 영양이 풍부하다.
- 근육가닥이 많아 단단하며 씹는 맛이 탁월하다.
- 삶으면 삶을수록 부드러워진다.
- 지방량 : 4%

④ **요리** : 장조림, 사태찜, 구이, 생고기

18) 꽃갈비
(Short rib)

우리 옛말에 '고기는 뜯는 맛' 이라 했고, '고기를 사려거든 갈비살을 사라' 했다. 서양 격언에도 '고기는 뼈에 가까울수록 맛이 좋다' 고 했다. 그만큼 갈빗살이 맛있다는 말이다.

갈비는 유일하게 골즙이 나오는 부위이다. '쇠뼈다귀 3년 우려 먹는다' 는 속담처럼 갈비를 구우면 은은한 골즙이 우러나오는데, 살코기의 육즙과 조화를 이루어 그 맛이 구수하고 향긋하다.

한우고기 요리 중에서 외국인들이 가장 즐기는 요리도 단연 불고기와 갈비인데, 한식의 주요 특징인 다양한 조리법과 맛깔스러운 양념이 입맛을 당기기 때문이다. 특히 갈비는 부위 이름이 곧 요리명일 정도로 우리나라 사람들이 가장 즐겨 먹는 부위이다.

그림 11-20 꽃갈비

① 부위 위치 : 한우 가슴 부위
② 마리당 생산량 : 42.6kg(갈비), 11kg(꽃갈비)
③ 주요 특징
- 마블링이 좋고 살도 두터워 풍미가 좋다.
- 연한 선홍색을 띠며 부드러우면서 쫄깃하다.
- 뼈의 골즙과 육즙이 어우러져 감칠맛이 뛰어나다.
- 지방량 : 24%

④ 요리 : 구이, 탕, 찜

19) 토시살
(Hanging tender)

팔에 끼는 토시 모양을 하고 있다 하여 이름 붙여진 토시살은 가운데 긴 힘줄을 중심으로 좌우로 빗살무늬를 이루고 있다.

힘줄에서 우러나오는 감칠맛과 단맛이 한우 특유의 원초적인 맛과 어우러져 씹는 맛이 독특하다. 우리 조상들은 소를 들여올 때 손 없는 날 이사를 가듯 날을 따로 받았다.

'며느리나 사위를 보려거든 소가 잘 되는 집 사람을 얻으라.' 는 옛말도 있다. 소를 통해 한 집안의 인품과 그릇을 본 셈이다. 이처럼 소중히 생각한 소였기에 소를 한 마리 잡으면 내장에서 뼈까지 어디 하나 버릴 것이 없었다.

토시살은 이렇듯 귀히 여기는 소에서 약 550g 정도밖에 나오지 않는다. 소 한 마리를 잡아 천분의 일밖에 안 나오는 희귀한 부위인 만큼 마을잔치에서 이 부위를 혼자 먹었다간 경을 칠 일이다.

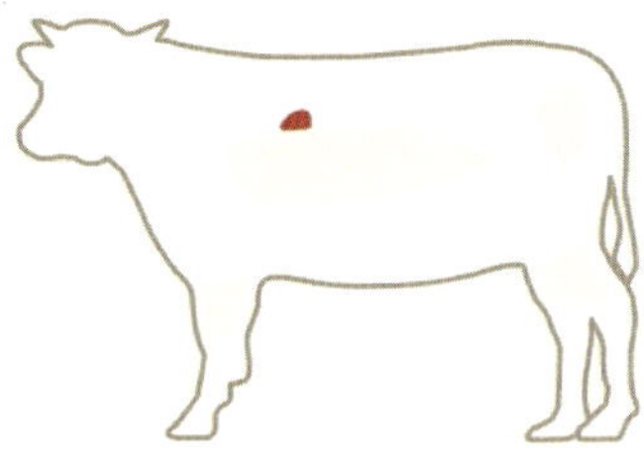

그림 11-21 토시살

① 부위 위치 : 가슴 중앙 부위의 횡격막사이
② 마리당 생산량 : 0.55kg
③ 주요 특징
- 육색이 진한 붉은색을 띤다.
- 육질이 거칠지만 부드럽고 육즙이 진하다.
- 가운데 연한 힘줄이 있어 살코기와 맛이 잘 어우러진다.

④ 요리 : 구이

20) 안창살 (Outside shirt)

돼지고기에는 '갈매기살' 이라는 아주 독특한 이름의 부위가 있다. 처음 갈매기살을 대하면 누구나 '바다에 날아다니는 그 갈매기?' 하고 고개를 갸웃거린다. 사실은 배와 가슴 사이에 가로놓인 근육질의 막을 가리키는 '가로막살' 에서 유래한 말이다.

쇠고기에서 이 부위에 해당하는 부위가 바로 안창살이다. 모양이 신발 안창처럼 생겼다고 해서 붙여진 이름이다. 안창살은 생산량이 적어 희소가치가 높은 부위이다. 근래에는 안심이나 등심만이 아니라 특수부위도 구이용으로 인기가 높은데, 안창살은 그 중 가장 많이 찾는 부위이다.

한우는 고단백질과 저지방으로 대표되는 육류이다. 또한 소화기관이 약한 사람에게 좋고, 병후 회복에 몸을 보하는 보양식으로도 가치가 높다. 씹으면 씹을수록 맛이 우러나와 다른 부위와는 확연히 구별되는 안창살은 토시살과 함께 한우의 가장 원초적인 맛을 느끼게 한다.

그림 11-22 안창살

① 부위 위치 : 갈비 안쪽 가로로 부착된 횡격막 부분
② 마리당 생산량 : 5.8kg
③ 주요 특징
- 육색은 진한 붉은색이며 변색이 빠르다.
- 육질이 쫄깃쫄깃하고 육즙이 진하다.
- 원초적인 한우 고기향을 즐길 수 있다.

④ 요리 : 구이

21) 제비추리 (Neck chain)

한우는 몸집이 큰 만큼 부위의 종류와 생산량이 다양하다. 부위를 세분하는 것은 섬세한 미각과 관련이 있다. 쇠고기를 10개 부위로 나누면 10가지의 맛을 느낄 줄 안다는 말이다. 서양에서 쇠고기를 가장 세분한다는 영국이 35가지 부위로 분류한데 비해 우리나라는 무려 120가지 부위로 세분하여 즐겼다.

또한 각기 그에 맞는 요리법을 발전시켜 왔으니 선조들의 미각이 경탄스러울 뿐이다. 고기 모양이 제비꼬리처럼 생겼다 하여 이름 붙여진 제비추리는 소 한 마리에서 500g 정도밖에 나오지 않는 귀한 부위이다.

그림 11-23 제비추리

① **부위 위치** : 목뼈에서 갈비 앞쪽까지 길게 붙은 부위
② **마리당 생산량** : 0.5kg
③ **주요 특징**
- 육색은 진한 붉은색으로 변색이 빠르다.
- 육질이 다소 거칠지만 육즙맛이 강하다.
- 가늘고 긴 띠모양으로 생겼다.

④ **요리** : 구이

4. 쇠고기를 이용한 조리

1) 쇠고기 요리의 종류

① **한 식** : 갈비구이, 우설구이, 갈비찜, 곱창전골, 국수전골, 쇠고기 볶음, 너비아니구이 등
② **양 식** : 비프 스튜, 살리스버리 스테이크, 등심 스테이크, 비프 스트로가노프, 햄버거 스테이크, 비프 커틀릿(비후까스) 등
③ **일 식** : 쇠고기 철판구이, 쇠고기 향미구이, 쇠고기 데침, 쇠고기튀김 등
④ **중 식** : 중국식 스테이크, 부추쇠고기 볶음, 쇠고기캐슈넛 볶음, 깐풍쇠고기, 쇠고기 난자완스 등

POINT

설렁탕과 곰탕

〈조선요리〉 (손정규, 1940)에서 '설렁탕은 육의 잡육, 내장 등의 모든 부분의 잔부를 뼈가 붙어있는 그대로 하루쯤 곤다'고 하였고, 곰국은 사태, 쇠꼬리, 허파, 곱창 등을 덩어리째 삶아 반숙되었을 때 무, 파를 넣고 간장을 조금 넣어 다시 삶는다고 되어 있어, 결국 설렁탕이 곰탕에 비해 뼈가 많이 들어가 더 뽀얗게 된 것이다.

2) 소고기 부위별 조리법

① 굽기(구이)
- **불고기** : 목심, 앞다리, 우둔살, 설도, 꾸리살, 부채살, 보섭살 부위 사용
- **스테이크, 로스구이** : 안심, 등심, 채끝살, 살치살, 안창살, 토시살 사용

② 끓이기
- **탕, 국** : 목심, 갈비, 양지, 사태, 설도, 앞다리 부위 사용
- **찌개, 전골** : 목심, 양지, 앞다리 사용

③ 수육, 편육
- 양지, 사태 부위 사용

④ 찌기, 조리기
- 갈비, 사태, 우둔살, 앞다리살, 설도 사용

⑤ 볶기, 지지기
- 볶음, 전, 적 : 우둔살, 설도 부위 사용

3) 한우 부산물 조리하기

한우 부산물에는 뼈(사골, 도가니), 우족, 꼬리, 내장(양, 곱창, 간) 등이 있다.

① **뼈** : 뼈는 찬물에 충분히 담가 핏물을 뺀 뒤 조리한다. 끓일 때도 뼈에 들어있는 각종 성분이 서서히 용해되어 나와 맑은 육수를 낼 수 있도록 찬물을 붓고 끓인다.

② **우족과 꼬리** : 뼈와 마찬가지로 찬물에 담가 핏물을 뺀 뒤 조리한다. 우족은 사골에 비해 지방질이 많아 진한 맛이 나며 젤라틴 성분이 많다. 꼬리는 꼬리반골(골반뼈)이 붙어 있어 고기로 먹을 수 있는 부분도 있으며 국물이 담백하다.

③ **양** : 소의 첫 번째 위(胃)인 양은 소금과 밀가루로 깨끗이 비벼 씻고 뜨거운 물을 끼얹어 가며 타월처럼 오돌토돌한 검은 겉표면을 칼로 벗겨내어 하얗게 만든 뒤 조리한다. 양은 담백한 맛이 있어 양곰탕, 양전골, 양구이, 양볶음 등으로 요리할 수 있다.

④ **곱창** : 소의 작은창자인 곱창은 밀가루를 듬뿍 넣고 빨래하듯 비벼 씻은 뒤 표면의 두꺼운 지방분을 제거하여 조리한다. 곱창 안쪽에 하얀 곱이 차 있어 특유의 감칠맛이 뛰어나다. 양과 함께 탕, 전골, 구이 등으로 요리한다.

⑤ **간** : 영양이 풍부하면서도 균형이 잡혀있어 매우 우수한 부위다. 물속에 담가 누르듯이 피를 제거하고 표피는 소금을 발라가며 전부 벗겨낸다. 우유에 잠시 담가두면 특유의 냄새를 없앨 수 있으며, 요리에 사용하기 전에 냉동실에 잠깐 두었다가 썰면 편리하다.

POINT

사골 고르기

뼈는 단면적이 유백색이고 골밀도가 치밀한 것이 좋다. 앞사골은 몸을 버티는 쪽이기 때문에 골밀도가 높아 품질이 좋으며, 암소보다는 젊고 건강한 수소(거세우)가 좋다. 어린 소일수록 뼈의 절단면이 붉은 색을 띠며 나이가 들수록 희거나 노랗게 색깔이 변하고 조직이 단단해진다.

4) 용도에 맞는 한우고기 썰기

고기의 질감을 살리기 위해서는 용도에 맞게 고기 두께와 결에 맞춘 썰기가 매우 중요하다. 고기를 썰 때 고깃결 방향과 반대로 썰면 연육기나 연육제를 사용하지 않아도 고기가 연해진다. 고기의 단면이 작을 경우, 고기를 눌러 면을 넓힌 다음 어슷썰기로 하면 좋다.

① **구이, 스테이크** : 고깃결 반대로 도톰하게 썰어 힘줄을 끊어주어 오그라드는 것을 방지하고 칼등이나 고기망치로 두들겨 연하게 한다. 고기 두께는 1~1.5cm가 적당하다.

② **불고기** : 고깃결 반대로 0.2cm 두께로 썰어 사용한다.

③ **육회** : 고기표면을 살짝 얼려 결 반대로 얇게 썬 후 가지런히 놓고 곱게 채 썬다. 살짝 얼린 상태에서 써는 것이 요령이다.

④ **잡채, 볶음** : 고기를 얇게 저며 결대로 가늘게 채썬다. 채썰 때는 결대로 해야 고기가 부서지지 않고 씹는 맛이 좋다.

⑤ **샤브샤브** : 고깃결 반대로 0.1cm 정도의 두께로 얇게 썰어야 하며 정육점에서 써는 것이 좋다.

⑥ **적, 전** : 고깃결 반대로 썰어 칼등으로 두들긴 다음 원하는 크기로 썰어 사용한다.

⑦ **갈비** : 뼈 부근까지 고기 깊숙이 칼집을 군데군데 넣어야 고기에 양념이 잘 배어들고 잘 무르게 된다.

11-2 돼지고기

돼지의 선조인 멧돼지는 아시아나 유럽에 널리 분포하며, 세계 각지에서 오래 전부터 식용되었다. 신석기시대의 정착농업과 함께 멧돼지가 가축화되었다. 중국에서는 기원전 2200년경에 돼지가 사육되었고, 고대 그리스에서는 햄 등의 육가공품으로도 가공하고 있다. 이슬람교나 유대교, 힌두교에서 돼지는 부정한 것으로 취급되어 먹지 않는다.

오늘날 사육되고 있는 것은 랜드레이스종, 대요크셔종, 햄프셔종, 듀록종 등의 교배종이 대부분이다. 돼지고기는 쇠고기에 비하여 결합조직이 적고 지방이 많아서 고기가 비교적 연하다. 부위에 따라 육질과 맛이 다르므로 이에 적당한 요리를 하는 것이 중요하다.

돼지고기를 고를 때 기름지고 윤기가 있으며 살이 두껍고 살코기 색이 옅은 것이 좋은 품질이다. 돼지고기의 부위에는 어깨살, 등심, 안심, 넓적다리살, 삼겹살, 볼기살 등이 있다.

POINT

감별법

① 좋은 돼지고기의 색깔은 아름답고 옅은 윤기있는 핑크색이다.
② 또한 표면지방 이외의 지방은 적을수록 좋다.
③ 지방은 돼지고기의 풍미를 결정하는 중요한 역할을 하는데, 하얗고 끈기가 있는 지방이 있는 것이 좋은 돼지고기이며 유백색으로 광택이 없거나 누런빛을 띤 지방은 맛이 없다.

1. 돼지고기의 부위별 특징

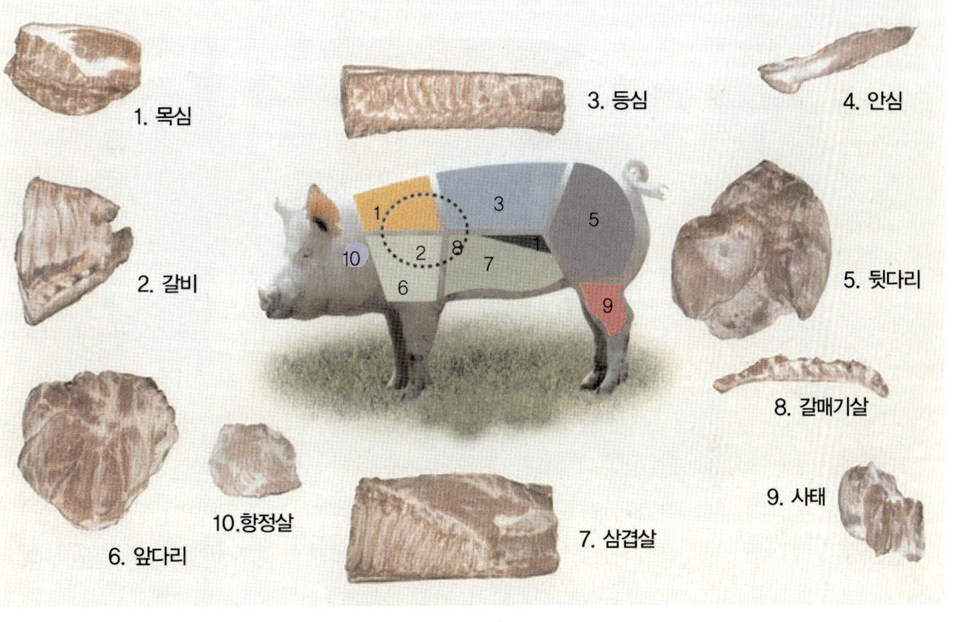

그림 11-25 돼지고기 부위별 명칭

1) 안심살

우리나라는 돼지고기를 외국처럼 훈제과정 없이 직화(直火)로 지글지글 구워 먹는 맛을 즐기는데, 밥이나 국수 같은 당질식품을 많이 먹는 한국인에게는 훌륭한 스태미너(stamina) 식품이다. 특히 결이 곱고 부드러운 안심은 철분이 풍부하여 성장기 어린이는 물론 노인들에게 좋고, 저칼로리에 지방도 가장 적어 성인병이 있는 사람이나 비만인 사람, 치아가 약한 사람들에게도 좋다.

① 부위 위치 : 허리뼈 안쪽 몸 중앙부분
② 마리당 생산량 : 1kg

그림 11-25 안심살

③ 주요 특징
- 저칼로리의 저지방육이다.
- 근육방향이 일정하다.
- 결이 곱고 부드럽다.

④ 요리 : 장조림, 안심커틀릿, 꼬치구이, 탕수육

2) 등심살

등쪽 중앙부분에 길게 위치한 원통형 살코기 덩어리인 등심은 담홍색에 결이 곱고 필수 아미노산인 리신이 풍부해 어린이 성장발육에 좋다.

그림 11-26 등심

① 부위 위치 : 돼지 등의 가운데 부분
② 마리당 생산량 : 6.6kg
③ 주요 특징
- 담홍색을 띠며 필수 아미노산이 풍부하다.
- 살코기만으로 이루어진 저지방육이다.
- 운동량이 적어 육질이 연하다.

④ 요리 : 돈가스, 산적, 잡채거리, 탕수육, 스키야키(すきやき)

3) 등심덧살

등심 앞부분을 덮고 있는 손바닥 크기만한 얇은 덧살고기로, 보통 '가브리살'이라 부른다. 소화기능이 약한 사람에게 좋은 고단백 식품인 돼지고기는 칼륨과 인 등 각종 미네랄을 함유하고 있어 어린이 성장발육은 물론, 수험생의 영양식으로도 그만이다. 특히 비타민 B군과 양질의 단백질이 풍부하다.

등심덧살은 젊은 층과 여성들에게 단연 인기다. 양면을 지방층이 감싸고 있어서 부드럽게 씹히는 맛 또한 좋고, 끝맛도 아주 산뜻하다.

그림 11-27 등심덧살

① 부위 위치 : 돼지 등의 앞부분
② 마리당 생산량 : 450g
③ 주요 특징
- 아래위 막으로 둘러싸인 이겹살이다.
- 섬유질 방향이 일정하며 결이 곱다.
- 지방층으로 인하여 부드럽게 씹히는 맛이 좋다.
- 지방량 : 20%

④ 요리 : 구이, 스테이크

4) 목심살

'목심' 이라는 어감에서 느껴지듯 결이 약간 거칠고 질긴 편인 목심살은 지방층이 사이사이에 골고루 분포되어 있어서 입맛을 당기는 맛깔스러움이 특히 좋다. 또한 질 좋은 단백질을 많이 함유하고 있어서 곱고 윤택한 피부 만들기에도 안성맞춤이다.

도톰하게 썬 목심살에 칼집을 낸 뒤 달래, 부추, 마늘과 같은 갖은 양념으로 재워둔 다음 석쇠에 놓고 구워낸 '맥적' 이 대표적인 요리인데, 지금의 너비아니와 불고기가 이 맥적에서 유래되었다.

그림 11-28 목심살

① **부위 위치** : 돼지 목등쪽 부분

② **마리당 생산량** : 4.4kg

③ **주요 특징**

- 여러겹의 지방층으로 인해 육즙이 풍부하다.
- 붉은 빛이 감도는 핑크색을 띤다.
- 결이 약간 거칠고 질긴 편이나 감칠맛이 뛰어나다.
- 지방량 : 15%

④ **요리** : 소금구이, 보쌈, 주물럭, 샤브샤브

5) 앞다리살

운동을 많이 하는 부위라서 다른 부위에 비해 조금은 질긴 앞다리살은 지방이 적고 비타민 B_1이 풍부해서 영양가가 매우 높다. 지금도 돼지 족발은 젖을 잘 나게 해준다 하여 산후에 고아먹을 정도로 인기가 높다.

피부 탄력에 좋은 콜라겐이 많아서 수유하는 산모들에게는 좋은 약이자 음식이었는데, 특히 제주에서는 돼지사골에 돼지 앞발과 미역을 넣어 끓인 '아강발국' 을 산모는 물론, 많은 여성들이 예부터 하루 세끼 아무 때나 간식으로 한 컵씩 마셨다고 한다.

그림 11-29 앞다리살

① **부위 위치** : 돼지 앞다리뼈를 감싸고 있는 부분

② **마리당 생산량** : 8.4kg

③ **주요 특징**

- 움직임이 많은 부위로 육색이 짙다.
- 비타민 B_1이 많아 영양가가 높다.
- 지방이 적고 요리 용도가 다양하다.
- 지방량 : 12%

④ **요리** : 불고기, 찌개, 국거리, 육개장

6) 항정살

옛날에 고기를 다루던 사람들이 다른 부위는 다 주어도 이것만은 꼭 자기가 먹었다는 부위가 바로 항정살이다. 110kg짜리 돼지 한 마리를 잡으면 고작 600g밖에 나오지 않는 항정살은 돼지 목덜미에서 아이 손바닥만한 살이 두 점 정도밖에 나오지 않는 희소부위다.

옅은 핑크빛 살에 투명한 지방이 고르게 퍼져있는 항정살은 숯불에 약간 노릇해질 정도로 구워 먹으면 쫄깃하게 씹히는 부드러운 탄력과 풍부한 육즙이 환상적으로 느껴진다. 지방과 고기의 섬유질 방향이 일정하며 지방층이 두텁고 단단할 뿐만 아니라 지방 속에 많은 근육 가닥을 함유하고 있어서 씹는 맛이 일품이다.

그림 11-30 항정살

① 부위 위치 : 돼지 목의 옆면 부분

② 마리당 생산량 : 600g

③ 주요 특징

- 지방과 고기의 섬유질 방향이 일정하다.
- 지방 속에 근육가닥이 많아 씹는 맛이 좋다.
- 아이 손바닥만한 크기로 희소성이 높다.

④ 요리 : 구이

7) 볼기살

볼기살은 다른 부위보다 육질이 연하고 부드럽다. 둥근 모양의 넓은 살코기로 질 좋은 단백질 또한 단연코 풍부하다. 명절이나 잔치에 빠지지 않는 산적으로 인기가 높은 것은 이 때문인데, 다진 마늘과 파, 깨소금, 후춧가루, 진간장, 생강즙으로 양념한 뒤 참기름으로 버무린 볼기살을 풋마늘과 함께 꼬치에 꿰어 산적을 만들어 놓으면 없던 입맛도 살아난다.

동의보감에 돼지고기는 '허약한 사람을 살찌게 하고 음기를 보하며, 돼지의 모든 부위가 사람의 병을 고치는 약으로 쓰인다.' 고 그 효능을 기록하고 있다.

그림 11-31 볼기살

① 부위 위치 : 뒷다리의 넓적다리 안쪽 부분

② 마리당 생산량 : 4.5kg

③ 주요 특징

- 둥근 모양의 넓은 살코기이다.
- 단백질, 비타민 B_1을 많이 함유하고 있다.
- 육질이 연하고 부드럽다.

④ 요리 : 산적, 국거리, 불고기, 햄, 소시지, 장조림, 완자전

8) 설깃살

뒷다리의 넓적다리 바깥쪽을 이루고 있는 설깃살은 지방분이 적고 단백질이 많아 건강식으로 제격인데, 특히 돼지고기에는 비타민 B_1이 쇠고기보다 10배나 많다. 탄수화물 위주의 식생활을 하는 우리 밥상에 꼭 필요한 영양소인 비타민 B_1은 피로회복은 물론, 에너지대사를 활성화하여 생활에 활력을 준다. 또한 운동량이 많아서 같은 적육(赤肉)이라도 부드러움에서 차이를 보인다.

그림 11-32 설깃살

① **부위 위치** : 뒷다리의 넓적다리 바깥쪽 부분
② **마리당 생산량** : 4.6kg
③ **주요 특징**
- 지방이 적어 건강식으로 인기가 높다.
- 다소 질길 수도 있으므로 얇게 썰어먹으면 좋다.
- 연육기 등으로 부드럽게 한 후 이용한다.

④ **요리** : 탕수육, 국거리, 불고기, 찌개

9) 뒷사태살

뒷사태살은 운동량이 많은 부위라 조금은 색이 짙고 질긴 편이지만, 장시간 삶으면 소화가 잘 되는 동물성 단백질의 일종인 젤라틴(Gelatin)으로 변화되어 보쌈과 편육, 장조림으로 즐길 수 있다. 특히 이 부위 중심의 아롱사태는 천여 개가 넘는 힘줄로 이루어져 있어서 그 맛이 독특하다.

삶은 돼지고기는 장수에 으뜸 음식이다. 평균수명이 높아 장수마을로 유명한 일본의 오키나와에서는 노인들이 삶은 돼지고기를 즐겨 먹는다. 우리나라 또한 장수하는 노인들이 으뜸으로 치며 즐겨 먹는데, 삶은 돼지고기 국물도 그냥 버리지 않았다. 펄펄 끓인 돼지 육수에 돼지갈비, 두부, 무 등을 다진 마늘로 양념하여 맑게 끓인 '돼지 접짝뼈국'은 시원한 국물맛도 일품이지만 과거에는 결혼식날 신부에게만 줄 정도로 귀한 음식이었다.

그림 11-34 뒷사태살

① **부위 위치** : 뒷다리의 넓적다리 바깥쪽 아랫부분
② **마리당 생산량** : 2.3kg
③ **주요 특징**
- 운동량이 많아 육색이 짙고 질기다.
- 뭉치사태와 아롱사태를 포함한다.
- 근육방향이 일정하고 오래 삶으면 젤라틴화가 된다.

④ **요리** : 수육, 보쌈, 다짐육, 육개장, 찜, 고추장불고기, 장조림

10) 삼겹살

삼겹살은 고기층과 지방층이 적당한 두께로 층을 이루고 있는 것을 양질로 친다. 육질이 좋고 부드러워 씹는 맛은 물론 비타민과 미네랄을 적당량 포함하고 있어서 고소한 맛은 따라올 부위가 없고, 중금속 해독작용과 더불어 몸 안의 노폐물을 밖으로 내보내는 데도 탁월한 효능이 있다.

또한 삼겹살을 잘 조려서 인삼, 대추, 호두, 은행 등 견과류와 두부를 곁들인 '연저육찜' 은 담백한 맛이 일품인 명가음식이었다.

그림 11-34 삼겹살

① **부위 위치** : 돼지 배쪽의 근육부분
② **마리당 생산량** : 11.4kg
③ **주요 특징**
- 지방과 살코기가 삼층으로 겹을 이루고 있다.
- 육질이 좋고 부드러워 씹는 맛이 좋다.
- 오돌삼겹을 분리한 후 상품화한다.
- 지방량 : 28%

④ **요리** : 구이, 베이컨, 보쌈

11) 갈매기살

갈매기살의 이름은 배와 가슴 사이에 가로놓인 근유질의 막을 가리키는 '가로막살' 에서 유래했다.

쇠고기의 안창살에 해당하는 갈매기살은 쫄깃하게 씹히는 맛이 단연 으뜸이다. 힘줄이 많아 약간 질긴 듯하면서도 짙은 고기향과 어우러져 쫀득하게 감기는 맛은 한 번 맛보면 그 마력에 빠져들고 만다. 희소한 부위여서 한 마리에서 약 400g밖에 나오지 않는다.

그림 11-35 갈매기살

① **부위 위치** : 갈비뼈 위쪽의 횡격막 부위
② **마리당 생산량** : 400g
③ **주요 특징**
- 움직임이 많은 부위로 씹는 맛이 매우 뛰어나다.
- 내장에 접해 있어 색상이 짙다.
- 양쪽 근막을 제거한 뒤 상품화한다.

④ **요리** : 소금구이, 버터구이

12) 등갈비

등갈비는 등에 붙은 갈비뼈와 갈비살로 구성되어 있다. 갈비 특유의 육즙과 골즙의 향이 어우러져 살을 발라먹는 맛이 일품인 등갈비는 양파즙, 과일 양념, 겨자 양념, 콩가루 간장 양념, 소금기름 등 그 어떤 양념과 먹어도 각기 다른 풍미를 낸다.

그림 11-36 등갈비

① 부위 위치 : 등심 아래 중앙 부분
② 마리당 생산량 : 1.2kg
③ 주요 특징
- 뼈와 살로 이루어진 부위로 주로 양념육으로 사용한다.
- 등심근육 일부가 포함되기도 한다.
- 뼈에서 우러나오는 골즙으로 인해 향이 매우 좋다.

④ 요리 : 양념구이, 찜, 김치찜, 바비큐

13) 토시살

갈매기살에서 분리된 토시살은 젤리처럼 쫄깃쫄깃한 맛이 일품인데, 새콤달콤한 파절이와 소스 양념에 돼지껍데기까지 곁들여 먹으면 그 특유의 감칠맛이 더욱 살아난다.

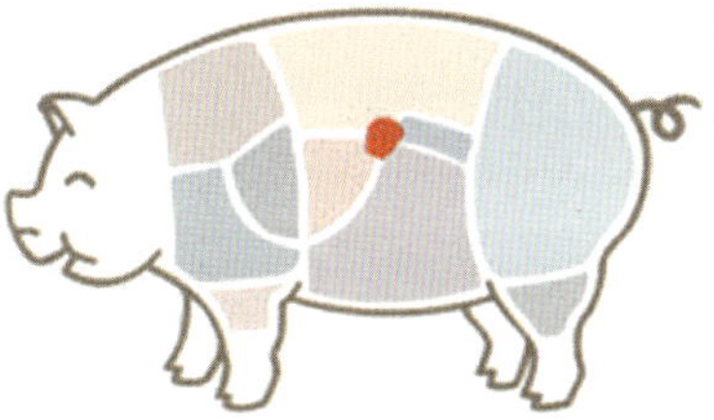

그림 11-37 토시살

① 부위 위치 : 가슴 중앙의 횡격막 윗쪽 부분
② 마리당 생산량 : 80g
③ 주요 특징
- 횡격막 부분으로 운동량이 많아 씹는 맛이 좋다.
- 생산량이 적어 희소성이 높다.
- 갈매기살과 함께 구이용으로 상품화한다.

④ 요리 : 구이

14) 오돌삼겹

오돌뼈가 오도독 오도독 씹히는 맛은 어느 부위에서도 맛볼 수 없는 특별한 즐거움을 준다.

그림 11-38 오돌삼겹

① 부위 위치 : 갈비뼈 끝에서 연골을 감싸고 있는 부분
② 마리당 생산량 : 800g
③ 주요 특징
- 연골로 인해 씹는 맛이 좋다.
- 삼겹살과 또다른 고소한 맛이 있다.
- 삼겹살에서 오돌뼈와 함께 분리하여 상품화한다.

④ 요리 : 양념구이, 김치찌개, 찜, 조림

15) 갈비

뼈에서 나오는 엑기스가 살로 스며들어 구수한 미각을 선사하는 돼지갈비는 지방이 고르게 박혀있어 찜이나 구이, 바비큐와 불갈비 등 어떤 식으로 먹어도 그 단맛이 일품이다.

그림 11-39 갈비

① 부위 위치 : 돼지가슴의 앞쪽 부분
② 마리당 생산량 : 2.8kg
③ 주요 특징
- 뼈에서 우러나는 골즙과 육즙이 어우러져 독특한 맛을 낸다.
- 근육 내 지방이 풍부해 풍미가 좋다.
- 살코기 층이 얇아 덧살을 포함해 상품화한다.
- 지방량 : 14%

④ 요리 : 바비큐, 찜, 양념갈비, 스페어 립(spare lib)

2. 돼지고기를 이용한 조리

1) 돼지고기 요리의 종류

① 한 식 : 제육볶음, 편육, 족발, 보쌈, 삼겹살구이 등
- 편육은 고기를 덩어리째 푹 삶아 베보자기에 싸서 판판하게 눌러 7~8시간 수분을 빼고 얇게 저민 것으로 숙편이라고도 한다(젤라틴화한 결체조직이 젤화하여 근조직을 결합한 것).
- 족편은 쇠족, 사태, 힘줄, 껍질, 꼬리 등에 물을 붓고 장시간 고아 콜라겐을 수용성 단백질인 젤라틴으로 전환시켜 죽상으로 만든 다음 그릇에 부어 차게 식혀 굳힌 것이다.

  만들기에 적당한 부위는 삼겹살, 목살, 어깻살, 뒷다리살 등이다.

② 양 식 : 바비큐폭찹, 포크 커틀릿(돈까스) 등
③ 일 식 : 돼지고기 카레구이, 돼지고기 간장조림 등
④ 중 식 : 회과육, 자사이 고기볶음, 광동식 돼지갈비, 갈비탕수육 등

POINT

돼지고기와 새우젓을 함께 먹으면 좋은 이유

새우젓이 발효되는 동안 프로테아제(protease)와 리파아제가 많이 생성되어, 돼지고기의 주성분인 단백질과 지방의 소화에 도움을 준다. 또한 새우젓은 기름진 돼지고기의 소화력을 증진시키며, 맛을 조화롭게 해 준다.

2) 부위별 조리법

① 굽기
- 구이, 스테이크 : 안심살, 삼겹살, 목심살, 갈비

② 불고기
- 앞다리살, 뒷사태살

③ 끓이기
- 탕, 국, 찌개, 전골, 샤브샤브 : 앞다리살, 뒷사태살, 목심살

④ 수육, 편육
- 목심살, 삼겹살, 앞다리살, 뒷사태살

⑤ 찜, 조림
- 갈비살, 뒷사태살, 목심살, 삼겹살, 등심살

⑥ 튀기기
- 안심살, 등심살, 뒷사태살

⑦ 볶기, 지지기
- 전, 적 : 앞다리살, 뒷사태살, 볼기살

3) 돼지 부산물 조리하기

돼지의 부산물로는 족, 잡뼈, 등뼈, 내장, 사골 등이 있다.

① 족 : 족은 지방이 적고 단백질과 비타민, 칼슘 함량이 많으며 특히 동물성 젤라틴이 풍부해서 피부미용에 좋다. 돼지족은 여러 가지 향신료를 넣고 장시간 조려낸, 일명 족발이 대표적 요리이며 특유의 쫄깃한 맛과 풍미가 있어 대중적인 사랑을 받고 있다.

② 뼈 : 잡뼈는 한국인 누구나 좋아하는 국밥, 순대국 등의 기본 육수를 내는 데 사용된다. 등뼈는 푹 고아 뽀얗게 우러난 국물에 감자와 채소를 넣고 끓인 뼈다귀 감자탕의 주재료로 인기가 높다.

③ 내장 : 막창 등 돼지 내장은 훌륭한 별미요리의 재료로 활용된다. 돼지의 위는 쫄깃한 식감이 있어 삶아서 먹는 부위로 인기가 있으며 삶은 후 냉채나 볶음 등에 이용한다. 돼지창자는 선지 및 각종 채소를 넣어 순대를 만드는 데 사용된다.
돼지의 간은 철분을 섭취할 수 있는 좋은 식품이다. 삶아서 그대로 먹기도 하고 전을 지져도 좋다. 돼지 염통은 겉 기름막을 벗겨내고 익히면 사각거리면서도 쫄깃하고 씹히는 맛이 일품이어서 내장 중에서 특별히 이 부위를 좋아하는 사람이 많다. 삶거나 얇게 썰어 구워먹거나 전을 지져 먹는다.

POINT

사골 고르는 요령

돼지사골은 깊은 맛을 내는 육수의 재료로 사용된다. 뼈가 단단하고 무게가 있는 것이 육수가 잘 우러난다.

족 고르는 요령

돼지족은 콜라겐을 함유하고 있어서 피부미용, 노화방지에 좋은 식품으로 알려져 있다. 잔털이 많은 것, 신선한 냉장상태로 유통된 것 중 발톱이 붙어 있는 것을 고른다. 피부색이 흰색이고 칼로 자른 단면이 고르지 않은 것이 국내산이다.

4) 돼지고기 조리요령

① 조리 전 생강이나 양파즙에 충분히 재워 고기 특유의 냄새를 없앤다.

② 돼지고기를 삶아 수육을 만들 때는 된장을 약간 풀어 삶으면 냄새가 없어지고 부드러운 맛이 난다.

③ 적당량의 지방이 붙어 있는 상태에서 조리한다. 돼지고기의 지방은 고기의 풍미를 더해주는 요소이다.

④ 돼지고기는 쇠고기처럼 살코기 속에 지방이 섞여 있지 않으므로 지방을 모두 떼어버리고 조리하면 퍽퍽해져 맛이 덜해진다. 지방이 많을 때만 적당히 제거한 후 조리하며, 지방이 거의 없는 고기는 식용유를 사용하는 요리에 활용한다.

⑤ 구입한 즉시 조리한다. 돼지고기는 타 육류에 비해 수분이 많이 함유되어 변색과 부패가 빠르다. 가능하면 구입 즉시 조리하거나 냉동하여 보관한다. 냉동 시에는 한 번 사용할 양만큼씩 구분하여 보관하면 해동 시 편리하다.

⑥ 신맛, 단맛을 내는 재료와 잘 어울린다. 돼지고기와 사과, 파인애플, 토마토 케첩 등은 잘 어울리는 식품으로 완성된 요리는 산뜻한 맛을 낸다. 식초와도 잘 맞으며 단맛이 나는 소스와 잘 어울려 탕수 소스, 냉채 소스, 바비큐 케첩 소스, 강정 소스, 생강 간장 소스 요리에 좋다.

⑦ 살코기와 지방 사이의 힘줄은 잘라준다. 힘줄을 중간중간 잘라놓은 후 조리하면 가열하였을 때 오그라들거나 형태가 변하는 것을 방지하여 좋은 모양을 내게 된다.

5) 돼지고기의 감칠맛을 내는 필수양념

- **청주** : 고기를 재우는 데 사용하면 누린내가 제거되고 육질을 연하게 하여 고기맛이 살아난다.
- **통후추** : 수육이나 조림에 사용하는데 향이 강해 몇 알만 넣어도 맛을 돋우어 준다.
- **녹차잎** : 돼지고기와 녹차잎은 특히 잘 어울리는데 녹차의 탈취효과가 비린내, 누린내 등을 제거하고 녹차물의 은은한 향이 고기 맛을 깊게 해준다.

- **마늘** : 고기요리에 마늘의 용도는 매우 다양하다. 마늘은 소화를 돕고 잡냄새를 없애며 살균작용까지 한다. 고기볶음 요리 시 마늘을 기름에 먼저 볶아 마늘향이 우러나면 고기를 넣고 볶아 맛을 낸다.
- **된장** : 돼지족이나 고기를 삶을 때 된장을 풀어 넣으면 누린내 제거도 되고 한결 개운한 맛이 난다.
- **대파** : 파를 다듬을 때 뿌리를 모아 씻어 말려 두었다가 돼지고기를 재우거나 삶을 때 넣으면 냄새제거와 맛을 돋우는 데 효과적이다.
- **정향** : 중국풍 돼지고기 요리에 사용하는 향신료이다. 진한 향이 나므로 조금만 넣어 맛을 내도록 한다.
- **파슬리** : 장식용으로 사용하는 것보다 요리 시 함께 섞어 음식의 향기를 높이는데 사용한다. 미리 다져놓으면 향이 날아가므로 사용하기 직전에 다져 넣도록 한다.
- **계피** : 단맛과 매운맛이 나는 향신료로 조림요리에 사용하면 맛을 돋우어 준다.
- **허브** : 고기요리에 산뜻한 맛을 내게 해 느끼함을 없애는 효과가 있다. 허브마다 특색있는 향이 있는데 그대로 다져 넣거나 말려 곱게 가루를 내어 뿌린다.

6) 돼지고기 소스

① 새우젓 양념

새우젓은 단백질과 지방의 분해를 촉진하는 역할을 하므로 돼지고기 요리와 궁합이 잘 맞는 양념이다.

② 탕수 소스

남녀노소 누구나 즐기는 중국풍의 대표적인 소스이다.

③ 고추장 불고기 양념

넓은 그릇에 재료를 넣고 잘 혼합한 후 돼지고기를 넣어 무치면 양념이 골고루 배이게 된다. 30분 정도 재운 후 석쇠나 팬에 구워내면 매콤하게 감칠맛 나는 돼지불고기를 즐길 수 있다.

④ 오렌지 소스

튀김요리나 찜요리에 곁들이면 좋다.

⑤ 냉채 소스

편육냉채, 겨자채 등에 어울리며 차게 식혀 사용하면 맛을 더욱 돋우어 준다.

⑥ 돈가스 소스

시중에서 판매하는 기본소스에 몇 가지 양념을 첨가하면 돈가스 전문점에서 먹는 소스맛을 느낄 수 있다. 스테이크에도 활용할 수 있는 소스이다.

⑦ 바비큐 소스

돼지갈비 요리에 특히 잘 어울리며 새콤달콤하여 어린이들이 좋아하는 소스이다.

⑧ 깨장 소스

고소하면서도 담백하고 상큼해서 돼지고기 샐러드, 냉채 등에 잘 어울린다.

⑨ 강정 소스

돼지고기 튀김을 버무려내면 밥반찬용으로 좋은 한국식 소스이다.

⑩ 생강 간장 소스

구이용 간장으로 장기간 보관이 가능하다. 돼지고기를 재워 구워내면 담백한 맛을 즐길 수 있다.

11-3 닭고기(chicken)

육류 중에서 현재 세계에서 가장 많은 민족이 먹고 있는 것이 닭고기이다. 닭고기는 기원전 3000년에 인도에서 사육되었고 동남아시아와 중국, 이란에서 지중해 연안제국, 유럽으로 확산되었다고 한다. 1960년 미국에서 브로일러(broiler, 육용약계)가 도입되어 적은 먹이로 단기간에 크게 성장해서 닭고기는 저렴하며 친근한 식품이 되었다.

닭은 부화 후 3개월 미만으로 700~1,000g 정도를 영계, 3~5개월 된 것은 비육닭, 5개월 이상은 성장닭으로 부른다. 닭 이외의 식용조류에는 칠면조(turkey), 오리(duck), 메추리(quail), 꿩(pheasant)이 있다.

닭은 아랫다리, 윗다리, 가슴살, 날개, 등과 목의 여섯 부위로 나눈다. 아랫다리와 윗다리는 색이 붉고 물기와 기름기가 많아 맛이 좋아서 튀김이나 조림 및 구이로 많이 사용된다. 또 가슴살은 색이 희고 기름기가 전혀 없어서 근육질을 높이려는 사람들이 즐겨 이용하는데, 빡빡하고 맛이 담백하여 튀김, 구이, 찜에 이용된다.

날개살은 운동을 많이 한 부분이라 살은 적으나 지방과 콜라겐이 많고, 물기가 많아서 맛이 좋아서 튀김이나 찜에 많이 사용된다. 또한 등 부분은 살이 적으나 지미성분이 많기 때문에 국물용으로 많이 이용된다.

닭고기의 조리법은 백숙, 삼계탕, 닭곰탕, 닭볶음, 닭찜, 닭튀김, 닭죽, 닭적, 통닭구이, 닭샐러드 등으로 다양하다.

날개살류

날개살류는 앞부분, 중간, 끝부분으로 나뉘어진다. 앞부분은 상완 부분, 끝 부분은 상완에서 앞부분을 제거한 나머지 부분, 중간은 앞부분을 말한다. 앞부분보다 끝부분 쪽이 농후한 맛이 난다. 살은 희고 부드럽다. 지방이나 젤라틴질이 풍부하며, 맛이 진하다. 조림이나 튀김에 적합하다.

가슴고기

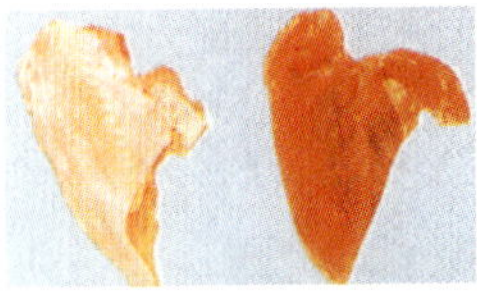

배 부분의 살, 뼈가 붙은 것도 있지만, 뼈를 제거한 배의 정육만을 가리키는 것이 일반적이다. 육질이 부드러우며 지방이 적기 때문에 맛이 담백하고, 기름의 풍미와 잘 맞기 때문에 튀김 등으로 하면 맛있다.

허벅지 고기

다리에서 대퇴부가 붙은 부분. 뼈가 없는 것이 일반적. 육질은 뱃살보다 단단하며 근육이 있다. 지방이 많으며 맛이 진하다. 구이, 조림에 적합하다.

가슴고기

소 · 돼지고기의 등심살에 상당하는 부분으로 육질이 부드러우며, 흰살로 최고의 품질. 살짝 삶거나 신선한 것은 회도 좋다.

껍 질

지방이 많고 부드럽다. 맛이 진하며 몸부분보다 머리와 껍질 쪽이 맛있다. 껍질 안쪽의 지방을 제거하고 살짝 데친 후에 볶음, 조림, 무침 등에 이용한다. 닭고기의 다른 부분에 비해서 가격이 싸다.

간

심장부분은 심근으로 구성되어 있으므로 독특한 씹는 맛이 난다. 주위의 지방을 제거하고 피를 빼서 사용한다.

모래주머니

위주머니의 근육 부분으로, 닭의 독특한 내장. 지방은 거의 없고, 쫄깃쫄깃하며 단단하다. 냄새가 별로 강하지 않기 때문에 생식도 가능하지만, 구이가 일반적이다. 튀김, 볶음으로도 이용한다. 주변이 푸른빛을 띠는 것이 신선하다

그림 11-40 닭고기의 부위별 특징

POINT

닭고기의 신선도 감별법

① 쇠고기나 돼지고기가 냉장고 안에서 어느 정도 숙성되어야 하는 것과는 달리 닭고기는 신선한 것일수록 맛이 있으며 흉골 끝을 만져 보아 무른 것이 살도 부드럽다.
② 신선한 닭고기는 고기가 팽팽하고 피부도 윤기가 난다.
③ 또한 살이 많이 붙어 있으며 껍질과 살 사이에 지방이 적당하게 끼어 있는 것이 가장 맛있다.
④ 특히 닭고기의 구매 시에는 가식부 무게(일반적으로 닭 무게의 55% 정도), 1인분 크기, 식단에 따른 필요량, 상품에 따른 포장방법 등을 고려하는 것이 효과적이다.

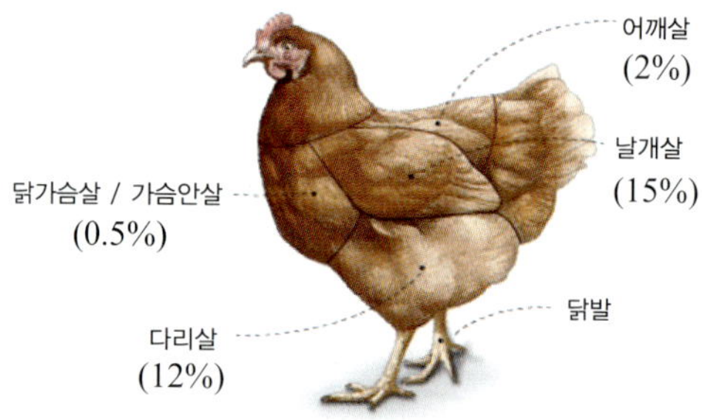

그림 11-41 닭고기 부위별 명칭
* (　)은 지방량

닭고기를 이용한 조리

① 한 식 : 삼계탕, 초교탕, 닭볶음탕, 닭찜 등
② 양 식 : 치킨커틀릿, 치킨커리와 밥, 치킨알라킹, 로스트치킨 등
③ 일 식 : 계란닭구이 말이, 닭갈은살 오븐구이, 닭고기 마늘조림 등
④ 중 식 : 오향닭고기, 닭고기 캐슈넛, 라뽀기딩, 죽순닭 볶음, 대만식 닭튀김, 라조기, 깐풍닭튀김 등

표 11-2 닭고기의 종류와 특징

구분	명 칭	조 리 용 도	중 량	성 별	월 령	특 징
1년 이하	Broiler-fryer (구이 튀김용)	닭구이, 튀김, 영계백숙, 닭죽	0.9~1.2kg (2~2 $\frac{1}{2}$ lbs)	암, 숫 병아리	3~4 개월	살이 연하고 지방분이 거의 없다.
	Roaster (로스터)	통닭구이, 통찜, 튀김, 찜	1.4~2.3kg (3~5lbs)	수 탉	5~10 개월	피하지방이 형성되어 있고 가슴뼈 등이 boiler보다 단단하다.
	Capon (카폰)	통닭구이, 통찜, 찜	1.8kg 이상 (4lbs 이상)	거세한 수탉	8개월 이하	연한 살을 지니고 있으며 특히 가슴고기가 많이 발달되어 있다.
	Cornish game hen(코닛슈 게임 헨)	통닭구이	1kg(2lbs)	cornish 닭과 다른 종과 접한 종류	5~7주	살코기가 연하다.
1년 이상	Stag (스타그)	찜, 조림, 닭국	roaster와 cock의 중간무게	수 탉	1년 이상	피부가 거칠고 살이 질기다.
	Fowl (훨)	찜, 조림, 닭국	1.8~2.7kg (4~6lbs)	암 탉	10개월 이상	지방이 많고 껍질은 두꺼우나 살이 많다.
	Cock (콕크)	닭국, 조림	1.8~3.15kg (4~7lbs)	수 탉	1년 이상	살색이 어둡고, 껍질은 거칠며, 살이 질기다.

11-4 오리(duck) 고기

살생금지령 이후 육식을 피하게 되어서도 꿩, 학, 백조, 기러기, 오리 등의 야생조류는 계속 먹었다. 옛 시대의 귀족 사이에서 새 요리라고 하면 꿩을 가리켰으며, 오랫동안 가장 고귀한 요리로 취급되었다.

정진요리에 있는 꿩구이, 두부 등도 이런 것의 반영이다. 현재 식용으로 이용되고 있는 새는 집짐승으로 닭, 집오리, 칠면조, 메추리 등이 많으며, 야조 중에서는 꿩, 산새, 기러기, 오리류, 참새 등이다.

오리는 수금류의 하나로 사양관리는 쉬운 편이나 그 고기는 주로 중국식 요리에 쓰일 뿐, 국내에서는 일반 가정용으로 널리 사용되지 못하고 있다. 나이와 성에 따라서 프라이어(Fryer), 로스터 덕(Roaster duck) 으로 구분된다.

오리고기 조리

① 한 식

오리를 이용한 요리에는 오리밥, 오리전골, 오리국, 오리전, 오리잡탕, 오리불고기 등이 있다.

오리밥은 기름껍질을 삶아 수프를 만들어서 여기에 간을 하여 밥을 짓는다. 살코기는 잘 두드려서 볶은 다음 술과 간장으로 맛을 내어 더운밥 위에 얹고 다진 미나리와 가루김을 곁들인다.

오리국은 다진 살코기와 참마 간 것에 밀가루를 섞어서 경단을 만들어, 무 · 당근 · 미나리 · 파 · 마늘 등과 같이 삶아 간장으로 간을 맞춘다.

오리전은 살코기를 얇게 저며 메밀가루나 밀가루를 달걀과 섞어 입혀서 번철에 기름을 두르고 부친다.

② 양 식

프랑스 요리에는 오리요리와 철판구이 등이 있으며 다리살이나 날개살은 단단하므로 두들겨서 둥글게 만들어 국 등에 이용한다. 조리 시 프라이팬에 기름을 사용하지 않아야 제맛이 있다.

프랑스 요리에서는 주로 가슴살 부위를 많이 사용하고 있는데, 가슴살구이와 무화과 또는 포도소스 요리가 대표적인 요리이다.

11-5 양고기(ram, mutton)

양은 가축화된 역사가 소나 돼지보다도 길어서 약 800년 이상에 이른다고 하며, 크리스트교나 이슬람교국에서는 축하를 위한 음식으로도 이용되고 있다. 요리법은 찜, 삶기, 조림, 튀김 등이 널리 이용된다.

양고기는 일반적으로 1세 미만의 것을 램(ram), 2~7세 정도의 것을 마톤(matton)이라고 한다. 램은 마톤보다 부드러우며 독특한 냄새도 적다.

초기에는 오스트레일리아의 양모용으로 쓸모 없게 된 양을 식용으로 수입하게 되었다. 따라서 양고기라 하면 질이 낮은 싼 고기라는 이미지가 떠오른다.

그러나최근에는 램을 중심으로, 요리에 맞게 형태를 갖춘 것도 시판되어 사용하기 쉬워지고 있다.

마톤은 주로 햄이나 소시지 등의 가공식품에 사용되고 있다. 양은 단백질의 함유량은 쇠고기나 돼지고기에 비해서 얼마간 낮지만, 필수아미노산을 갖추고 있어서 영양 면에서는 우수하다.

11-6 육류 조리 시 주의사항

(1) 덩어리 고기의 보관방법

고기의 표면에 식용유를 살짝 발라 공기와 직접 닿지 않도록 해둔다. 이러면 고기의 산화를 지연시켜 부패균의 증식을 억제할 수 있다. 1회 사용량 만큼씩 분리하여 기름을 바르고 랩으로 싸서 냉동실에 보관하면 오랫동안 신선도와 맛을 유지할 수 있다.

(2) 기계로 저며 썰면 고기가 부드럽다

고기를 익히면 65℃ 정도에서 단백질이 굳기 시작하며 특유의 풍미가 생기고 맛이 난다. 그러나 그 이상 가열하면 고기가 졸아들면서 육즙이 밖으로 나와 참맛을 잃고 질겨진다. 연하고 맛있는 고기일수록 이런 변화가 빨리 일어나므로 센불에서 짧은 시간에 조리할 필요가 있다. 그러나 약간 질긴 고기라도 기계로 저민다면 질긴 조직이 부서지며 연해진다.

(3) 냉동시킨 고기는 녹여서 조리한다

냉동시킨 고기를 아침, 점심에 사용할 경우에는 전날에, 저녁에 사용할 때에는 아침에 냉장실로 옮겨서 천천히 해동시킨다. 그래야 고기에서 나오는 육즙의 양이 적다. 전자레인지에서 해동시킬 때는 너무 가열하지 않도록 시간조절에 주의한다. 빨리 해동시켜야 할 때는 폴리에스테르 비닐에 꼭 싸서 흐르는 물에 해동시킨다.

(4) 단시간에 조리하려면 실온에 둔다

굽거나 튀기는 조리에서 특히 두꺼운 고기를 사용할 경우는 조리하기 15~30분 전에 냉장고에서 꺼내 둔다. 비교적 짧은 시간에 조리를 하므로 겉은 제대로 익었는데 속은 차가운 상태가 되지 않게 미리 꺼내야 한다. 반대로 오랜 시간 동안 조리를 하는 경우에는 고기를 공기 중에 오래 두어 육즙이 흘러나오게 하지 말고, 약간 차더라도 바로 조리를 하는 것이 맛과 영양을 살릴 수 있다.

(5) 고기는 조리 직전에 자른다

고기를 잘라서 오래 두면 육즙이 나와 맛이 달아나고 공기 중에서는 신선도도 떨어지므로 조리 직전에 고기를 자르도록 한다. 고기를 자르는 칼이 잘 들지 않으면 썰어진 면이 거칠어져 육즙이 많이 빠지게 되므로 잘 드는 칼을 사용하도록 한다.

(6) 힘줄은 잘라내고 조리한다

고기를 굽거나 튀겼을 때 오그라들면 보기에도 좋지 않고 먹기도 불편하다. 돼지고기나 쇠고기처럼 덩어리가 큰 고기는 살코기와 지방질의 사이에 희고 반투명한 힘줄을 자른 후에 조리한다. 그래야 고기가 조리 후에도 오그라들지 않는다.

(7) 고기결과 직각으로 자르면 연해진다

덩어리 고기를 얇게 썰어 사용할 때는 고기의 결과 직각으로 자르면 고기가 연해질 뿐만 아니라 열도 잘 받아 짧은 시간에 조리할 수 있다. 흐물흐물해져서 자르기가 힘든 고기는 냉동실에 넣어서 고기 주위를 약간 얼리면 자르기가 훨씬 쉬워진다.

채를 썰 때는 얇게 썬 고기결과 나란하게 자른다. 그래야 너덜너덜하게 부서지거나 오그라들지 않고 보기에도 좋으며 쫄깃쫄깃한 질감을 살릴 수 있다.

(8) 고기를 두드려서 연하게 한다

구이나 튀김을 할 때 고기를 연하게 하려면 고기를 두들겨 준다. 고기를 익히면 중심을 향해 오그라들므로 고기의 중심부에서부터 주위를 향해 가볍게 두드린다. 고기를 두드릴 때는 나무나 쇠로 만든 고기 전용 방망이(미트 텐더라이저)를 사용한다.

만약 전용기구가 없다면 두꺼운 유리병이나 맥주병, 국수 미는 밀대를 사용해도 좋다. 고기가 고르게 펴지도록 골고루 두드리도록 한다.

POINT

연육작용하는 과일

- 파파야 : 파파인 (papain)
- 파인애플 : 브로멜린 (bromelin)
- 무화과 : 피씬 (fisin)
- 배 (생강)
- 파파인의 최적온도는 60~71℃로 가열조리에서 촉진된다.
  이러한 효소는 소금과 혼합된 분말로 상품화되어 연육제(meat tenderizer)로 보급하며, 고기 450g당 1/2Ts 연육제를 뿌린 후 포크로 1/2인치 간격으로 깊숙이 자른다.

콜라겐 (collagen)

육류는 근육섬유, 결체조직, 지방조직, 골격조직으로 구성되며, 콜라겐은 결체조직에 속한다. 결체조직은 근섬유를 둘러싸거나 근속끼리 연결하거나, 근속을 다른 구조물과 연결하는 건, 장기를 지탱하는 조직, 뼈를 연결해주는 인대 등에 있고 가죽에도 있다. 결체조직에는 콜라겐 섬유와 일래스틱 섬유가 있고, 콜라겐은 습열로 장시간 가열하면 수용성의 젤라틴이 된다.

콜라겐은 불용성으로 매우 질기지만 젤라틴으로 전환된 근육은 연해진다. 젤라틴은 고온에서는 액체, 상온에서는 젤을 형성하여 편육과 족편을 만들 때, 근섬유를 재결합시켜준다.

Chapter 12

어패류의 조리

12-1 어패류의 종류

① 어 류 : 해수어, 담수어
② 두족류 : 오징어(squid), 문어(octopus)
③ 갑각류 : 게(crab), 성게(urchin), 새우(shrimp), 가재(lobster)
④ 조개류 : 굴(oyster), 대합(hard clam), 홍합(mussel), 바지락(short neck clam), 키조개(pen shell)
⑤ 복족류 : 전복(abalone), 소라(top shell)
⑥ 극피동물 : 해삼(sea cucumber), 멍게(sea squirt)

12-2 어류의 구성 성분

1) 단백질

어육단백질은 수조육과 같이 필수 아미노산의 모든 것을 함유하며, 어류의 종류에 따른 구성아미노산 조성도 큰 차이는 없다. 섬유상의 근육조직인 미오신과 액틴(actin), 구상의 근육조직인 미오겐, 그리고 결합조직인 콜라겐으로 구성된다. 미오신은 물에 잘 녹지 않으나 2~6%의 소금물에 녹고, 미오겐은 물이나 희석된 소금물에 녹는다.

표 12-1 어패류의 구성 단백질(%)

	방어	고등어	대구	상어	오징어	대합	우육
근원섬유 단백질	60	67	76	73	81	57	68
근장 단백질	32	30	21	17	16	41	17
육기질 단백질	3	2	3	10	2.5	2	15

2) 지 방

계절과 종류에 따라 차이가 있으며, 어류의 맛은 지방의 함량에 의해 좌우된다. 지방이 축적된 부위는 생선의 종류에 따라 다르나 일반적으로 피하, 복강 내, 지방조직, 근육, 간장, 뇌 등이다. 주로 불포화지방산이므로(80%) 독특한 냄새가 있고 불포화도가 높아 저장 중 산화되기 쉬우나 필수지방산이 많다. 생선은 산란기 직전에 지방함유량이 많아 맛이 좋다.

3) 무기질

뼈째 먹는 생선은 칼슘(Ca)과 인(P)의 좋은 공급원이다.

4) 비타민

생선의 간에는 비타민 A, D가 많으며, 그 밖에 티아민, 리보플라빈 등도 풍부하다.

12-3 해수어와 담수어의 종류

1. 해수어

1) 고등어 (mackerel)

고등어는 '바다의 보리'로서 동맥경화나 심근경색을 방지하는 ω-3 지방산인 DHA(docosahexaenoic acid, C_{22}:6)와 EPA(eicosapentaenoic acid, C_{20}:5)를 풍부하게 포함하고, 구순구강염을 방지하는 비타민 B_2, 노화를 예방해줄 수 있는 비타민 E가 많이 들어 있다.

조 리

비린내가 강한 고등어 등의 생선류는 된장으로 요리하면 좋은데, 된장이 지닌 단백질 성분이 냄새를 흡수하기 때문이다. 또한 고등어요리를 일본에서는 '시메사바(しめさば)'라고 부른다. 고등어초밥 한 개를 만드는 데는 10~11g이 적당하다.

POINT

고등어 감별법

① 몸은 방추형, 횡단면은 타원형이다.
② 등에 특유한 청흑색의 반점이 있고 옆구리 윗 부분의 살은 다른 살보다 색이 진하다.
③ 중간크기의 것이 맛이 좋고 10월에 잡힌 것이 더욱 좋다.

2) 꽁 치 (pacific saury)

옛부터 건강을 위한 생선으로서 서민의 맛을 대표하는 생선이다. 몸의 산화를 방지하고 젊음을 되찾는데 효과적인 비타민 E를 많이 함유하고 있다. 눈의 기능에 활력을 주고 야맹증에 효과가 있으며 악성 빈혈에도 효과적이다.

조 리

대표적인 요리로는 소금구이, 버터구이, 치즈구이, 조림, 양념구이 등이 있다.

POINT

꽁치 감별법

① 몸이 가늘고 길며 등 쪽은 검은 청색이고, 배 쪽은 흰색의 냉수성 어류이다.

② 가는 은빛 상태로 윤기가 나며 살이 처지지 않고 탄력있는 것이 좋다.

3) 정어리 (sardine)

'바다의 쌀' 이라 불리는 정어리는 EPA가 많이 포함되어 있다.

조 리

정어리와 토마토, 배를 함께 곁들인 요리는 칼슘, 비타민, 단백질 등 영양소가 풍부하다. 흔하고 값싼 정어리는 영양가가 많지만 신선도가 쉽게 떨어져서 회로는 잘 이용하지 않고 소금구이, 튀김, 조림 등으로 식용한다.

POINT

정어리 감별법

정어리를 살 때는 물을 뿌리지 않았더라도 윤기가 있고 비늘이 밝은 빛을 띠는 것을 골라야 한다.

4) 방 어 (amberfish)

사람의 뼈 생성에 깊이 관여하는 비타민 D가 풍부하다.

어린이의 구루병, 어른의 골연화증과 관련된 비타민 D는 체내에서 칼슘이 인의 흡수를 잘하게 하여 뼈의 노화를 방지하는 효과가 있다.

조 리

방어는 10kg 이상의 큰 것일수록 맛이 좋다.

① **생선회** : 겨울방어라 하여 겨울에는 참치의 뱃살보다도 더 알려져 있다.

② **구이** : 머리는 먹기 좋은 크기로 자른 후에 소금구이 및 간장구이로도 많이 이용한다.

③ **조림** : 지질이 많고 근육조직이 단단하여 겨울철에는 맛도 좋고 기생충의 우려도 없으므로 생식한다.

POINT

방어 감별법

① 몸은 방추형이고, 등 쪽은 철색을 띤 청색이고 배 쪽은 은색이다.

② 살은 붉은색, 특히 겨울철에 맛이 좋다.

생선회로 사용할 때 다다개(겉부분만 살짝 구운것)해서 사용하면 이색적이고 특유의 담백한 맛을 느낄 수 있다.

5) 전갱이 (horse mackerel)

비타민 A를 많이 포함하고 있어 눈을 좋게 하고 피부의 생장에도 깊은 관계가 있다. 부족하게 되면 미각이나 청각, 생식기에도 좋지 않은 영향이 나타난다.

POINT

전갱이 감별법

① 몸은 방추형, 등 쪽은 암흑색, 배 쪽은 백색이다.
② 몸이 단단하며 배 부분이 탄력 있는 것이 좋다.
③ 근해에서 잡은 것이 신선도가 좋고 10월 중에 잡힌 것이 더욱 좋다.

6) 삼 치 (chub mackerel)

동갈삼치과에 속하며 우리나라의 연해, 특히 서남해안에 많이 분포한다. 가장 맛이 있는 시기는 겨울이다.

POINT

삼치 감별법

① 몸은 긴 방추형으로 은회색이 나고, 살은 회백색이다.
② 등이 회청색이고 윤기가 흐르며, 몸살이 곧고 단단하며 탄력있는 것이 좋다.

7) 참 치 (다랑어, tuna)

시속 50~60km로 물 속을 헤엄쳐 가는 다랑어는 성인병, 암의 예방, 생식기능을 높이는 비타민 E가 풍부하고, 또 동맥경화 방지, 노화의 진행을 억제하는 효소를 구성하는 필수미량원소(Se)가 포함되어 있다. 근래에 원양어업으로 소비량이 급증한 어류이다. 선어보다는 냉동품과 통조림으로 가공해서 많이 쓰인다.

그림 12-1 참치회

조 리

생선횟감, 소금구이, 통조림 등에 사용한다.

POINT

참치 감별법

① 6~7월에 많이 출하된다. 회나 회덮밥용은 윤기가 흐르고 깨끗한 것으로 고른다.
② 절단부위가 청결한 것으로 한다.

8) 조 기 (yellow tailer)

우리나라 사람들이 가장 즐겨 먹는 어류로 살이 희고 맛이 담백하다.

POINT

조기 감별법

① 비늘이 은빛이고 살이 탄력 있는 것이 좋다.

② 산란 직후의 것이 맛이 좋으므로 복부가 불룩한 암컷을 고른다.

9) 가자미(도다리, flounder)

기초화장품의 성분으로써 각광을 받고 있는 콜라겐이 많이 포함되어 있다. 콜라겐은 피부를 건강하게 하고 정기를 주어 팽팽하고 윤기 있는 피부를 만들어 준다.

POINT

넙치(광어)와 도다리(가자미) 구별법

흰 아랫배 쪽을 바닥에 붙인 뒤 튀어나온 두 눈이 중심에서 왼쪽으로 쏠려 있으면 넙치이고 오른쪽으로 쏠려 있으면 도다리이다. 생선의 배쪽을 자기 앞으로 놓았을 경우 머리가 왼편으로 가는 것이 광어, 오른편으로 가는 것이 도다리(가자미)로 일반적으로 좌광우도라고 일컫는다.

• 세꼬시 : 가자미과에 속하며 길이 15cm 이하인 것

조 리

찜, 구이, 튀김, 조림 등으로 요리한다. 활어를 손질할 때는 아가미 부분을 잡고 꼬리부분에 칼집을 내어 피를 빼낸 다음, 배 쪽부터 살을 발라낸다.

그림 12-2
작은 바다가재를 채운 혀가자미 요리

가자미 구이에는 버터소스가 어울리고, 찜 요리는 다소 퍽퍽한 맛이 있으므로 양송이, 게살, 생크림을 졸인 후에 채워서 조리하면 맛있다. 살을 발라내고 남은 뼈와 머리부위는 생선스톡(stock)용으로 활용하면 이용가치가 크다.

POINT

가자미(가재미, 도다리) 감별법

① 몸이 넓적하고 눈은 대개 오른쪽에 붙어 있다.

② 비늘이 가지런하며 색상은 뱃살은 흰색이고 등살은 진한 고동색이며, 해동시 표면이 미끄럽고 끈적거림이 많은 것이 좋다.

10) 대 구 (cod)

아미노산의 일종인 타우린이 풍부하게 들어 있다. 피로회복, 시력증강 및 간장의 기능을 좋게 하고, 강장제나 흥분제로서도 타우린은 아주 큰 효과를 나타낸다.

> **POINT** 대구의 감별법
> ① 명태와 비슷하나 입이 훨씬 크고, 전체의 길이가 길다.
> ② 몸의 색깔은 담회색이고 한랭성 어류로 살이 희고 매우 담백하다.
> ③ 몸이 매끄럽고 갈색무늬가 고운 것이 좋다.

11) 명 태 (pollack)

우리나라에서 사시사철 제일 흔한 흰살 생선으로 맛이 담백하다.

조 리

우리나라에서는 탕, 젓갈(창란젓갈/명란젓갈), 전 등으로 사용한다.

> **POINT** 명태의 감별법
> 명태를 얼린 것은 동태, 말린 것은 북어, 동건조시킨 것을 황태, 반건조시킨 것을 코다리라 하는데 동태는 등빛에 윤기가 흐르며 배가 약간 흰색을 띤 것이 좋다. 명란은 색이 투명하고 알이 숙성되어 꽉 차 있으며, 껍질이 얇은 것이 좋다.

12) 가오리 (ray)

모양이 마름모형으로, 여름철에 맛이 좋고 여리지만 특이한 냄새와 질감이 있다. 조리할 때는 일부러 삭혀서 쓰기도 하고 말려서 쓰기도 한다. 10~11월에 출하된다.

> **POINT** 가오리 감별법
> 껍질을 벗겼을 때 붉은 핏기가 나는 것이 좋다.

13) 병 어 (pomfret)

마름모꼴 모양으로 맛이 좋으며 몸통색이 은백색으로 비늘이 붙어 있고 등살이 탱탱한 것이 좋다.

2. 담수어 (fresh water fishes)

1) 뱀장어 (water eel)

몸은 가늘고 길며 머리 쪽은 둥글고 꼬리 쪽은 납작하다. 연중 맛이 좋은 편이며, 지방과 비타민 B_1, B_2가 많다.

조 리

장어구이는 데리야키 소스를 2~3회 구워 가며 발라서 익히는 방법으로 요리하며, 요즘은 가공품이 발달되어 다양한 방법의 장어요리가 개발되고 있다.

> **POINT** 뱀장어 감별법
> 장어구이에는 보통 1마리가 130~150g 가량인 것이 좋다.

2) 잉 어(carp)

암회색이며 주둥이 주변에 4개의 큰 수염이 있다. 단백질, 지방, 칼슘, 철분이 풍부한 자양식품이며, 소화흡수가 잘된다.

조 리

잉어매운탕, 여름에는 잉어회, 겨울에는 잉어된장국 등이 널리 요리되고 있으며, 잉어회를 먹을 때에는 식초와 마늘을 곁들이면 더욱 좋다.

POINT

잉어 감별법

죽은 것은 비린내가 심하므로 살아있는 것을 구입하는 것이 좋다.
몸 길이 30cm 정도가 가장 좋다.

3) 미꾸라지(loaches)

연못가나 논두렁 및 수로에 많고, 진흙이 깔린 얕고 물의 흐름이 없는 곳에서 진흙 속의 유기물이나 미생물을 먹고 산다. 몸통이 매우 매끄러우며 주둥이는 길고 입이 아랫 쪽에 있으며, 입가에 5쌍의 수염이 있다.

조 리

미꾸라지는 산 채로 소금을 뿌려 거품과 해감을 깨끗하게 토하게 하고 다시 소금물에 여러 번 헹구어야 한다. 미꾸라지는 죽으면 쉽게 상하므로 가능한한 산 채로 요리하는 것이 좋다. 미꾸라지는 산지와 계절에 따라 그 맛이 달라지나 가을에 잡은 것을 제일로 친다.

- **추어탕** : 서울과 남부지방의 조리방식이 서로 다르다. 경상도 추어탕은 삶은 미꾸라지를 굵은 체에 담아 주걱으로 으깨어 베보자기로 짜서 국물을 내기 때문에 미꾸라지 흔적을 볼 수 없으나, 서울 추어탕은 미꾸라지가 통째로 들어있다. 추어탕에는 파와 고사리, 배추, 우거지와 같은 채소도 넣는데 호박순을 같이 넣어 끓이면 비린내가 깨끗하게 가신다.
- **추두부탕** : 솥에 두부 몇 모와 물을 붓고 산 미꾸라지 50~60마리를 넣고 가열하면 미꾸라지가 뜨거워서 두부 속으로 들어가서 죽는다.

POINT

미꾸라지와 산초

산초나무는 운향과에 속하는 관목으로 가을에 열매가 빨갛게 익고 까만 씨가 있다. 특유한 향기와 매콤한 맛이 있어서 어린잎과 과실은 향신료로 쓰는데, 중국 요리에 쓰이는 혼합 향신료인 오향 중의 하나이기도 하다. 한방에서는 건조한 과실을 산초, 과피는 천초라 한다. 조피나무, 초피나무 등의 이름도 있다.

산초의 매운 성분은 산시울, 크산톡신 등인데, 산시올은 변화되기 쉬워 과피를 가루로 만들어 두면 매운맛이 쉽게 없어지고 만다. 그러므로 추어탕에 쓰는 산초가루를 한꺼번에 많이 만들어 놓고 쓰는 것은 좋지 않다. 산초엔 상쾌한 향이 있어 미꾸라지의 비린내를 제거하는데 제일 어울리는 향신료이다.

4) 붕 어 (round crucian carp)

우리나라 전역의 하천, 호수, 늪에 분포되어 있고, 특히 충북 제천군 의림지의 붕어는 비린 냄새가 없어 최고이다.

산란기는 4~7월이고, 성어기는 5월이다.

조 리

찌개, 조림 등에 이용되고 회로 먹을때는 기생충의 감염이 우려되므로 주의한다.

5) 메 기 (japanese cat fish)

겨울에 걸쳐 봄에 맛이 좋고, 찜, 조리, 탕, 튀김으로 이용된다.

6) 무지개 송어 (rainbow trout)

깨끗한 물에 서식하며 머리에서 꼬리까지 붉은 띠와 무지개 빛이 있어 쉽게 식별된다. 미국에서 수입된 양식송어는 담황색으로 담록색의 반점이 있고 배 부분은 적황색이다.

3. 두족류(cephalopods)

많은 팔과 눈이 잘 발달되어 있으며 독특한 머리를 가진 연체류이다.

1) 오징어 (squids)

10개의 다리를 가지고 있고, 갑오징어, 무늬오징어, 화살오징어, 흰오징어 등이 있다.

마른 오징어를 계속 씹으면 단맛이 나는데, 이것은 프롤라인(proline)이 함유되어 있기 때문이다.

오징어를 가열하면 탄성상태가 되어 씹기 힘들어지는데 이는 미오신(myosin) 때문이다.

2) 문어류 (octopus)

다리가 8개이며, 낙지(small octopus), 꼴뚜기(sea arrow), 문어(poulp, octopus) 등이 있다.

대부분 조림문어나 초문어로 가공되고 그 밖에 말리거나 훈제품, 초밥재료, 찌개, 볶음, 회 등으로 이용된다.

4. 갑각류(crustaxea)

머리, 가슴, 배의 3부분으로 구별되며, 외골격근은 키틴질(chitin)을 함유하고 있으며 가식부는 50% 정도이다.

새우나 게를 가열하면 홍색이 되는데 이는 카로티노이드(carotenoid)계 색소인 아스타잔틴(astaxanthin)이 단백질과 결합하여 청록색이었던 것이 가열에 의해 아스타신(astacin)이 되기 때문이다.

1) 새우류(shrimps)

새우의 타우린은 간장에서 콜레스테롤 대사를 촉진하여 콜레스테롤이 체내에 쌓이지 않게 하고, 세포막의 작용을 정상적으로 유지시키며, 간에서 과산화지질의 생성을 방지한다.

또한 신경전달물질 또는 신경조절물질로 작용하거나 항산화 작용을 가지고 있어 생체 내 유리라디칼(free radical)을 중화시키는 역할을 수행하여 각종 해독 작용에 관여하기도 한다.

25~27cm정도 길이인 대하(large shrimp), 12~15cm 중하(medium shrimp), 보리새우(tiger prawn)가 있고, 생산시기는 늦가을에서 겨울이며, 이때 글리신(glycin) 함량이 최고에 달해 맛이 있다.

혼자서 여행할 때 여행지에서 새우를 먹지 말라는 말이 있다. 이는 곧 신장을 강하게 하여 양기를 왕성하게 하는 식품이기 때문이다. 또한 신장을 보호하며 허리를 강하게 하고 뼈를 튼튼히 한다. 새우에 함유된 베타인(betaine)은 강장효과, 콜레스테롤 감소 효과를 낸다.

죽은 후에 쉽게 부패되므로 각별히 유의해야 한다. 특히 머리 부분의 부패가 급속하므로 선도 유지를 위해서는 머리 부분을 제거하여 냉동 보관하는 것이 좋다.

꼬리가 검게 되어 있거나 튀김 시에 검게 변하면 선도가 나쁜 것이다.

조 리

찜, 구이, 전채(hors-d'oeuvre), 가니쉬(garnish), 수프(soup), 샐러드, 튀김, 젓갈(5월에 담근 오젓, 6월에 담근 육젓(김장용), 가을에 담근 추젓)

> **POINT**
>
> **새우와 표고버섯**
>
> 표고버섯은 생리활성물질인 다당체 레티난과 구아닐산이 많으면, 비타민 D의 모체인 에르고스테롤이 풍부하다. 이들은 혈중 콜레스테롤을 저하시키는 효과가 크며, 또한 에르고스테롤은 새우에 풍부한 칼슘의 흡수를 도와주는 역할을 한다.

2) 게류(crabs)

암게는 배부분의 배받이가 반달형이고 수게는 종추형이다. 양쪽에 5개의 다리가 있고 몸체는 칼슘분비로 딱딱한 껍질로 덮여있으며 성장과정동안 껍질을 계속 벗는다.

왕게(king crab)는 4~5월경 산란하고, 닭게(red crab)는 11~3월에 어획하며 꽃게(blue crab)는 겨울야간에 주로 잡는다. 그 밖에 털게(horse hair crab), 대게(snow crab, green crab) 등이 있는데 영덕대게가 유명하다.

봄 · 여름은 살이 많은 수컷을, 겨울에는 알이 많은 암컷을 사는 것이 좋다.

조 리

찜, 튀김, 통조림, 샐러드, 삶기 등

3) 바닷가재(lobster) 가을에서 봄까지 제 맛을 볼 수 있으며, 바닷물과 얼음을 채워 살아있는 것을 이용해야 한다.

조 리

튀김, 그릴링, 삶기, 수프, 소테 등

5. 조개류

1) 굴(oyster) 특유의 냄새가 나고 우유빛을 내며, 껍질이 붙어있는 무거운 것을 선택한다. 주름이 많고 통통하고 가장자리의 검은 색이 선명하고 탄력이 있는 것이 좋다.

조 리

날것, 수프, 파이, 스튜, 스터핑(stuffing), 에피타이저, 베이킹, 튀김, 어리굴젓 등

2) 홍 합(mussel) 입이 벌어지지 않고 껍질이 깨지지 않았으며, 흑자색의 광택을 띠고 홍합살에서 냄새가 나지 않고 살이 퍼지지 않는 것을 선택한다.

조 리

국, 찌개, 찜, 샐러드

3) 대 합(hard clam) 여름이 산란기이고 가을에서 봄까지 식용할 수 있으며, 3~5월에 가장 맛이 있다. 냉장보관 시엔 껍질째 보관하고, 소금물에 담가 이물질을 제거한 후 껍질을 벗겨 내장을 제거한다.

조 리

수프, 초밥, 전골, 찌개, 조림, 탕

4) 바지락 (short neck clam) 2~4월경 가장 맛이 좋고 양식을 일년 내내 이용할 수 있다.
1~2% 소금물에 여러 시간 담가 토사하게 한 후 사용한다.

조 리

국, 찌개, 젓갈, 통조림

5) 키조개
(pen shell)
(조개관자; saint Jacques goguille)

가을에서 봄 사이에 가장 맛이 좋고, 살아있는 것은 바닷물에 담가 그대로 냉장고에서 4~5일 보존되고, 관자는 냉동하여 보관한다.

키조개의 살은 특이한 냄새 때문에 별도 이용되지 않으나 조개관자는 크기 때문에 회, 초밥재료, 초무침으로 생식되거나 튀김, 찌개 등에 이용한다.

6. 복족류

1) 전 복
(abalone, ear-shaped shell)

생것은 회로 먹고, 죽, 초밥, 구이, 탕, 초무침으로 이용된다. 오분자기는 작기 때문에 껍데기가 붙은 채로 조려 먹기도 한다. 전복내장은 햇볕에 닿으면 독화하는 클로로필 유도체가 함유되어 있으므로 특히 봄에는 먹지 않는 것이 좋으며 말려서 회나 죽으로 이용한다.

2) 소 라
(top shell)

내장부분이 녹색이면 암컷이고 흰 것은 수컷이다. 겨울부터 여름이 제철이며, 6~7월은 산란기이므로 맛이 떨어진다. 구매 시 살아있고, 살이 위로 빠져나오지 않고, 탄력이 있으며 무거운 것을 선택한다.

조 리

회, 찜, 구이, 초무침, 통조림

7. 극피동물

1) 해 삼
(sea cucumber)

청삼과 적삼의 두 종류가 있고 우리나라 전 연안에 분포한다. 모양이 오이와 비슷하며 체표면에 돌기가 돋아 있다.

사용할 때는 입끝을 자르고 개복하여 내장을 뺀 후 소금을 뿌려 미끈한 점액을 제거한 후에 이용한다. 회로도 이용되고 말려서 중국요리에 사용한다. 건해삼을 불리는 법은 우선 마른 해삼을 찬물에 하루 정도 불린 다음 소금물로 씻고 내장을 제거한다. 깨끗한 물을 끓여 해삼을 넣고 끓으면 바로 내린다. 위의 과정을 4번 정도 반복한다.

POINT

해삼 감별법

표면에 나온 돌기가 확실하며, 굵고 짧은 것이 신선하다. 초겨울이 제철이다.

2) 멍 게
(sea squirt)

우렁쉥이라고도 하며, 우리나라 전 연해의 암초에 분포하고 있다. 생으로 초고추장에 찍어먹거나 소금절임으로 가공하여 사용한다.

POINT 멍게 감별법
4~6월에 가장 많이 잡히며, 껍질에서 등적색 광택이 나는 것이 좋다.

12-4 패류의 구성성분

① 지방의 양이 적고 비타민 A, 티아민, 리보플라빈, 단백질, 글리코겐이 많이 함유되어 있으나, 결합조직이 많아 소화흡수율이 낮다.
② 젖산, 초산, 호박산 등이 함유되어 있으며, 특히 조개의 호박산은 특별한 국물 맛을 낸다.
③ 굴에는 글리코겐과 비타민 A가 풍부히 함유되어 있으며 소화흡수율이 높다.

12-5 어류의 선택과 손질

(1) 생선 고르기

신선한 생선은 표면에 광택이 나고, 눈알이 맑고 외부로 약간 나와 있다. 아가미는 선명한 붉은색을 나타내고 비늘의 밀착상태가 좋으며, 근육은 탄력이 있고 비린내가 적다.

(2) 생선 씻기

생선을 여러 번 물로 씻으면 수용성 단백질의 손실이 크다. 냉수에 한 번 살짝 씻는 정도가 적당하고 토막을 내지 않고 통째로 씻어야 한다.

12-6 어패류 조리 시의 변화

(1) 어패류와 소금

2~6%의 소금물에 생선을 절이면 생선조직 내에서 액틴과 미오신이 용해되어 액토미오신을 형성하며, 생선을 절인 후 시간이 경과할수록 액토미오신의 젤이 많이 생기므로 절인 생선의 살이 흩어지지 않아 요리하기 쉽다.

(2) 어패류와 산

생선에 식초를 첨가하면 산미가 가해지므로 맛을 돋우기도 하고 비린내를 감소시키기도 하며, 단백질을 응고시켜 생선살이 단단해진다.

(3) 어패류와 맛 성분

① 생선은 육류와는 달리 사후 강직 상태에서 맛이 좋으며, 산란기 직전에 지방 함유량이 가장 많고 맛도 좋다.

② 신선한 생선은 유리아미노산, 트리메틸아민옥시드(try-methylamine oxide, TMAO), 이노신산(inosinic monophosphate, IMP), 글루타민산(glutamic acid), 크리아틴(creatin) 등 감칠맛 있는 성분을 가지고 있다.

③ 오징어, 문어, 새우는 타우린과 베타인이 주를 이루고, 패류는 호박산이 주를 이룬다.

④ 생선의 비린내는 신선한 생선의 단맛 성분인 트리메틸아민옥시드(TMAO)가 세균에 의해 환원되어 생성되는 트리메틸아민(TMA)에 의한 것이다.

POINT

생선의 비린내 제거법

① 비린내는 파, 마늘, 생강, 후추, 술, 간장, 고추장, 된장, 식초, 우유, 무즙, 겨자 등의 여러 가지 양념을 사용하여 억제시킬 수 있다.

② 생선 단백질은 생강의 탈취작용을 방해하므로 생강으로 비린내를 제거할 때에는 생선 단백질을 일단 응고시킨 다음 생강을 넣어줘야 비린내 제거작용을 제대로 할 수 있다.

(4) 가열 시의 변화

① 생선의 콜라겐은 가열함에 따라 젤라틴이 되는데, 생선조림의 국물이 식으면 굳는 것은 용해된 단백질과 젤라틴 때문이다.

② 생선은 결합조직이 적으므로 물이 끓을 때 넣어야 표면 단백질이 순간적으로 응고하여 부스러지지 않는다.

③ 새우, 게, 가재 등의 갑각류는 가열하여 익으면 변색한다(원리 : 원래 붉은 색인 아스타잔틴(astaxanthin)이 단백질과 결합한 상태에서는 붉은색을 띠지 못하다가 가열에 의해 단백질이 변성되면 아스타신(astacin)이 되어 자신의 붉은색을 되찾게 된다).

④ 조개류는 물을 넣어 가열하면 호박산에 의해 독특한 시원한 맛을 낸다.

12-7 생선 조리법

(1) 조림법

생선을 국물과 함께 90~100℃의 온도에 끓이는 것이다. 생선조림을 할 때 주의할 점은 익히는 정도이다. 조리할 때는 비린내를 감소시키기 위해 처음 수 분간은 뚜껑을 열어 두는 것이 좋고, 그 후 약 15분 가량 조린다. 마늘 등은 생선이 거의 다 익은 다음 넣는다.

(2) 튀김법

생선의 비린 냄새를 없애며 작은 가시까지 먹을 수 있는 조리로서 기름에 튀기는 것이 가장 효과적이다. 튀김용 밀가루는 글루텐의 함량이 적은 박력분을 사용하는 것이 좋으며, 박력분은 물과 달걀로 갠 즉시 생선에 씌워 튀긴다.

(3) 구이법

생선은 굽기에 적당하지 않은 것이 있기는 하나 대체로 구이를 하는 것이 생선 자체의 맛을 살리는 좋은 조리법이고, 특히 지방함량이 높은 것일수록 굽는 것이 좋다.

(4) 회

육질의 맛과 회칼에 의한 절단면의 매끈한 입맛을 즐길 수 있다. 소화는 잘 되지만 세균에 의한 오염과 부패 등이 우려되므로 위생 면에 주의해야 한다.

POINT

자반

- **자반** : 자반이라 하면 흔히 절인 생선을 떠올리지만, 실제는 반찬이 되는 마른찬, 부각, 절인생선, 짭짤한 밑반찬 등을 두루 이르는 말로 한자로는 좌반(佐飯)이라 쓴다.
- **생선을 소금에 절인 것** : 고등어자반, 준치자반
- **해산물이나 건어물을 기름에 튀긴 것** : 매듭자반, 미역자반
- **해산물이나 건어물을 기름에 볶거나 무친 것** : 북어무침, 자반미역볶음, 김자반, 파래자반
- **쇠고기를 간장에 조린 것** : 장산적, 장조림, 똑똑이자반, 약포 조림
- **채소를 이용한 자반** : 풋고추자반, 더덕자반

부각, 튀각류

채소나 해산물을 간장, 찹쌀풀을 발라 말렸다가 기름에 튀긴 음식으로 풋고추, 참가죽잎, 깻잎, 두릅, 김, 다시마, 메뚜기, 우엉잎 등이 이용된다.

Chapter 13

알류의 조리

13-1 달걀의 구조

달걀은 알껍질, 알껍질막, 흰자, 흰자막, 노른자, 배 및 알끈으로 구성되어 있다. 정상적인 달걀은 40~70g이며, 껍질 10%, 난백 60%, 난황 30%로 구성되고, 난백은 단백질(알부민, 오브알부민)과 수분(대부분 차지) 등으로 이루어진다.

난황은 단백질(비텔린, vitellin)과 지방의 함량이 높고, 카로티노이드계 색소인 크산토필(xanthophyll)이 있어 노란색을 띠고 있다.

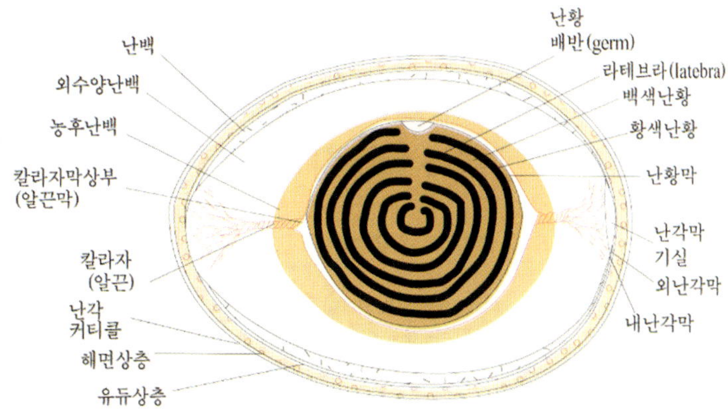

그림 13-1 달걀의 구조

13-2 구성성분

1) 단백질

난백의 단백질은 알부민(albumin), 오브알부민(ovalbumin)이고, 난황의 단백질은 인을 함유한 비텔린(vitellin)이다(단백가 100).

2) 지 방

유화지방으로 노른자의 인지질인 레시틴은 소화흡수율이 좋아서 마요네즈 제조 시 유화제로 쓰인다.

3) 비타민

비타민 A, 티아민, 리보플라빈, 비타민 D도 다량 함유되어 있다.

4) 무기질

난백의 Fe는 특히 생체 내에서 이용가치가 높으며, 그 밖에 S와 K, Na, Cl이 많고 S은 난단백질 중의 함황 아미노산 및 황산의 모양으로도 존재한다.

표 13-1 우리나라 달걀의 등급기준

등 급	중 량
특 란	61g 이상
대 란	55~20g
중 란	48~54g
소 란	42~47g
경 란	42g 이하

POINT

달걀 감별법

달걀의 품질은 크고 균일한 것이 좋으며, 달걀 껍질이 꺼칠꺼칠하고 광택이 없는 것일수록 신선하며, 표면에 금이 간 곳이 있거나 분뇨에 오염되어 불결한 것은 좋지 않다.

또 달걀을 흔들어 보아서 내용물이 움직이는 것을 느낄 수 있는 것은 오래된 것이며, 깨뜨려 보았을 때 난황이 완전한 원형으로 알의 중앙에 있어야 한다. 이때의 난황계수(난황높이／난황지름)는 0.36~0.44 정도가 가장 좋다. 또한 비중 1.027(6% 소금물)의 식염수에 넣었을 때 가라앉는 것이 신선한 것이다.

13-3 조리에 의한 변화

(1) 열응고성

흰자는 60℃에서 응고되기 시작하여 65℃가 되면 완전히 응고되고, 노른자는 65℃에서 응고되기 시작하여 70℃에서 완전히 응고된다.

(2) 황화제1철(FeS)의 형성

달걀을 껍질째 삶으면 난백과 난황 사이에 검푸른색이 생기는 것을 볼 수 있다. 달걀을 완숙할 경우 15분 이상 삶으면 흰자의 황이 분해되어 황화수소(H_2S)를 만들어 이것이 노른자의 철(Fe)과 결합하여, 황화제1철(FeS)을 형성하여 흰자와 노른자 사이에 검푸른색(녹변)이 나타난다.

(3) 난백의 기포성

달걀 흰자를 강하게 저으면 기포(거품)가 생기는데, 이것은 흰자에 들어 있는 오보뮤신(ovomusin), 오보글로불린(ovoglobulin), 콘알부민(conalbumin) 등의 단백질이 흰자를 저을 때 들어간 공기를 둘러싸기 때문이다. 설탕은 거품을 안정시키므로 마지막 단계에 넣어서 머랭(meringue) 등을 만든다. 이를 이용해서 스펀지 케이크 재료나 음료의 장식으로 이용할 수 있다.

(4) 난황의 유화성

노른자에는 유화작용을 일으키는 성분인 레시틴이 있고, 노른자 속의 기름은 수중유적형인 유화상태이다. 이 유화성을 이용한 조리는 마요네즈로서 유화를 확대시킨 것이며, 난황은 마요네즈의 유화제로서 난백의 약 4배의 유화 효력을 가지고 있다. 전란으로 마요네즈를 만들 때의 유화력은 난황과 난백의 중간 정도가 된다. 그 밖에 달걀은 케이크, 아이스크림, 크림 퍼프(cream puff) 등의 조리에서도 유화역할을 한다.

> *Guide*
> • **크림퍼프** (cream puff) 슈 패스트리로 만든 작고 혹 같은 모양에 단 휘핑 크림이나 커스터드를 채운 것

13-4 달걀의 조리법

(1) 프라이드 에그 (fried Egg)

달걀을 팬에 익히는 조리법으로 익히는 정도에 따라 over light, lover easy, lover medium, over well, over hard, sunny side up으로 나눌 수 있다.

① Over light : over easy보다 위쪽의 흰자를 아주 얇게 익히는 것을 말한다.
② Over easy : 팬이나 그릴에 오일이나 버터를 바른 후 얹고서 흰자가 어느 정도 익었을 때 뒤집는 방법
③ Over medium : over easy와 같은 방법으로 하는데 노른자를 반 정도 익히는 것이다.

그림 13-2 프라이드 에그

④ Over well : over easy와 같은 방법으로 노른자가 다 익은 상태이다.

⑤ Over hard : over easy와 같은 방법으로 뒤집기 전에 노른자를 깨뜨려 완전히 익은 상태이다.

⑥ Sunny side up : 팬이나 그릴에 오일이나 버터를 바르고 달걀을 깨어 얹고서 흰자만 익혀 태양이 떠오르는 것처럼 선명하게 하는 것을 말한다.

(2) 삶은 달걀(boiled egg)

끓는 물에 원하는 시간대로 익혀서 껍질이 붙은 그대로 손님에게 내는 상태를 말한다.

① 반 숙 : 98~100℃, 3분간 가열하면 난백만 굳어지고, 5분간 가열하면 난황이 반숙된다.

② 완 숙 : 완숙에 필요한 온도는 98~100℃에서 12분, 85~90℃에서 25~35분, 70℃에서 1시간 30분 정도

③ 소화시간 : 달걀반숙(1시간 30분) < 완숙(2시간 30분) < 생란(2시간 45분) < 달걀부침(3시간 15분)

(3) 포치 에그(poached egg)

식초를 물에 섞어서 90℃ 정도로 끓는 물에 3~4분간 익힌 후 스키머로 건져내어 토스트나 puff paste(구운 과자)에 얹어서 낸다.

(4) 스크램블 에그(scrambled egg)

버터를 팬에 녹인 후 흰자와 노른자를 잘 섞어 넣고, 낮은 온도에서 나무젓가락으로 계속 휘저어 주어 되직하게 만든 후 크림과 소금을 섞어낸다.

스패니쉬 오믈렛(Spanish Omelet)

치즈 오믈렛(Cheese Omelet)

그림 13-3 오믈렛의 종류

(5) 오믈렛 (omelet)

흰자와 노른자가 잘 섞이도록 휘저어 푼 다음 오믈렛 팬에 버터를 녹인 후 계란을 붓고 팬을 앞뒤로 당기며 나무젓가락으로 저으면서 타원형으로 접는다.

넣는 재료에 따라 치즈오믈렛, 버섯오믈렛, 베이컨오믈렛 등 종류는 다양하다.

13-5 달걀의 조리성 응용

① **달걀의 희석성 응용** : 알찜(푸딩), 커스터드 등을 만들 때는 가열 시 거품이 생기지 않도록 증기온도를 80~90℃로 하여 농도를 높이는 것이 좋다.
② **달걀의 응고성 응용** : 완숙 달걀 등
③ **달걀의 기포성 응용** : 스펀지 케이크, 케이크의 장식, 머랭 등
④ **달걀의 점착성 응용** : 햄버거 등
⑤ **달걀의 유화성 응용** : 마요네즈 등

POINT

- Mousse(무스) : 계란, 생크림, 설탕, 럼을 혼합한 다음 글라스에서 차갑게 한 것이며, 부재료에 따라 종류가 다양하다.
- Pudding(푸딩) : 밀가루에 과일, 우유, 계란 등을 넣고 향료와 설탕을 넣어 구워 만든 것으로 식후에 먹는 말랑말랑한 케이크의 일종
- Custard(커스터드) : 푸딩같은 디저트(우유와 달걀을 섞어 달게 하여 만드는 푸딩같은 디저트)로서 굽거나 레인지 위에서 저어서 만든 것이다. 분리되는 것을 막기 위해 천천히 조리하고 은근한 열에서 조리해야 한다.
- Meringue(머랭) : 딱딱하게 휘저은 달걀 흰자와 그래뉴당의 혼합물이다. 설탕을 완전히 녹이기 위해서는 달걀 흰자를 휘저으면서 한 번에 한 테이블스푼씩 설탕을 첨가해야 한다. 파이, 푸딩, baked Alaska 같은 다른 디저트 위에 빙빙 돌려서 얹는 데 사용된다.

표 13-2 기포성에 영향을 미치는 요인

기포성에 영향을 미치는 요인	영 향
신 선 도	오래된 달걀은 농후난백보다 수양난백이 많아 신선한 달걀보다 거품이 잘 일어난다. 그러나 거품의 안정성은 적다.
온 도	난백이 응고되지 않을 정도의 온도(30℃)에서 가장 거품이 잘 일어난다.
첨 가 물	• 설탕 : 거품을 완전히 낸 후 마지막 단계에서 넣어 주면 거품이 안정됨 • 기름 : 거품이 현저히 저하되고 안정성도 적어진다.

Chapter 14

우유 및 유제품의 조리

14-1 우유를 이용한 조리

1. 젖소의 종류

소는 기원전 8,000~5,000년까지 메소포타미아에서 가축화되어 그 후 긴 역사 중에서 유용종, 육용종, 역용종, 두 가지 이상의 목적을 겸한 겸용종으로 구분되고 있다. 유용종의 대표가 홀스타인종(Holstein)으로 세계적으로 사육되는 젖소도 대부분 이 종이다.

네덜란드, 독일 북부가 원산지이고 유량은 많은데 유고형분, 특히 단백질과 지질의 함유량이 적다. 저지(Jersey)종은 영국, 채널제도가 원산지이고 유량은 별로 많지 않은데 지방분이 많으며 카로틴 함량이 높다. 거친 사료에 견디며 내서성도 있다. 그 밖에 간지종, 에어셔종(Ayrshire) 등이 알려져 있다.

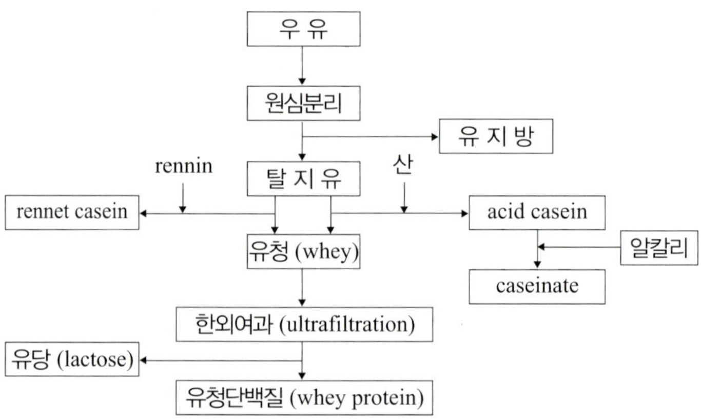

그림 14-1 우유 성분의 분리

원료유는 신선하며 항생물질 등의 이물질이 없어야 하며 시유처리과정에서 알코올 시험, 환원시험 등을 실시한다. 원료유에는 각종 효소가 존재하는데 카탈라아제(catalase), 과산화물(peroxidase), 염기성 포스파타아제(phosphatase), 아밀라아제(amylase), 프로테아제(protease), 리파아제(lipase) 등은 치즈제조에 영향을 미친다. 특히 염기성 포스타파아제는 정상적인 살균과정인 63℃에서 30분 가열에 의해서 불활성화되기 때문에 우유 살균의 적절성 지표가 된다.

일반적으로 치즈제조용 우유는 미생물학적 성질을 조정하기 위해서 저온살균 열처리를 한다. 과도한 살균은 우유 단백질을 열변성시키므로 응유효소 레닛 (rennet)에 의한 응고작용이 불충분하게 되어 치즈제조에 불리하다.

우유는 치즈제조 전에 균질화(homogenization), 여과(filtration), 청정화(clarification) 등의 처리가 이루어진다.

2. 우유의 성분

1) 단백질(3% 내외)

우유의 단백질은 카제인(casein)으로 약 78%를 차지하며, 그 밖에 락트알부민(lactalbumin)이 약 10%, 락토글로불린(lactoglobulin)이 3% 가량 함유되어 있고, 기타 단백질 및 질소화합물이 9% 등으로 함유되어 있다.

2) 무기질

우유에는 특히 칼슘(Ca)이 많이 함유되어 있고, 이는 흡수되기 쉬운 상태로 존재하므로 더욱 효과가 좋다.

3) 탄수화물

대부분이 유당(젖당)이다. 유당은 포유동물의 젖 속에서만 존재하는 유일한 당류로, 소장점막에서 합성된 락타아제에 의해서 가수분해되어 단당류로 흡수 및 이용된다. 우유의 온도가 34~37℃일 때 가장 단맛을 내며, Ca의 흡수율을 높이고, 비피더스균이 자라기 쉬운 환경을 만들어 정장효과를 가진다. 또한 위에서 잘 발효되지 않아 미숙한 위를 가진 유아에게 적당하다.

4) 지 방

60~70%가 포화지방산이며, 나머지가 불포화지방산이다. 다른 지방산과 비교할 때 저급지방산, 탄소수가 홀수인 지방산이 비교적 많이 들어 있는 것이 특징이다. 대부분이 중성지방으로 지방 함량이 높을수록 우유의 농도가 높아지고 맛도 좋아지므로 우유의 품질을 결정한다.

5) 비타민

비타민 A, B_1, B_2, C, D 및 나이아신(niacin) 등 동물의 영양에 필요한 비타민을 거의 모두 함유하고 있으나, 비타민 C는 함량이 일정하지 않고 파괴되기 쉬우며, 비타민 D는 필요량에 비하여 대단히 적게 들어 있다.

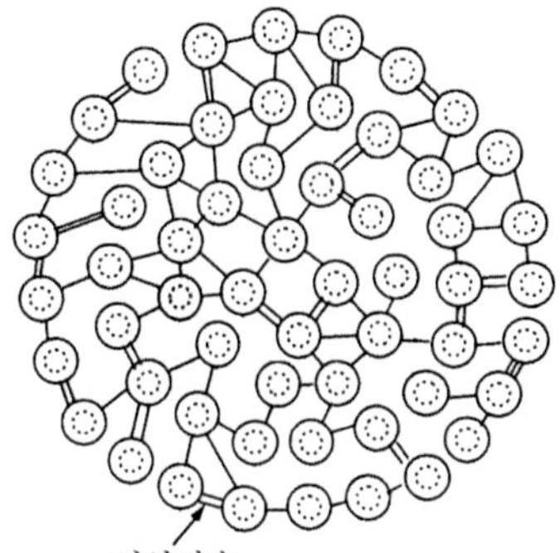

그림 14-2 카제인 미셀의 구조

3. 우유의 조리성

(1) 요리를 희게 한다

우유가 백색 불투명한 것은 카제인(casein)이 Ca, 인산염으로서 비교적 큰 콜로이드 입자이므로 이것이 빛에 부딪쳐 반사되기 때문이다. 그 위에 무수한 지방구가 분산되어 있으므로 희게 보인다. 각종 수프, 화이트 소스, 화이트 스튜, 크림 등에 우유를 사용하는 것은 음식의 색을 희게 하는 목적과 더불어 매끄러움과 감칠맛을 더해주기 위해서이다.

(2) 매끄러운 감촉과 유연한 맛과 방향을 준다

우유는 콜로이드 용액이므로 그대로 음용해도 맛이 좋고 약간의 감미와 방향을 느낀다. 조리에서는 특별한 조작을 하지 않고 많은 식품에 혼합, 첨가할 수가 있다.

(3) 단백질의 젤(gel) 강도를 높인다

달걀에 우유를 넣은 난액을 적도에 가열하면 우유에 포함된 Ca, 기타의 염류의 작용에 의하여 단백질의 젤화를 용이하게 하고 젤 강도도 높아진다.

(4) 제품에 좋은 탄색을 준다

우유를 사용한 과자류를 구웠을 경우 탄색은 설탕 외에 우유가 큰 역할을 한다. 탄색은 우유 중의 아미노산과 환원당이 반응하여 갈색의 물질을 형성하기 때문이다. 설탕의 캐러멜(caramel) 형성 반응과 함께 탄색이 생기는 반응의 하나이다.

(5) 생선의 비린내를 흡착한다

우유 중에는 미세한 지방구나 카제인 입자가 많이 포함되어 있어 여러 가지 것을 흡착하는 힘이 있다. 이 성질을 이용하여 생선을 굽거나 튀기기 전에 우유에 담가두면 비린내가 빠진다. 그러나 주의할 점은 우유 저장 시에 다른 불쾌한 성분이 우유로 흡착되지 않도록 해야 한다.

(6) 유 동 성

유동성인 우유는 타 식품과의 혼합이 잘 된다. 우유는 고형분 11%의 수용액으로 하여 커피, 홍차 등의 액체와 혼합 분산시키면 균질한 액체가 된다. 또 밀가루, 설탕, 코코아 등 분말상의 고체와도 잘 혼합된다.

4. 조리시 일어나는 문제점

(1) 가열처리에 의한 일반적 변화

① 피막의 형성

40℃ 이상으로 가열하면 우유의 표면에 단백질이 불가역적 침전을 일으켜 얇은 피막을 형성하게 된다. 처음에는 엷은 유동성의 것이 생겨나고 점차 강해지며 두꺼워진다. 피막은 단백질이 표면에 집합되어 응고하고 그것에 다량의 지방이나 기타의 성분이 흡착된 것이다.

② 지방구의 응집

지방구를 둘러싸고 있는 엷은 단백질의 피막은 가열에 의해 파열되고 그 결과로 지방구의 재결합을 초래하게 되어 응집하게 된다.

③ 우유 중에서 채소, 고기 등을 가열했을 경우의 우유의 응고

④ 갈색화(당과 단백질의 작용)

우유를 고온에서 장시간 가열하면 갈색화된다. 그 원인으로서는 단백질의 아미노기와 유당과의 사이에 아미노 카르보닐 반응(amino-carbonyl reaction)과 유당의 캐러멜화 등을 생각할 수가 있다.

⑤ 익는 냄새(가열취)

우유를 76~78℃에 급열하면 익는 냄새라는 특유의 냄새와 맛이 생긴다. 가열시간이 길게 되면 비교적 저온에서도 발생한다. 가열취가 날 때는 황화물이 검출된다.

(2) 가열조리에 의한 성분의 변화

우유 중의 알부민은 63℃ 이상이 되면 약간의 온도상승에 의해서도 응고는 증가한다.

(3) 산에 의한 우유의 응고현상

신선한 우유의 pH는 약 6.6이다. 우유를 보존하는 과정에서 공기와 접촉되면 우유 내의 CO_2가 배기되면서 우유의 pH는 약간 높아진다. 그러나 시간이 경과하면 젖산균이 젖산을 형성하여 우유 내의 pH는 낮아진다. 우유에 산을 넣으면 응고물이 생기는데 이 응고물은 주로 카제인이다.

(4) 레닌에 의한 우유의 응고

레닌은 포유동물의 위에서 분비되며 위에서 카제인이 프로타아제에 의해서 가수분해되기 전에 카제인을 응고시키는 효소이다.

(5) 페놀화합물에 의한 우유의 응고

채소에 우유나 크림을 가하여 조리할 때에는 응고물이 생길 때가 종종 있다.

(6) 염류에 의한 우유의 응고

음식 중에 들어 있는 소금은 카제인이나 알부민을 응고시키는데 이러한 응고작용은 고온에 의하여 촉진된다.

14-2 유제품을 이용한 조리

1. 우유가공품

1) 크 림(cream)

우유를 원심분리하여 지방을 모은 것으로서 수중유적(o/w)형의 유화액이다. 우유의 지방은 다른 유성분보다 가벼우므로 그릇에 넣어 두면 황백색의 층이 생기는데 이것을 크림층이라고 한다. 수프나 소스의 마지막에 넣음으로써 입맛을 돋우어 준다. 양질의 아이스크림 재료로써도 중요하다.

POINT

- Topping(토핑) : 요리에 얹거나 치는 것(소스, 크림 등)
- Whipping(휘핑) : 거품일구기. 빠른 동작으로 Beating(두들기는 것)하여 공기를 넣음으로써 부풀게 하는 것
- Napper(나페) : 주재료 옆에 뿌려 주는 경우 나페라고 함. 또는 '소스를 앙트레의 표면에 씌우다' 라는 의미

2) 버 터(butter)

우유에서 분리한 크림은 유지방구막을 파괴시켜 유지방을 분리시키고, 이 유지방만을 모아서 압착시켜 잔존하는 수분을 버터에 분산시켜 유화상태로 만든 것이 버터이며, 물성은 유중수적형이다.

표 14-1 크림의 분류

하 프 크 림	지방률 12% 이상 커피 등의 음료 외에 디저트 등에 쓰인다.
라이트크림 싱글크림	지방률 18% 이상 커피 등 음료에 쓰인다.
휘 핑 크 림	지방률 35% 이상 휘핑해서 토핑, 나페 등 케이크용으로 사용된다. 또 요리용으로 쓰인다.
더 블 크 림	지방률 48% 이상 고급의 디저트류 등에 사용된다.
클로디드 크 림	지방률 55% 이상 고칼로리이고 소화에 좋으므로 환자식으로 쓰인다.

버터의 조리법 중 녹이지 않고 사용하는 조리법으로는 샌드위치 빵에 버터를 발라서 수분이 빵에 스며드는 것을 막는 경우, 버터 크림을 만들어 장식용으로 쓰이는 경우, 파이, 쿠키에 넣어서 사용하는 경우 등이 있다. 녹여서 사용하는 조리법으로는 루(roux), 뫼니에르(meuniere) 등에 이용된다.

3) 치 즈(cheese)

(1) 치즈의 분류 및 종류

치즈의 분류는 일반적으로 수도원의 이름, 원료유의 종류, 상품명 또는 치즈의 성질, 원산지, 모양, 수분함량, 제조법 및 숙성법 등에 따라 분류할 수 있다. 일반적인 분류 방식으로는 치즈의 수분함량에 따른 경도와 숙성방법에 따라 표 14-2과 같이 분류하고 있다.

치즈는 우유에 유산균을 첨가, 발효시킨 후 우유효소를 첨가하여 응고된 것이다. 우유단백질 카제인의 젤이라고 설명할 수 있는데 우유 중의 단백질, 지방, 무기질, 비타민을 포함한 영양가가 높다. 또한 치즈는 부패하기 쉬운 것을 부패하지 않게 만든 저장식품이다. 치즈를 수분함량별로 분류하면 다음과 같다.

가) 연질 치즈(soft cheese)

연질 치즈는 수분이 45~47%가 되는 치즈이다.

① 크림 치즈(cream cheese) : 영국인이 애용하는 치즈이며 지방이 8~10% 되는 크림을 원료로 해서 만든 것이다. 샌드위치, 샐러드 또는 빵이나 크래커에 발라서 먹는 데 이용한다.

③ 코티지 치즈(cottage cheese) : 이 치즈는 희고, 두부보다 부드러운 작은 결정의 치즈이며 탈지유 또는 전유를 원료로 해서 만든다.

③ 림버거 치즈(limburger cheese) : 벨기에인이 애용하는 치즈로서 전유로 만든 것이다.

표 14-2 치즈의 분류

구 분	종 류	수분함량	숙성(미생물)	치 즈	가스기공
자연치즈 (natural cheese)	연질 (soft)	40% 이상	수주간 (세균)	Limburger	−
			(곰팡이)	Camembert	−
			비숙성	Cottage	−
				Cream	−
				Neufchatal	−
	반경질 (semi-soft)	36~40%	수개월 (세균)	Brick	−
			(곰팡이)	Roquefort	−
				Blue	−
				Gorgonzola	−
				Stilton	−
	경질 (hard)	25~36%	수개월~1년 (세균)	Emmental	+
				Gruyere	+
				Cheddar	−
				Edam	−
				Gouda	−
	초경질 (very hard)	25% 이하	수개월~1년(세균)	Parmesan	
가공치즈 (process cheese)	천연치즈를 혼합가열하여 살균한 후 제품화				

④ 까망베르 치즈(camembert cheese) : 프랑스의 치즈로서 냄새가 강하며 전유 또는 일부 탈지유로 만든다. 샌드위치에 이용하며 크래커와 함께 먹기도 한다.

나) 블루 치즈 : 프랑스 치즈이며 곰팡이 치즈이다.

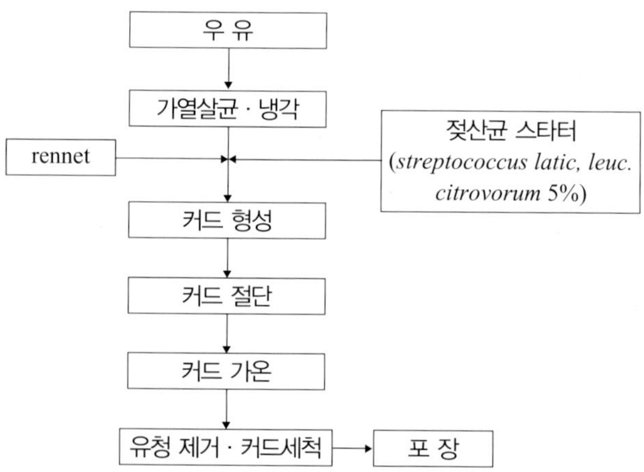

그림 14-3 Rennet 첨가 cottage치즈(비숙성치즈) 제조공정

다) 반경질 치즈(수분 38~45%)

① **브리크 치즈**(brich cheese) : 전유 또는 탈지유로 만든 미국 치즈이다.

② **스틸톤 치즈**(stilton cheese) : 영국 치즈로서 전유를 원료로 만들며 푸른 곰팡이 치즈이다.

③ **로크포르 치즈**(roquefort cheese) : 프랑스 치즈로서 우유, 염소젖을 원료로 한다.

라) 경질 치즈(수분 30~40%)

① **체다 치즈**(chedder cheese) : 경질 치즈 중에서 가장 유명하며 영국의 체더 지방이 원산지이다.

② **에담 치즈**(edam cheese) : 전유 또는 일부 탈지유로 만들며 네덜란드인이 즐겨 먹는 치즈이다.

③ **에멘탈 치즈**(emmenthal cheese) : 전유나 크림을 혼합해서 만들며 스위스 치즈라고도 한다.

④ **파마산 치즈**(permesan cheese) : 이탈리아에서 많이 이용된 치즈이며, 전유, 양젖, 염소젖, 부분 탈지유를 원료로 한 분말 치즈이다.

⑤ **고다 치즈**(gouda cheese) : 네덜란드 남쪽에 있는 고다 마을이 원산인 경질 치즈이다.

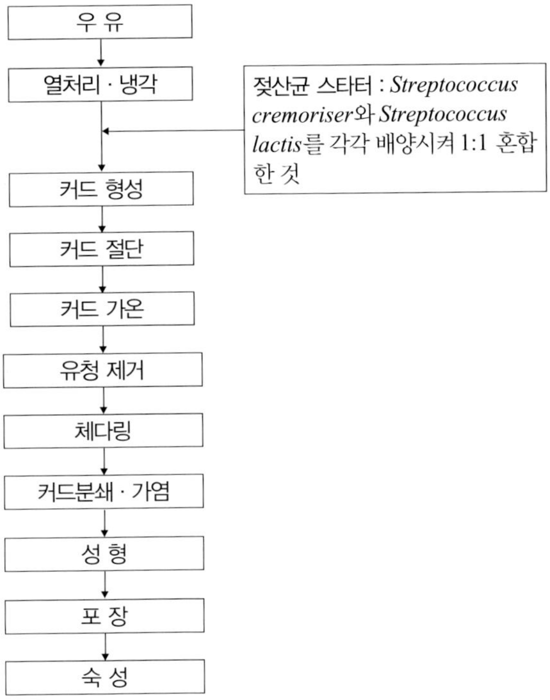

그림 14-4 체다치즈 제조과정

(2) 치즈제조

치즈의 제조과정은 치즈의 종류에 따라서 차이가 있으며 응고과정과 숙성과정에서 다양한 미생물들의 작용과 생화학적 변화에 의해서 독특한 풍미와 조직감이 만들어지는 복잡한 발효과정이 수반된다.

Guide

• **커드**(curd)

우유가 산이나 응유 효소에 의하여 응고된 것

일반적으로 치즈제조(cheese making)는 원료유의 처리, 우유의 응고, 커드(curd)의 압착과 유청분리, 성형과 숙성의 단계를 포함한다.

치즈의 품질을 좌우하는 가장 중요한 요소는 우유품질에 달려있다. 일반적으로 치즈는 종류에 따라서 소, 양, 말, 물소, 낙타 젖을 원료로 이용한다. 우유의 조성은 품종, 비유기, 계절, 환경온도, 사료 및 질병 등에 따라서 현저하게 달라질 수 있다.

일반적으로 신선한 우유는 수분함량이 88%이며 고형분은 12% 전후이며, pH 6.5, 산도 0.16% 이하이다. 사람과 동물 젖의 일반성분은 표 14-3과 같다.

표 14-3 사람과 동물 젖의 일반성분조성 (단위:%)

성분	사람	소	염소	양
단백질(protein)	1.0	3.4	2.9	5.5
카제인(casein)	0.4	2.8	2.5	4.6
지방(fat)	3.8	3.7	4.5	7.4
유당(lactose)	7.0	4.6	4.1	4.8
회분(ash)	0.2	0.7	0.8	1.0

우유의 성분들은 우유 단백질들과 유당이 주된 고형분으로서 이들의 물리적, 화학적 성질을 이용하여 그림 14-1과 같이 분리된다. 우유 단백질 중에서 유청단백질(whey protein)의 주된 성분인 베타락토글로불린(β-lactoglobulin)은 열에 불안정하며 산에는 안정하다.

반면에 카제인(casein)은 열에 안정하며 산에는 불안정하여 산성조건에서 침전되어 유청단백질과 분리된다. 또한 카제인은 응유효소인 레닌(rennin)의 처리에 의해서 응고되어 유청단백질과 분리된다.

4) 아이스크림

아이스크림은 주재료로써 크림, 우유, 버터, 탈지분유, 지방, 가당연유 등의 유제품이 쓰이는데 크림을 충분히 사용한 것이 가장 품질이 좋다. 지방은 아이스크림의 맛을 좌우하는 중요한 인자 중의 하나이다. 적당량의 지방은 부드러우면서도 단단한 질감을 주며 아이스크림의 질을 높인다. 그러나 지방함량이 많으면 아이스크림이 너무 단단해진다.

아이스크림, 아이스밀크, 락토아이스의 3종류로 나뉘어지며, 각각 성분 규격과 제조 및 보존방법의 기준이 정해져 있다.

표 14-4 아이스크림류의 법적 규제
(젖 및 유제품의 성분규격에 관한 규정-식품공전)

종류 / 규격	성분규격			
	유고형분	유지방분	대장균군	일반세균
아이스크림	15% 이상	8% 이상	음성	10만개/g 이하
아이스밀크	10% 이상	3% 이상	음성	5만개/g 이하
락토아이스	3% 이상	-	음성	5만개/g 이하

아이스크림류는 일반적으로 −20~−25℃의 냉동고에 보존되므로 보존료, 산화방지제를 첨가하지 않아도 보존성은 비교적 좋아 보통 1~2년간 보존할 수 있다. 또 아이스크림, 아이스밀크 및 락토아이스는 성분에 차이가 있지만 보존성에는 거의 차이가 없다.

장기보관할 경우 아이스크림류는 이취를 흡착하기 쉬우므로 이취 있는 다른 식품 등과 혼재되지 않도록 특히 주의해야 한다.

아이스크림류에는 미생물(세균, 곰팡이, 효모 등)이 존재할 경우, 저온조건에서는 증식하지 않으나, 대부분의 미생물은 거의 사멸하는 일이 없고, 정균(靜菌) 상태로 잔존한다. 따라서 원재료의 취급 및 제조과정의 위생관리에는 주의가 필요하다.

POINT

Sherbet(샤베트)
과즙을 주로 하며 설탕, 달걀 흰자, 물, 향료를 넣어서 얼린 것

5) 분 유

우유의 수분을 제거하여 분말상태로 한 것으로 전지분유, 탈지분유, 가당분유, 조제분유 등이 있다.

(1) 전지분유

생유, 우유 또는 특별우유에서 거의 모든 수분을 제거한 후 분말상으로 건조한 것이다.

전지분유의 성분규격은 유고형분 95.0 % 이상, 그 중 유지방분 25.0% 이상, 수분 5.0% 이하, 세균수(표준평판배양법으로 1g당) 500,000 이하, 대장균군 음성이라 규정되어 있다.

전지분유의 제조공정

생유 → 검사 · 계량 → 냉각 → 저유 → 가온 → 표준화(지방조정) → 살균 → 농축 → 건조 → 저분 → 계량, 포대 넣기 → 전지분유

표 14-5 전지분유의 규격

사항등급	특 급	표 준	격 외
외 관	광택있는 연크림상을 나타내고, 반점없이 분립은 일정하며, 굳은 덩어리가 없는 것	두드러진 결함이 없는 것	특급 및 표준에 해당되지 않는 것
풍 미	풍미 양호하고, 산미, 염미, 변질지방취, 탄내, 기타 다른 냄새, 다른 맛을 지니지 않은 것	위와 같다.	위와 같다.
용해성	온탕(약 50℃)에 의한 용해성이 양호하며, 용해 때 지방이 분리없이 부유물, 침전물 또는 이물이 혼입하지 않은 것	위와 같다.	위와 같다.
유고형분	96.0% 이상인 것	95.0% 이상인 것	위와 같다.
수 분	4.0% 이하인 것	5.0% 이하인 것	위와 같다.
유지방분	26.0% 이상인 것	25.0% 이상인 것	위와 같다.

(2) 탈지분유

생유, 우유 또는 특별우유의 유지방분을 제거한 것에서 거의 모든 수분을 제거하고 분말상으로 건조한 것을 말한다. 그 성분규격은 유고형분 95.0% 이상, 수분 5.0% 이하, 세균수(표준평판배양법으로 1g당) 50,000 이하, 대장균군 음성이라 규정되어 있다.

또 FAO/WHO합동위원회에 의한 국제규격에서는 유지방함량 1.5% 이하, 수분 5% 이하로 되어 있다. 영문명칭은 Skimmed milk powder, Nonfat dry milk, Dried skimmed milk라 정해져 있다.

탈지분유의 제조공정

생유 → 검사 · 계량 → 냉각 → 저유 → 가온 → 분리 → 살균 → 농축
→ 건조 → 저분 → 계량, 포대넣기 → 탈지분유 ↘ 크림(버터제조 등)

표 14-6 탈지분유의 규격

사항등급	특 급	표 준	격 외
외 관	광택있는 연크림상을 나타내고, 반점이 없고, 분립은 균일하며 굳은 덩어리가 함유되지 않은 것	현저한 결함이 없는 것	특급 및 표준에 해당되지 않는 것
풍 미	풍미 양호하고, 산미, 염미, 변질취, 탄내, 기타 다른 냄새, 다른 맛이 없는 것	위와 같다.	위와 같다.
용해성	온탕(약 50℃)에 의한 용해성이 양호하며, 용해 때 부유물, 침전물 또는 이물이 혼입하지 않은 것	위와 같다.	위와 같다.
유고형분	96.0% 이상인 것	95.0% 이상인 것	위와 같다.
수 분	4.0% 이하인 것	5.0% 이하인 것	위와 같다.

• Burnt(탄내) : 단백질이 탄 냄새, 건조기에서의 과가열
• Acid(산미) : 젖산발효

6) 연유 (농축유, condensed milk)

우유에 16%의 설탕을 첨가하여 약 1/3의 부피로 농축시킨 가당연유와, 우유를 그대로 1/3의 부피로 농축시킨 무가당연유가 있으며, 사용할 때 3배의 물을 첨가하면 우유와 같은 조성이 된다.

7) 요구르트 (yogurt)

탈지유를 1/2로 농축시켜 8%의 설탕에 넣고 가열, 살균한 후 젖산발효시킨 것으로 정장작용을 한다.

8) 탈지유 (defat milk)

원심분리법으로 우유에서 지방을 뺀 것이다. 비타민 A, D가 결핍되어 있다.

2. 우유와 조리

(1) 과자류

설탕의 캐러멜 형성 반응과 우유 중의 아미노산과 환원당의 반응(아미노카보닐 반응)에 의해 과자류의 빛깔을 좋게 할 수 있다.

(2) 푸딩류

우유 중의 칼슘, 그 밖의 염류에 의해 단백질의 젤(gel)화가 용이해지므로 젤의 강도를 강하게 한다.

(3) 생선류

생선의 조리에 있어 콜로이드 용액(우유, 쌀뜨물, 된장 푼 물 등)에 담가 두면 콜로이드 용액의 흡착성질에 의해 생선의 비린내를 감소시킬 수 있다.

Chapter 15

젤라틴과 한천을 이용한 조리

15-1 젤라틴(동물성 젤리)

젤라틴(Gelatin)은 동물의 뼈, 껍질을 원료로 한 콜라겐(collagen)을 가수분해하여 얻는 동물성 단백질이기는 하나 필수아미노산의 함량이 적고 생물학적 영양가가 낮은 불완전단백질이다. 콜라겐은 동물의 결합조직, 건, 뼈, 가죽, 비늘 등에 있으며 물이나 묽은 산에서 끓여 이들 중에 함유되어 있는 콜라겐을 분해 · 분리 · 정제해서 식용 젤라틴을 얻는다.

젤라틴의 이용

젤라틴은 조리시에 응고제, 유화제, 결정방해물질 등으로 이용된다. 젤라틴을 사용할 때에는 먼저 젤라틴을 어느 정도 불리고 소량의 뜨거운 물을 부어 완전히 용해시킨 후 나머지 물을 붓고 어느 정도 굳으려 할 때 다른 첨가물을 넣는다. 첨가물이 가용성일 때는 나머지 물을 첨가할 때 녹여 섞어서 몰드(mold)에 넣고 굳힌다.

① 젤라틴 후식

Plain fruit dessert, sponge and snow, spanish cream과 barbarian cream 등이 있다.

② 샐러드

젤라틴, 과일즙, 채소즙, 채소 썬 것 등을 넣고 굳혀서 샐러드로 이용한다.

③ 족 편

재래식 족편은 소의 족에 함유된 결체조직인 콜라겐에 물을 가하며 천천히 가열하여 젤라틴으로 변화시켜 굳힌 것이다. 족편은 화력의 강약, 가열 시간 등에 따라 제품의 견고도가 일정하지 않고, 제품의 가격도 비싼 편이다.

15-2 한천(식물성 젤리)

한천은 우뭇가사리의 열추출액의 응고물인 우무를 얼려 말린 해조가공품으로 천연한천과 공업한천으로 나뉜다. 세포벽 성분으로 주성분은 다당류인 갈락탄(galactan)으로 D, L-galatose를 함유한 아가로오스(agarose)와 아가로펙틴(agaropectin)의 2가지로 구성되어 있다.

영양가는 거의 없으나 장의 연동을 높여 변비를 방지하는 효과가 있다. 또한 한천은 저열량 식품으로 많이 이용되며 여러 가지 응고제, 젤리, 과자의 제조, 미생물의 배양배지에 이용된다.

POINT

우무의 탈수방법의 차이

- **천연한천** : 겨울에 옥외에서
  자연동결 → 자연해동 → 천일건조
- **공업한천** : 인공적 동결 → 해동 → 건조
  (플레이크 상태, 가루상태)

한천을 이용한 음식

대부분 후식으로 이용된다. 푸르트젤리(Fruit jelly)는 한천에 물을 가하여 흡수시킨 후 설탕을 가하고 가열 · 용해한 다음 60℃ 정도에서 일정량의 과즙을 넣고 몰드에 넣어 냉각 · 응고시킨다.

양갱은 한천에 물을 가하여 30분 정도 침지시켜 가열한 다음 설탕을 가하여 끓인다. 끓으면 팥앙금을 가하고 다시 끓여 틀에 넣고 응고시킨다. 양갱의 표면이 얇은 층으로 싸여 있는 것은 제품에 아름다운 윤기와 광택을 주고 있다.

설탕에 졸인 과실을 스펀지 케이크 위에 장식하고 한천젤리로 고정한 것은 전체에 아름다운 투명감이 있고 과실에는 윤기를 준다. 즉, 이 한천젤리는 제품의 수분증발을 막는 작용을 한다.

Part III

기초식품과 발효식초

CHAPTER 16 음료와 주류

Chapter 16

음료와 주류

16-1 음료

1. 차의 종류

차는 차나무의 어린잎을 따서 음료로 가공한 제품이며, 세계적으로 애용되는 비발효성 기호음료로서 커피나 코코아, 기타 음료를 능가하는 세계 최대의 음용량을 나타내고 있는 것으로 보고되고 있다. 차는 목마를 때 목을 축여 주고, 심신의 피로를 풀어 주며, 사람과 사람 사이에서 윤활유와 같은 역할을 하기도 한다.

차나무는 키가 2~3m인 관목과 30~32m에 달하는 교목이 있고, 그 품종에는 중국종과 인도종이 있다. 우리나라에서 생산되는 차는 야생차와 재배차가 있다.

1) 녹 차(綠茶)

같은 녹차라도 산지와 차를 따는 시기별로 분류된다. 찻잎을 화열 또는 증기로 쪄서 열변시켜 불활성화시킨 것이 비발효차인 녹차이다.

표 16-1 차의 종류

분 류		종 류	특 징
비발효차(녹차)	(증제) 일본식	교쿠로	1번차의 발아기에 차나무에 발을 덮은 후 딴다.
		센 차	태양광선 밑에서 자란다.
		반 차	1번차를 딴 후 남은 잎, 줄기를 사용한다.
		맛 차	교쿠로와 같은 차잎을 비비지 않고 가루로 한 것
	(부초제) 중국식	중국녹차	찌지 않고 솥에서 볶아 효소를 불활성화시킨다.
		부초차	일본식 중국 녹차, 규슈산의 아오야나기차
반발효차		우롱차	솥에서 볶기 전 일부 발효시킨다.
		파오종차	우롱차보다 발효가 가볍고, 녹색이 남는다.
발효차		홍 차	충분히 발효시켜 탄닌이 산화된 상태
		홍전차	차잎을 장시간 퇴적해 미생물로 발효시킨다.

우롱차는 찻잎을 햇볕에 쪼여서 다소 시들게 하여 잎 성분의 일부를 산화시켜 방향이 생긴 후에 볶은 반발효차로 향미는 녹차와 홍차의 중간이다. 홍차는 차잎을 시들게 하여 잘 문질러서 잎 속에 들어 있는 산화효소의 작용으로 잎성분의 산화를 일으켜 말린 차이다.

빠우종차는 반발효차에 속하며, 향미가 녹차에 가깝다. 단차는 차잎을 증기로 연화시켜 틀에 넣어서 압축하여 판자형이나 누룩형으로 차를 정형한 후 말린 것으로, 녹차를 원료로 한 것이 녹단차, 홍차를 원료로 한 것이 홍단차이다.

이 밖에 차나무의 차잎이 아닌 다른 원료로 만든 차가 아닌데 차라고 부르면서 마시는 신개발차와 약차 등도 있다.

2) 홍 차 (紅茶, black tea)

홍차의 역사는 차의 문화발상지이자 차의 원산지인 중국 운남성에서 시작되었다. 홍차의 원형인 녹차와 우롱차는 중국에서 기원전부터 영차로써 사용된 음료였다. 이러한 차가 실크로드를 거쳐 중근동으로 전파되었다.

1610년 이르러 네덜란드의 연합 동인도회사가 중국차인 우이차를 사들여 유럽에 수출하자 중국차는 유럽 각지에 전파되었다. 그러나 이때 차는 홍차가 아닌 비발효차인 녹차였다.

우이차 잎의 색이 흑색으로 진하므로 영국인은 이를 블랙 티라고 이름을 붙였고 유럽에서 곧 인기를 모아 차의 주류를 형성하게 되었다. 홍차는 산지별로 인도 홍차, 스리랑카 홍차, 중국 홍차 등이 있다.

(1) 엽 차 (leaf tea)

① 꽃-오렌지-홍차(flowery-orange-pekoe) : 약간 실크같은 털이 있는 잎으로 잎 끝이 가장 우수하고 맛이 있다.
② 오렌지-홍차(orange-pekoe) : 잎 끝이 잿빛이나 금색으로 된 맛이 있고 둥그렇게 말린 잎
③ 홍 차(pekoe) : 가지 끝에서 두 번째 잎으로 만든다.
④ 실론산 홍차(pekoe-souchong) : 길고 만개된 세 번째의 거친잎, 수총(souchong) 잎은 크고 원추형 모양이며 거칠게 말려진다.

(2) 가루차 (broken tea)

이 차는 혼합차의 재료로 쓰이고 잎을 계속 반복하여 돌려 만들어서, 표면적을 넓게 함으로써 빨리 녹게 해준다.

(3) 스크랩 차 (scrap tea)

찌꺼기가 있고 질이 떨어지는 차로 대부분 차꾸러미를 채우는 데 쓰인다.

(4) 루스 티(loose tea)

철분이 적고 석회질이 많은 물을 이용하며, 끓는 물 24L에 24g의 차를 넣어 2분 이내에 따라야 맛 좋은 홍차를 마실 수 있게 된다.

표 16-2 약차의 종류, 재료 및 효능

차의 이름	재 료	효 능	달여 먹는 법
결명자차(扶明子茶)	결명자(扶明子)	관장염, 구내염, 눈병, 녹내장, 뇌병, 류머티즘, 늑막염, 결막염, 당뇨, 만성변비, 만성위장병, 위확장, 위하수, 장경련, 위산과다, 신장염, 위아토니, 신우염, 심장병, 소화불량, 명목, 방광염, 부인병, 신결통, 폐결핵, 중독증 등	결명자를 볶아 3~5g을 1회분 기준으로 달여서 장기간 복용한다. 단, 6개월 이상은 들지 말고 다시 복용할 때는 3~4개월 쉬었다가 들도록 한다.
구기자차(拘杞子茶)	구기자의 잎 또는 열매	강장제, 정력보강 등	생잎이나 말린 잎 또는 열매 20g정도를 1회분 기분으로 달여서 복용한다.
국화차(菊花茶)	국화의 꽃이나 잎	두통, 기침, 신경통, 피부윤택, 냉증 등	꽃이나 잎을 생으로 쓰거나 말린 것 3~4g을 1g회분 기분으로 달여서 복용한다. 단 장기간 복용하면 남자의 양기가 준다고 전해진다.
들깨차	들깨가루	원기회복, 미용(들깨죽)	들깨를 말려 가루 내어 40~50g 정도를 1회분 기준으로 끓는 물에 타서 복용한다.
모과차(木瓜茶)	모과(木瓜)	각기병, 급체, 증서, 신진대사 촉진, 근육경련, 폐결핵(5~6개월 이상 복용), 토사곽란, 진해 등	모과를 생으로 쓰거나 말린 것을 잘게 썰어 씨는 버리고 10g정도를 1회분 기준으로 달여서 복용한다.
생강차(生薑茶)	생강(生薑)	소화촉진, 곽란, 비위, 건위, 구역질, 이질, 하혈, 증서, 진통, 복통, 정력보강 등	생강을 생으로 쓰거나 말린 것 10g정도를 1회분 기준으로 달여서 장기간 복용한다.
쌍화차(雙和茶)	감초, 계피, 당귀, 대추, 생강, 천궁, 숙지황, 작약, 황기 등 9가지	기침, 원기회복, 건위, 정력증진, 진해, 강장회복, 강심, 상한 등	적당량을 달여서 1일 1회씩 장기간 복용한다.
오미자차(五味子茶)	오미자(五味子)	강장회복, 거담, 기침, 진해, 폐기보호 등	말린 오미자 10g 정도를 1회분 기분으로 달여서 장기간 복용한다. 단, 오래 달이면 효능이 적다.
유자차(柚子茶)	유자(柚子)	기침, 두통, 소화기능 증진, 신경통, 요통 등	유자껍질을 생으로 쓰거나 말린 것 10~15g 정도를 1회분 기분으로 끓는 물에 타서 복용한다.
율무차	율무	담낭, 방광결석, 영양공급, 건위, 진해, 이뇨, 물사마귀, 기미, 주근깨	율무를 볶아 가루 내어 1회 15~20g을 1회분 기준으로 달여서 4~5개월 복용한다.

(5) 아이스 티(iced tea)

홍차 29g을 끓는 물 0.6L에 넣어 2~3분쯤 있다가 불에서 내린다. 20~30분쯤 두었다가 찬물 2L에 부어 얼음을 넣어서 제공한다.

3) 커 피

커피는 주로 열대 · 아열대성 기후의 강우량이 많은 지방에서 재배된다. 커피열매는 처음에는 흑녹색이었다가 성숙해 감에 따라 황금색으로 변하고, 6~7개월이 지나면 마침내 짙은 붉은색으로 변하는데, 이것이 바로 커피열매이다. 이 커피열매의 껍질을 벗기면 과육이 들어 있고, 이것을 벗기면 콩같은 커피씨가 들어 있는데 이것을 커피생두라고 부른다.

커피의 원료인 원두는 마일드, 브라질과 원종의 하나인 로브스타(Robusta)가 현재에는 세계 커피의 3대 주종이 되어 있다.

커피의 종류에는 헤이즐넛, 프렌치바닐라, 아이리쉬크림, 비엔나커피, 아이스커피, 버터커피, 잼커피, 커피젤리, 진저커피, 커피펀치, 커피밀크셰이크, 카페카푸치노, 하니커피 등이 있다.

① 인스턴트 커피(Instant Coffee)

커피를 농축 건조시킨 후 가루로 만든 것으로, 사용하기 편리하다.

② 데미타스(Demitasse)

after-dinner coffee로서 아침 커피보다 두 배 강하다. 우유 또는 크림을 넣지 않으며 설탕도 넣지 않는 경우가 많다.

③ 비엔나 커피(Vienna Coffee)

커피잔에 거품을 낸 크림 2tsp과 설탕 2tsp을 넣고 뜨거운 커피를 붓는다.

④ 에스프레소 커피(Espresso Coffee)

이탈리아 커피로 유럽에서 많이 이용한다. 커피를 완전히 가루로 하여 에스프레소 커피기구에서 여과한 후, 크림을 넣지 않고 설탕, 레몬과 같이 낸다.

⑤ 카푸치노(Coffee Capuccino)

에스프레소 커피와 동량의 뜨거운 우유를 넣고 계피가루나 너트메그를 조금 뿌려준다.

⑥ 카페오레(Cafe au lait)

프랑스의 밀크 커피이다. 커피를 보통보다 두 배로 강하게 하여, 동량의 우유를 데워서 한 커피 잔에 붓는다.

⑦ 아이리시 커피(Irish Coffee)

뜨거운 커피에 아이리시 위스키(Irish whisky)와 설탕을 섞어 커피잔에 담고 위에 거품을 낸 크림을 얹는다.

⑧ 아이스 커피(Iced Coffee)

뜨거운 커피를 만들어 긴 유리컵에 얼음 조각을 많이 담아 낸다. 설탕을 넣고 마신다. 럼주나 브랜디를 섞어 거품 낸 크림을 얹기도 한다.

4) 코코아

코코아의 어원은 코코아 열매의 씨를 건조해서 볶은 것을 말한다. 코코아 덩어리는 코코아가루의 기본이고 초콜릿 제조의 천연 재료이다. 코코아는 흥분제뿐만 아니라 식품으로 이용하기도 한다. 코코아는 지방이 많은 영양식품이며, 단백질과 녹말은 소량 함유되어 있다.

5) 탄산음료

사이다 · 코카콜라 · 헬스 드링크와 같이 이산화탄소를 함유한 기포성 음료를 말한다.

(1) 사이다

사이다의 유래는 그리스와 로마 시대 천연의 광천수를 약용으로 이용한 데서 비롯되었으며, 1767년 영국의 과학자 조셉 프리스틀리(joseph priestley)가 인공 탄산수를 만든 것이 최초의 공업적 제조였으며 1780년부터 사이다가 제조되었다.

표 16-3 사이다 음료의 품질기준

항 목	사이다 규격
당농도(%)	9.0 이상
회 분(%)	0.1 이상
철 분(pp)	0.2 이하
pH	3.0 ~ 4.0
인공감미료	불검출
기 타	향미가 양호하고 혼탁 · 침전물이 없어야 함

(2) 콜라음료

콜라음료는 처음에는 사치스런 음료로 생각되었으나, 1970년대 후반부터 보편화된 청량음료로 남녀노소의 기호식품이 되었다. 콜라음료는 영양적인 것보다 기호성을 주목적으로 하는데 특히 중량으로 0.05% 이상 탄산가스를 함유하고 있으므로 상쾌한 느낌을 준다.

표 16-3 콜라 음료의 품질기준

항 목	콜라 규격
당농도(%)	9.5 이상
회 분(%)	0.1 이상
철 분(pp)	0.2 이하
pH	3.0 ~ 3.5
인공감미료	불검출
기 타	향미가 양호하고 혼탁 · 침전물이 없어야 함

16-2 술(주류)

술은 인류의 음식문화 중에서 제일 오래된 것일 것이다. 인류의 역사와 함께 탄생했다 해도 과언은 아니다. 술이란 알코올 성분이 있는 기호성 음료로서 주류 또는 알코올 음료를 말한다. 즉, 탄수화물이 미생물의 분해작용을 받아 알코올을 비롯한 여러 가지 성분이 생긴 일종의 발효음료로 알코올이 1° 이상 들어 있는 마실 수 있는 것을 말한다. 술은 곡식이나 과일과 같은 당질을 함유한 물질을 곰팡이와 같은 미생물의 작용으로 발효시켜 만든다.

이들 발효조미료는 에탄올(ethanol)을 함유하고 있으며 그 양은 마린(marin) 13%, 정종 15%, 브랜디(brandy)나 위스키(wisky)는 45% 정도이다. 마린은 일본 특유의 조미료이며 갈색화반응에 의해 갈변을 일으키므로 장어구이에 빼놓을 수 없는 것이다. 또한 술이나 마린은 풍미를 돋울 뿐 아니라 생선이나 고기를 부드럽게 해준다.

발효원료로서는 전분질을 주성분으로 하는 곡류, 감자류와 당분을 주성분으로 하는 과일, 당밀이 이용될 수 있다. 전분질은 미생물이나 맥아에 의하여 생성되는 당화효소에 의하여 당분으로 전환되어야 한다. 또 당분은 효모에 의하여 혐기적 상태에서 알코올과 탄산가스로 분해된다. 따라서 알코올 생성에는 당화작용과 알코올 발효과정이 필요하다. 알코올 음료는 편의상 양조주, 증류주, 혼성주로 나눈다.

1. 맥 주(Beer)

1) 정 의

엿기름, 홉 및 물을 원료로 해서 발효시킨 것이다. 맥주의 역사는 5,000년 이상이나 되며, 세계 각지에는 다종다양한 맥주가 존재한다. 그 맥주들은 원료, 효모의 종류, 발효법, 농도, 색, 산지 등에 따라 다양하게 분류되는데, 여기서는 발효방법, 색조, 산지에서의 분류를 나타내고 있다(표 16-5).

필스나 맥주는 세계맥주의 주류이며, 동양의 일반 맥주도 이 계통에 속한다.

표 16-5 맥주의 분류

발효법	색 조	산 지
하면발효	담 백	필스나맥주(체코), 도르트문트맥주(독일), 독일담색맥주, 미국맥주
	중동색	빈맥주(오스트리아)
	농 색	뮌헨맥주(독일)
	담 색	페일에일(영국)
상면발효	농 색	스타우트(영국), 포터(영국), 란빅(벨기에)

2) 원재료 및 효모

주원료인 엿기름은 맥주양조용으로 적합한 유럽원산 보리로 만든다. 엑스분(extractives)이 높고, 효소력이 강해서 발효경과가 좋은 엿기름이 담색맥주에 적합하다. 홉은 맥주에 독특한 방향과 상쾌한 쓴맛을 내는 것 외에, 맥주의 청정화, 거품을 내는 데도 중요한 구실을 한다.

양조용수는 맥주의 품질에서 중요하며, 무색투명 · 무미무취 · 미생물 면에서 청정한 것이 조건이고, 담색맥주에는 경도성분이 적은 연수가 적합하다. 쌀과 옥수수 전분은 맥즙의 질소성분과 색도를 조정함과 동시에 맥주의 맛을 밸런스에 맞게 하기 위하여 맥주의 특징에 맞춰서 배합 사용하고 있다.

첨가물에 대하여도 식품위생법, 주세법에 의해 엄중하게 규제되고 있다. 보통 맥주에 사용하는 식품첨가물은 경성토 등의 여과 조제, 이산화규소 · 탄닌산 등의 청징제, 조정용인 미량의 탄산가스 등이고 경우에 따라서는 양조용수의 수질 조정용으로 황산칼슘 등의 염류 등이 사용된다. 또한 파파인(papain, 청징촉진)이나 비타민 C(산화방지)를 첨가하기도 한다.

맥주발효에 사용하는 효모는 사카로미세스속 세레비시아종(*Saccharomyces cerevisiae*)으로 분류되어 맥주용으로 선발육종된 것이다. 발효력, 부유성, 향미생성능력 등 각종 양조특성에 적합한 효모를 순수배양해서 사용한다.

2. 청 주(정종)

1) 정 의

쌀, 쌀누룩 및 물을 원료로 하여 발효시켜 거른 것이다. 여기서는 특정명칭, 사용원료, 정미비율, 향미 등의 요건에 따라 나누었다(표 16-6).

(1) 정미 비율

백미의 현미에 대한 중량의 비율이며, 정미비율 60%의 백미란 현미의 표층부를 40% 삭제한 백미를 의미한다. 배아와 쌀의 외층부에는 단백질, 지질회분, 비타민류 등이 많아서 완성된 술의 품질을 열화시킨다. 이들 성분을 제거한 것이 정미이다.

POINT

• Yeast(누룩) : 맥주의 원료로 맥아즙 속의 당분을 분쇄하고 알코올과 탄산가스를 만드는 작용을 하는 미생물. 누룩의 특유한 향미를 가진 담황색~암갈색의 추출물이다.

(2) 음양조

특별히 음미해 가면서 만드는 술이며, 전통적으로 보다 희게 정미한 백미를 써서 저온에서 천천히 발효시켜 지게미의 비율을 많게 하고, 특유의 방향(음양향)이 있도록 만드는 것이다.

(3) 양조 알코올

전분질물과 함당질물에서 양조된 알코올을 이른다. 거르지 않은 진국에 알코올을 첨가하면 향이 높고 산뜻한 맛이 된다. 음양주나 밀양조주에 사용가능한 양조알코올의 양(95% 알코올로 계산함)은 백미의 중량의 10% 이하로 제한되어 있다.

표 16-6 청주의 분류

특정 명칭	사 용 원 료	정 미 비 율	향미 등의 요건
음양주(吟釀酒)	쌀, 쌀누룩, 양조알코올	60% 이하	음양조(吟釀造), 고유향미, 색조가 양호
대음양주	쌀, 쌀누룩, 양조알코올	50% 이하	음양조, 고유의 향미, 색조가 특히 양호
순미주	쌀, 쌀누룩	70% 이하	향미 색조가 양호
순미음양주	쌀, 쌀누룩	60% 이하	음양조, 고유의 향미, 색조가 양호
순미대음양주	쌀, 쌀누룩	50% 이하	음양조, 고유의 향미, 색조가 특히 양호
특별순미주	쌀, 쌀누룩	60% 이하 또는 특별조제 방법	향미, 색조가 특히 양호
본양조주	쌀, 쌀누룩, 양조알코올	70% 이하	향미, 색조가 양호
특별본양조주	쌀, 쌀누룩, 양조알코올	60% 이하 또는 특별제조 방법	향미, 색조가 특히 양호

2) 원재료

청주의 원료는 쌀에서 만드는 쌀누룩 및 물이다.

(1) 원료수

물은 제품인 청주의 80% 이상을 차지하며, 품질에 크게 영향을 준다. 청주는 쌀, 쌀누룩 및 물을 기질로 하여 미생물(주로 효모균)을 배양하고, 만들어진 고액혼합물(진국이라 함)의 액상 부분이며, 쌀, 쌀누룩이 술로 변화하는 많은 변화 · 효소작용에 의한 변화는 모두 물 속에서 일어난다.

주조용수로의 조건은 다음과 같다.

① 색 조 : 무색투명

② 냄새, 맛 : 이상이 없을 것

③ pH : 중성 또는 미알칼리성

④ 철 : 0.02ppm 이하

⑤ 망 간 : 0.02ppm 이하

⑥ 아질산성 질소 : 불검출

⑦ 암모니아성 질소 : 불검출
⑧ 세균산도 : 2mL 이하
⑨ 생(生)산성균군 : 불검출
⑩ 대장균군 : 불검출
⑪ 유기물(과망간산칼륨소비량) : 5ppm 이하

(2) **원료미**

쌀은 쌀 자체 및 누룩의 가장 중요한 원료이다. 주조용 쌀은 낱알이 큰 연질미가 좋다. 주조에 적합한 쌀을 주조호적미(酒造好適米)라고 한다. 현재 양조용 현미 · 주조호적미로써 제일 주목받고 있는 것은 일본 효고현(兵庫縣)을 비롯하여 59개 산지의 품종에 이르고 있다.

일본에서 1992년(주조 92.7.1~93.6.30)에 사용한 원료미는 현미가 553,216톤, 백미가 379,438톤이다.

3. 과일주(Fruitwine)

1) 정 의

세계적으로 널리 제조되고 있는 술이며, 제법 중에 당화 등의 조작 없이 포도과일의 당분을 직접 발효시키는 단식발효이기 때문에 지역이나 원료포도의 특성을 강하게 반영하고 있다. 제조과정이 단순한 만큼 원료포도의 품종, 수확년의 기후, 재배지의 토양, 재배법 등에 영향을 강하게 받아서 제조해당년(빈티지)과 명양지(名釀地) 등 버라이어티가 풍부하다.

일본식품분류에서 과일주에는 포도주류로서 포도주, 감미포도주, 베르무스(vermouth), 발포성 포도주의 군 및 기타의 과일주가 포함된다. 그 밖의 과일주는 다시 발포성이 없는 과일주로 나눠진다.

2) 원 료

주세법상 원료로 간주되는 것은 다음과 같다.

(1) **과 일**

과일주의 원료인 과일은 매실 및 유자류를 포함하고, 핵과(밤, 호도류)는 제외한다. 양조용 포도과일이 주원료이나 과일에는 건조시킨 것, 바짝 조린 것, 농축시킨 과즙, 과일의 짠 찌꺼기를 포함한다. 수확 전 농약의 살포는 1개월 전에 그친다.

(2) **당 류**

과즙의 당분은 22% 내외가 적당하지만 부족한 경우에는 보당이 국제적으로 인정되고 있다. 주세법에서는 전화당으로서 26%까지 인정되어 있다.

당류의 주세법상의 정의는 예컨대 포도당, 과당, 자당, 맥아당과 같이 비교적 저분자(3당류 이하)에서 물에 녹고, 일반적으로 감미가 있는 탄수화물 또는 이들의 혼합물을 말한다.

(3) 향미료

주류에 향기 또는 맛을 더하는 목적으로 사용되는 물품. 물품이 주류인 경우에는 당해 주류의 알코올분의 총량의 5%를 넘지 않는 향미료로서 취급한다.

(4) 색 소

주류에 색을 내기 위한 물품으로 주세법상 원료로 볼 수 없는 것을 말한다. 천연의 것이냐 합성한 것이냐는 묻지 않는다. 다만 화학적 합성품인 경우에는 그 사용에 대해서 식품위생법의 적용을 받는다.

(5) 아황산

과일 파쇄 후의 과즙, 과육, 과피, 종자가 섞여진 과일진국(Must)에 메타중아황산칼륨으로 해서 80g/과당 1,000kg 정도를 표준으로 첨가한다. 허용량은 350ppm 이하이다.

아황산은 양조에 유용한 효모가 아황산내성이기 때문에 과일에 부착해 오는 야생효모류는 내성이 없고, 유용효모를 선택적으로 생육시키는 효과가 있다. 또 아황산은 항산작용 외에도 색소의 추출, 안정효과도 있다. 아황산은 포도주 속에서는 당과 단백이 결합되어 있으므로 보통의 음용에는 전혀 문제가 되지 않는다고 한다.

> **POINT**
> • **Must** : 포도나 다른 과일의 갓 짜낸 즙으로 발효가 시작되기 전의 것. 과육, 껍질과 씨를 포함할 수도 있다.

(6) 솔르빈산(표시의무)

잡균의 증식방지용도로써 솔르빈산은 200ppm까지 허가되어 있다.

(7) 탄산칼슘

과도한 산을 중화할 목적으로 탄산칼슘을 첨가하는 일이 있으나 주질의 저하를 초래하는 일도 있어 블렌드(Blend)와 말로락틱 발효(malolactic fermentation)가 사용된다.

Guide

• **술밑(술덧)**

누룩을 섞어 버무린 것으로 술의 원료가 되는 지에밥.

(8) 효 모

건전한 술밑의 육성을 위한 배양효모, 효모에 부수하는 소량의 배양액이다.

(9) 펙틴 분해효소

과일에 함유되는 펙틴질의 분해촉진용 식품의 엑기스 등을 사용할 경우에는 의료품의 범위 기준 가이드북을 참조한다.

4. 위스키(whisky)

1) 정 의

발아시킨 곡류 및 물을 원료로 해서 당화시켜 발효케 한 것을 증류한 것으로 유출 시의 알코올분이 95도 미만인 것을 말한다. 일본 식품분류에서 위스키는 증류주에 포함되며 이보다 세분된 분류는 없다.

한편 제법의 차이에 따른 분류가 있어, 보리의 엿기름을 발효시켜 단식증류수(포트스틸)에서 증류한 몰트(malt)위스키와 곡류원료를 당화 · 발효시킨 진국을 연속증류기(파텐트스틸)에서 증류한 그레인(grain) 위스키 및 이 2종류를 블렌드한 블렌디드(Blended) 위스키의 3종류가 있다.

또한 원류인 스카치 위스키에서 파생하여 세계 각지에 퍼지고, 그 토지에 특징있는 위스키가 성립되어 있다. 미국의 버번 위스키, 캐나다의 캐나디안 위스키, 아일랜드의 아이리시 위스키, 일본의 재패니스 위스키를 들 수 있다.

2) 원재료

(1) 술의 원재료로 되어 있는 것

① 쌀, 보리 등의 주류원료

사회통념상 당해물품으로서 취급되고 있는 것이라면, 그 세별, 명칭 및 형상 등의 구분은 묻지 않는다. 예컨대 분쇄, 성형, 가열, 냉각 등의 단순한 물리적 조작에 의해 성분이 거의 변화하지 않는 것은 본질적 변화를 수반하지 않으므로 상관없다.

② 주류 원료용 알코올

주류의 원료용으로 제조한 알코올분 45도 이상의 알코올, 주류 이외에 사용될 경우에는 알코올전매법의 적용을 받는다. 불순분 함유 알코올은 증류 때 분리되는 저비점획분 및 고비점획분을 가리키며, 음용에 부적당하므로 주류에는 포함시키지 않는다. 합성알코올은 불순분 함유 알코올에 해당하지 않지만 주류에는 사용하지 않는다.

③ 향미료

향미료에 알코올이 함유되는 경우는 알코올의 총량이 제조되는 주류의 알코올분 총량의 5/100를 넘지 않는 한 향미료로서 취급한다. 다만, 주류의 원료로 향미료 및 주류가 규정되어 있을 경우에는 당해 주류는 향미료로 다루지 않는다.

(2) 주류의 원료로 취급하지 않는 물품

① 술밑에 추가하는 배양효모와 효모에 부착하는 최소필요량의 배양액

② 오로지 발효의 조성촉진, 제조상의 뜻하지 않은 위험방지를 용도로 하는 빚어 넣는 물 및 이하의 물품

- 산류(젖산, 인산, 능금산, 무수아황산, 주석산)
- 염류(식염, 산성인산칼륨, 산성인산칼슘, 인산암모늄, 황산칼슘, 메틸중아황산칼륨, 염화칼슘, 염화마그네슘, 질산칼륨, 황산암모늄)

③ 주조의 합리화 등의 목적으로 양조과정 중에 첨가하는 다음 효소제

→ 엿기름과 병용하는 필요최소량의 효소제

④ 변조를 일으킨 진국 등의 구제를 위하여 사용한다.

⑤ 증류의 조작을 용이하게 하는 등겨

⑥ 증류용으로 제공되는 진국 등에 거품을 없앨 목적으로 발효 중 또는 증류 직전에 특히 필요한 경우에 한해서 첨가한다.

5. 소주 및 증류주

1965년 정부의 식량정책에 의하여 증류식 소주가 희석식 소주로 전환되었다. 희석식 소주를 생산하는 데 당밀을 발효 원료로 하여 연속식 증류기를 사용하게 됨에 따라 95% 농도의 알코올이 경제적으로 생산되었다.

여기에 물을 첨가하여 마시기에 적당한 25~30%의 알코올 농도로 조정한 것이 일반적인 소주이다.

재래소주는 중부 이남지방에서 주로 멥쌀 및 찹쌀을 사용하여 만드는데, 이북 지방에서는 기장, 조, 옥수수, 수수 등 잡곡류를 사용하며, 여름에는 항아리에 누룩가루와 물을, 겨울에는 더운물에 누룩가루를 넣은 후, 하룻밤 침지하고 온도와 술의 상태에 따라 일정시간이 지난 후, 증자한 기장 등의 소요량을 수일에 걸쳐 담근다.

1~2일 후 단맛을 주기 위해 멥쌀을 가하는가 하면, 5~10일 후 죽 모양의 찹쌀을 첨가하는 과정을 거친다. 여름에는 30일, 겨울에는 40일 숙성 후 증류하는데 증류기는 구리제로 용량은 약 3말 정도의 것이 사용되었다.

이북 지방에서는 발효 도중 때때로 교반하고 발효가 끝나면 먼지가 들어가지 않을 정도로 독을 덮어둔다. 이에 반해 서울 이남은 발효 종료 전부터 독을 흙으로 발라 증류할 때까지 그대로 방치한다.

소주는 무색 투명, 또는 약간 혼탁한 색깔의 술로 불투명한 특유의 향미를 낸다. 알코올 함량은 대체로 25~45%이지만 최근에는 건강을 위해 순한 소주를 선호하는 경향이 있어서 20% 내외의 소주 판매량이 급증하는 추세이다.

소주의 이용으로 약소주는 여름철 더위를 이기려 할 때, 배탈 시 약용으로 사용한다. 제재주는 과실과 약초 등을 소주에 담가 두었다가 보신용, 약용으로 많이 이용하는데 마늘주, 감홍로주, 죽력주, 송순주 등이 있다.

소주고리는 덮개가 없는 것이 대부분이지만 조선조 후기에 접어들면서부터는 자체에 붙어 있는 것이 만들어져 이용되었다. 덮개가 없는 것은 솥뚜껑이나 양푼 등 약간 오목한 넓은 그릇을 올려놓고 그 안에 물을 붓는다.

이 물이 가열로 인해 기화된 밑술을 냉각시키면 액체, 즉 소주가 된다. 냉각수는 기화된 수증기의 냉각이 주목적이지만, 수증기의 압력으로 소주고리가 깨어지는 것을 방지해 주는 한편, 차가울수록 채주에 따른 술의 손실이 적어지기 때문이기도 하다.

솥과 소주고리의 틈을 막아 주기 위해 시루번을 붙인다. 시루번은 밀가루나 보리를 찧고 난 미강을 가지고도 만들며, 보리미강으로 만든 시루번은 여러 차례 사용할 수 있다. 수증기의 유출을 막는다.

증류식 소주에서 불땀의 조절은 매우 중요하다. 일정한 화기를 유지해 줌으로써 술을 많이 받고, 술맛과 향기를 좋게 한다. 소주고리 안에서 발생한 수증기가 액화하여 고조리 끝으로 방울져서 떨어지는 것이 소주인데, 진도 홍주는 귀때를 통과한 액체를 한약재에 통과시켜 착색을 한 술로 매우 붉은 빛을 띤다. 소주류의 증류는 1회에 그치는 경우가 있는가 하면, 2~3차례에 걸쳐 후수하면 술을 내리기도 한다.

6. 탁주 및 막걸리

양조의 발달과정으로 보아 양조된 술을 그대로 마시는 것은 가장 원시적인 방법이었다. 따라서 탁주는 우리나라에서는 가장 역사가 오래된 술이라 할 수 있다. 가장 소박하게 만들어진 우리의 술 막걸리는 고려 때에 이화주(梨花酒)라 불리워지기도 했는데, 누룩을 배꽃이 필 때에 만든 데서 유래한 것이었다.

탁주는 누룩과 쌀 또는 찹쌀과 찬 샘물로 만드는 것이 상례로 되어 있다.

일반적인 탁주, 막걸리 제조법은 쌀로 고두밥을 지어 차게 식힌 뒤 누룩가루와 물을 적정 비율로 섞어 술독에 담고 3일 또는 13일만이면 발효가 끝나므로 술을 걸러낸다.

술 거르기는 넓은 용기 위에 쳇다리를 걸치고, 그 위에 체를 올려 술밑을 퍼 담으면 술은 걸러지고 주박(술찌꺼기)만 남게 된다. 반면 막걸리는 술밑에 물을 부어가면서 손으로 비벼 짜낸 것으로, 자연적이 아닌 인위적으로 '막 거른다' 하여 막걸리라 한다.

7. 약용주

약용주에 쓰이는 술은 알코올 농도가 강할수록 원료의 성분을 잘 스며들게 하나, 술에 약한 사람은 주정도가 높아 마시기가 곤란할 것이다. 우리나라의 일반 소주는 알코올 함량이 평균 25% 정도인데 무미, 무취, 무색이라야 담근 과실의 향기와 맛, 색 등을 그대로 우려낼 수가 있어 좋다.

그러나 지나치게 묽게 하면 맛과 향이 약해지고, 또한 도수가 낮아지면 변질될 우려가 있으므로 주의한다.

소주는 재료가 간신히 잠길 정도로 부었을 때, 가득히 부었을 때 등 여러 가지 변화를 주고, 만드는 사람 · 지방 · 기호에 따라 만드는 방법이 달라지는 등 폭 넓게 담글 수 있는 약용주의 특징을 가지고 있다.

약용주는 원재료의 종류, 재료, 용기, 보관장소, 알맹이를 건져내는 시기 등의 다섯 가지 기본 방식만 잘 지키면 실패하지 않는다. 실패한 경우는 소주를 너무 적게 부었다든지, 재료가 상했다든지, 용기 포장을 허술하게 했든지, 덥고 햇볕이 드는 곳에 저장했든지 등등 실패의 원인이 있는데, 그 중에서도 신선한 재료의 선택이 가장 중요하다.

POINT

강화식품

- 식품에 부족한 영양소를 첨가하여 영양가를 강화시킨 식품이다.
- **강화영양소** : 비타민, 무기질, 필수 아미노산 등
- **종류** : 마가린, 강화된장, 조제분유 등

16-3 발효식초

식품들은 미생물에 의해서 독소성분(toxins)을 포함하거나, 곰팡이독을 생산하는 곰팡이에 의해서 오염되어 인간에게 치명적인 부패식품이 될 수 있다.
반면에 식품이 미생물작용에 의해서 좋은 맛과 향, 조직감 및 유용한 성분을 포함하는 발효식품으로 전환될 수 있다.

발효식품은 지역과 원료에 따라서 고유한 미생물 상과 맛, 풍미 및 조직감을 갖는 고유한 식품으로 분류된다. 특히 발효식품은 식품소재의 저장성 부여와 영양성 증진이라는 매우 중요한 의미를 갖는다.

대체로 식품발효의 중요한 역할은 아래와 같이 요약된다.
① 식품소재의 향, 풍미, 조직감 향상
② 젖산, 초산, 알코올 발효를 통한 식품의 저장성 향상
③ 단백질, 필수아미노산, 필수지방산 및 비타민들이 풍부한 식품의 제조
④ 식품의 발효과정을 통한 독성물질 파괴, 생리활성물질 생산 및 소화성 증진
⑤ 발효를 통한 식품의 요리시간 단축 및 에너지 소비 감소

일반적으로 고유한 발효식품들에 존재하는 미생물들은 식용이 가능하다. 또한 이들 미생물은 탄수화물, 단백질, 지질 및 펙틴을 분해하는 가수분해효소들과 그밖에 효소들을 생산한다.
발효식품은 대사산물로서 비타민, 필수아미노산, 필수지방산, 항생물질(antibiotics), 유기산, 펩타이드, 단백질, 지질, 다당류 및 방향물질 또는 풍미증진물질을 생산하는 능력을 지님으로써 식품의 가치를 높인다.

1. 분 류

발효식품은 사용되는 원료 또는 발효기작에 따라 분류할 수 있다. 원료는 크게 축산 · 농산 · 수산물로 분류되며, 이를 원료로 하여 제조된 발효식품은 표 16-7과 같다.
지역과 인종에 관계없이 다양한 원료로부터 제조되는 발효식품은 발효형태에 따라 알코올발효, 젖산발효, 초산발효 및 기타 발효로 크게 분류된다.

표 16-7 원료에 따른 발효식품분류

원 료	발효식품
축산물	치즈, 젖산발효 음료(우유) 알코올포함 발효유(우유) 발효버터(유지방)
농산물	빵(밀/빵효모) 젖산발효음료(곡류, 콩, 과실, 채소류) 알코올음료(과실류, 곡류, 감자) 식초(곡류, 감자, 과실류, 술) 간장, 된장, 청국장(콩) 김치, sauerkraut, pickle(채소류)
수산물	젓갈류(생선/소금) 식해류(생선/곡류/소금)

세계 각 지역에서 다양한 원료로부터 생산되는 고유한 발효식품들의 종류를 표 16-8에서 나타내고 있다. 발효식품 제조에 관여하는 유용한 미생물들은 주로 젖산균, 초산균, 곰팡이 및 효모 등이다.

알코올음료가 초산균에 의해서 산화되어 식초화되는 과정에서 얻어지는 양조식초는 사용되는 발효원료액의 종류에 따라 맛과 독특한 향미를 갖는다. 표 16-9은 국내 양조식초의 분류를 나타낸다.

양조식초에는 곡물초, 과실초, 양조초 및 기타 당을 포함한 원료의 알코올 발효액으로부터 얻어진 식초 등이 있으며, 국내시판 양조식초는 주로 주정을 약 6% 정도로 희석하여 무기염과 과즙을 일부 첨가하여 생산하는 방법이며, 사과식초의 경우 과즙을 30% 이상 첨가한 것을 사과식초로 시판하고 있다.

최근에는 100% 과실을 주원료로 하여 알코올발효와 초산발효에 의해서 생산된 천연양조식초가 제조된다. 또한 석유로부터 에틸렌(ethylene)을 만들어 이것을 화학적으로 처리함으로써 합성식초(빙초산)가 생산된다.

표 16-8 발효 관여 미생물 종류에 따른 분류

발효 관여 미생물	원 료	발효식품
젖산균 (*Lactic acid bacteria*)	채소류	김치, 사워크라우트(sauerkraut)
	고기	소시지(salami, cervelat)
	우유	발효유, sour cream, yoghurt, leban
		치즈(cheddar, gouda, ricotta)
젖산균		
+ *Propionic acid bacteria*	우유	치즈(swiss, emmenthaler)
+ 세균	우유	치즈(limburger, brick)
+ 효모	우유	발효유(kefir, koumiss)
	채소	피클(nukaniso pickle)
+ 곰팡이	콩	템페(tempe), 간장(soy sauce)
초산균(*Acetic acid bacteria*)	알코올(술)	식초
효모(Yeast)	맥아(malt)	맥주(large, ale, porter, pilsner)
	과실(fruits)	과실주
	당밀(molasses)	럼(rum)
	곡류(grain)	위스키(whiskey)
	쌀	청주, sake, 약주, 막걸리
	용설란(agave)	용설란주(pulque)
	밀가루 반죽	빵(bread)
효모 + 젖산균	곡류	신맛의 빵(sour dough bread)
	ginger plant	ginger beer
	콩(beans)	버미세리(vermicelli)
곰팡이 + 세균	콩(soybean)	미소(miso), 간장(soy sauce)
		청국장, 된장, 고추장

표 16-9 국내 식초의 분류

분 류		품 명	산 도	주 원 료
양조초	곡물초	곡물식초	4.2%	밀, 쌀, 보리 등 두 종류 이상의 곡물을 섞어 만든 식초
		쌀식초		쌀만을 원료로 하여 만든 식초
		현미식초		현미를 1년 이상 발효숙성시킨 자연 발효식초
	과실초	감식초	2.6%	감만을 원료로 1년 발효 · 숙성시킨 자연 발효식초
		사과식초	4.5% 이상	사과, 사과과즙, 알코올 등의 원료를 주로 하여 만든 식초
		포도식초		포도, 포도과즙, 알코올
		과실식초		사과, 포도 또는 사과, 배 등 두 종류 이상의 과실을 섞어 만든 식초
	양조초	양조식초	4.0% 이상	상기 이외의 여러 원료를 혼합 또는 주정으로 만든 식초
	기타	술지게미초(酒粕醋), 엿기름초(麥阿醋), 밀가루초, 귤초, 유자초, 복숭아초, 머루초, 다래초, 화이트초(白醋), 주정(酒精)초, 증류(蒸溜)초, 마늘식초, 고추식초		
합성초		합성식초	4.0% 이상	화학적으로 만들어진 순수한 초산을 희석하여 만든 식초

2. 발효식초 제조과정

발효식초 또는 양조식초는 과실 또는 당을 함유한 음료를 알코올발효와 초산발효시켜 제조하는 식초이다. 여기에는 원료에 따라 포도주초, 사과식초, 감식초, 감자식초, 매실식초 등이 속한다. 과실이 원료인 식초의 기본적인 제조과정은 아래와 같다.

원료의 선정 → 으깨기, 설탕첨가 → 알코올발효 → 초산발효

→ 숙 성 → 걸러내기 → 살 균 → 식 초

그림 16-1 식초 제조과정

Part Ⅳ 식품의 성분

CHAPTER 17 식품의 맛과 냄새 성분

Chapter 17

식품의 맛과 냄새 성분

식품의 오미는 사람의 미각에 의해서 감지되지만, 때로는 이론적인 연관성에 의해 결정되기도 한다. 예를 들어 자양 작용을 가지고 있는 육류와 내장은 실제로는 단맛이 없지만, 자양의 효능이 감미에 속하기 때문에 감미로 표시하며, 미역 · 김 등은 본래 짠맛은 없지만 그 작용에 따라 함미(鹹味)로 표시한다.

표 17-1 식품의 오미(五味)와 인체 내 기능

오 미	작용 및 기능
산(酸, 신맛)	• 간(肝)의 기능을 높인다. • 신맛으로 수축과 수렴작용을 한다. 간, 쓸개, 눈에 좋다. • 위를 나쁘게 하므로 주의한다.
고(苦, 쓴맛)	• 심(心)의 기능을 높인다. • 쓴맛으로 소염작용과 모든 것을 단단하게 하는 작용을 한다. • 심장과 소장에 좋다.
감(甘, 단맛)	• 비(脾)의 기능을 높인다. • 단맛으로 긴장된 근육의 이완과 안정작용을 하며 자양강장 작용을 하여 지라나 위에 좋다.
신(辛, 매운맛)	• 폐(肺)의 기능을 높인다. • 매운맛으로 땀이 나는 발한작용을 한다. 폐, 코, 대장에 좋다. • 간과 쓸개를 상하게 한다.
함(鹹, 짠맛)	• 신(腎)의 기능을 높인다. • 짠맛으로 진정작용을 한다. 콩팥, 귀, 뼈에 좋다.

17-1 맛을 느끼는 최적온도

일반적으로 혀의 미각은 10~40℃일 때 잘 느낄 수 있는데, 특히 30℃ 전후에서 가장 예민하며, 이보다 온도가 낮아지면 둔해진다.

맛을 가장 잘 느낄 수 있는 온도는 표 17-2와 같다.

표 17-2 맛을 느끼는 최적온도

맛의 종류	온도(℃)
단 맛	20~50
짠 맛	30~40
신 맛	25~50
쓴 맛	40~50

대체로 온도증가에 따라 단맛은 증가하고 짠맛과 쓴맛은 감소되며 신맛은 온도변화에 별로 차이를 나타내지 않는다.

표 17-3 식생활에 알맞은 음식의 온도

음식의 종류	적당한 온도(℃)	음식의 종류	적당한 온도(℃)
Cider, soda	1~5	전기냉장고	-10
맥주	12	냉수	18
곰팡이의 번식	28~30	감주의 당화 온도	60
빵의 발효	30~35	청국장의 발효	50~60
커피, 차	65	수프	70
전골	95	프라이	180
빵을 구울 때의 oven	230		

17-2 미각의 생리현상

(1) 대비효과(contrast effect)

서로 다른 맛성분이 몇 가지 혼합되었을 경우 주된 맛성분의 맛이 강해진다.

단맛성분에 소량의 짠맛성분, 짠맛성분에 소량의 신맛성분, 감칠맛성분에 소량의 짠맛성분을 혼합하면 주된 맛성분이 증가한다.

① 15% 설탕용액에 0.01% 소금, 15% 설탕용액에 0.001% quinine sulfate(단맛 증가)

② 흰설탕보다 흑설탕의 단맛이 더 세다(흑설탕에 혼합되어 있는 불순물에 기인한다).

③ 팥죽+설탕+소금 → 단맛 증가

④ 소금물+유기산(구연산, 젖산 등) → 짠맛 증가

⑤ MSG+소금물 → 감칠맛증가(멸치국)

(2) 맛의 억제(inhibitory effect)

서로 다른 맛성분이 몇 가지 혼합되었을 경우 주된 맛성분의 맛이 약화되는 것이다.

① 커피에 설탕을 섞으면 쓴맛이 단맛에 의해 억제됨
② 신맛이 강한 과일에 설탕을 섞으면 신맛이 억제됨

(3) 맛의 상승(synergistic effect)

같은 종류의 맛을 가지는 2종류의 맛성분을 서로 섞으면 각각 갖고 있는 맛보다 훨씬 강하게 느낀다.

① Na-glutamate에 Na-inosinate를 혼합하였을 경우 glutamate의 감칠맛은 Na-inosinate 10% 혼합으로 5배, Na-guanylate 10% 혼합으로 17배나 증가 → 감칠맛 증가(멸치국)
② 설탕액 + saccharin → 단맛 증가(분말주스)

(4) 맛의 상쇄(compensating effect)

2가지 맛성분을 혼합함으로써 각각의 고유한 맛을 나타내지 못하고, 약해지거나 없어지는 현상이다.

① 간장이나 된장은 많은 소금이 있으나, 감칠맛과 상쇄되어 짠맛이 강하지 않음
② 김치맛은 짠맛과 신맛이 상쇄되어 조화된 맛
③ 청량음료의 맛은 단맛과 신맛이 상쇄되어 조화된 맛

(5) 맛의 변조(modulation)

한가지 맛을 느낀 직후에 다른 맛을 정상적으로 느끼지 못하는 현상이다.

① 설탕을 맛본 직후 물을 마시면 순수한 물일지라도 신맛이나 쓴맛을 낸다.
② 오징어를 먹은 직후에 식초나 밀감을 먹으면 쓴맛 느낌이 난다.
③ 쓴약을 먹은 직후에 물을 마시면 달게 느낀다.

(6) 미각의 피로(fatigue)

같은 맛을 계속 맛보면 그 맛이 변하거나 미각이 둔해져 맛이 약할 때는 거의 느끼지 못하고 진하면 싫증이 난다.

- 황산마그네슘이 처음에는 쓰게 느껴지나 조금 지나면 단맛을 약간 느낀다.

(7) 맛의 상실

열대지방식물인 가가이모과(gymnema sylvestre)의 잎을 씹은 후에는 단맛과 쓴맛을 느낄 수 없는데 설탕의 경우 모래 같은 감촉을 느끼며 오렌지 주스의 경우 신맛만 느끼고 퀴닌(quinine)의 경우에는 쓴맛을 느끼지 못한다.

- 이 현상은 잎 중의 gymnemic acid에 의하며 A, B, C, D의 4종이 존재함. 일종의 배당체로써 가수분해하면 glucose 및 arabinose와 aglycone으로 gymne-magenin이 생성.

(8) 미맹 (taste blindness)

쓴맛은 개인차가 심한 것으로 phenylthiourea 또는 phenyl thiocarbamide (PTC)물질에 대해 대부분 사람은 쓴맛을 느끼나 일부 사람은 무미라는 사실을 발견하여 이 물질을 미맹물질이라고 하고, 이런 사람을 미맹이라고 한다. 그러나 미맹은 다만 원자단에 대하여 쓴맛을 못 느낄 뿐 다른 정미성분에 대해서는 정상이므로 일상생활에는 지장이 없다.

① 멘델(Mendel)의 열성형질로 유전한다. 미맹의 수는 백인이 약 30%, 황색인은 15%, 흑인은 2~3%이며, 남자가 25.9%, 여자가 22.2%이다.

② 미맹 판별에 사용되는 물질은 모두 기를 가진다.

③ 미맹물질(P.T.C. thioacetamide, thioacetanilide, D-ethoxyphenyl thiourea)

17-3 맛 성분의 종류와 성질

1. 단맛의 종류와 성질

1) 당류

① 포도당(glucose; 감미도 70) : α형이 β형보다 1.5배 더 달다. 결정은 α형이지만 수용액으로 되면 β형이 되고 온도상승으로 β형이 증가되어 단맛 감소(분말, 냉수로 사용)된다.

② 과당(fructose; 감미도 150) : 천연당류 중 단맛이 가장 크고 단맛은 상쾌한 맛으로 표현된다. 단맛은 β형이 α형보다 3배 더 달다. β형은 불안정하여 가열하거나 방치하면 β형이 α형으로 평형을 이룬다(고온(α), 저온(β)). 0℃에서 $\alpha : \beta = 3 : 7$이고 벌꿀은 가열하지 않고 과일도 냉각하여 먹는 것이 달다.

③ 설탕(sucrose; 감미도 100) : glycoside성 OH가 없어 비환원당으로 변선광(變旋光)을 나타내지 않고 α, β이성체가 없어 감미변화가 적어 감미 표준 물질로 사용된다.

④ 맥아당(maltose; 감미도 50) : 환원성이 있는 당으로 α와 β형이 있으며 α형이 더 달고, 용액으로 가열하면 일부 β형은 α형으로 된다. 따라서 감미도 더 증가한다.

⑤ 젖당(lactose; 감미도 20) : α, β형이 있으며 β형이 조금 더 달다. 분유가 흡습되면 β가 α형으로 된다.

2) 당알코올

① Sorbitol (감미도 48) : glucose를 Ni 촉매하에 수소첨가로 얻어지며, 용해가 쉽고 화학적으로 안정, 흡습성이 있고 수분의 보유량을 일정하게 유지하여 보습제 및 당뇨병 환자의 감미료로 이용된다.

② Mannitol (감미도 45) : mannose를 환원하여 얻은 것으로 침상(針狀) 또는 입상(立狀) 결정으로 물에 용해 되지 않으며, 갈조류, 미생물, 부패시의 점질물성분이다.

③ Xylitol (감미도 75) : D-xylose를 환원하여 만든 당알코올로 당뇨병 환자의 감미료로 쓰인다.

3) 아미노산

① L-leucinic acid : L-leucine에 아질산을 작용시켜 leucine의 $-NH_2$를 $-OH$로 치환한 것으로, 설탕의 25배의 고상한 맛을 가지고 있어 당뇨병 환자의 감미료로 이용된다.

② aspartame (감미도 150배) : aspartic acid와 phenylalanine으로 구성된 dipeptide. 맛이 상쾌하고 독성도 적어 인공감미료로 사용된다.

③ glycine, alanine proline, serine : 감미를 주는 것으로 알려져 있으며, 아미노산 중에서 일반적으로 분자량이 적은 아미노산들이 감미가 있다.

④ glycyrrhizin (방향족화합물; 감미도 300배) : 감초의 뿌리에 있으며 glycyrrhetinic acid의 구조를 가지는 일종의 triterpene에 glucuronic acid 2분자가 결합한 것이며 Ca와 K의 염으로 되어 있다. 담배 향료로 이용(비식품용 감미료)된다.

⑤ Phyllodulcin(감미도 200~300배) : 감차(甘茶)의 잎을 건조시켜 차를 끓일 때의 감미성분으로 flavonoid계 화합물이며, 당뇨병 환자의 감미료이다.

⑥ Perillartin (감미도 2000배) : 차조기 잎의 단맛 및 향기성분으로 peryllaldehyde의 oxime이며, 일명 소엽당이라 한다. 담배향료(비식품용 감미료)로 쓰인다.

⑦ Stevioside (감미도 300배) : 국화과에 속하는 Stevia의 잎은 aglycone과 당이 결합한 배당체인 stevioside를 함유한 백색분말로 열, 산, 알칼리에 안정하다.

4) 황화합물

• methylmercaptan(무), propylmercaptan(양파, 마늘; 감미도 50~70배) : 무, 양파, 마늘은 가열조리로 자극성 매운맛은 사라지고 단맛이 생성되며, 자극성 황화물이 변한다.

$$(CH_3CH_2CH_2)_2S_2 \xrightarrow{+2H} 2CH_3CH_2CH_2SH$$

dipropyl disulfide (매운맛) → propyl mercaptan (단맛)

2. 짠맛 성분의 종류

짠맛 성분은 양이온이 Na, 음이온이 Cl인 여러 물질들이며 나이가 들수록 단맛과 짠맛에 대한 역가가 높아지므로 점점 음식을 달고 짜게 만들거나 먹으려 한다.

Guide
• **역가**(titer)
적정에서 표준용액 작용의 세기

표 17-4 무기염류의 짠맛의 역가

분자식	분자량	역가	분자식	분자량	역가
LiCl	42.4	0.025	$CaCl_2$	110.99	0.01
NH_4Cl	53.5	0.004	NaF	42.00	0.005
NaCl	58.5	0.01	NaBr	102.91	0.024
KCl	74.6	0.017	NaI	149.92	0.028
$MgCl_2$	95.23	0.015			

표 17-5 기본맛에 대한 연령별 역가

단위 : % (M)

맛의 역가 \ 연 령	15~29	30~44	45~59	60~74	75~89
단 맛	0.540	0.522	0.604	0.979	0.914
(설탕)	(0.016)	(0.015)	(0.018)	(0.029)	(0.027)
짠 맛	0.071	0.091	0.110	0.270	0.310
(소금)	(0.012)	(0.016)	(0.019)	(0.019)	(0.053)
신 맛	0.0022	0.0017	0.0021	0.0030	0.0024
(염 산)	(0.0005)	(0.0005)	(0.0006)	(0.0008)	(0.0007)
쓴 맛	0.0000321	0.000267	0.000389	0.000872	0.000930
(황산퀴니네)	(0.0000043)	(0.0000036)	(0.0000052)	(0.0000116)	(0.0000125)

3. 신맛 성분의 종류와 특징

1) 초산(acetic acid)

식초 · 김치류에 있고, 식초 중 3~4% 함유되며, 3~5%로 널리 사용된다.

2) 젖 산 (lactic acid) 김치류 · 젖산음료 발효유 제품에 있는 성분으로, 품위있는 산미가 있고 방부성이 있다. 산미뿐만 아니라 살균력이 있어 식품공업에 널리 사용된다.

3) 호박산 (succinic acid) 청주, 조개류, 사과, 딸기에 있고, 감칠맛을 갖는 산미를 낸다. 주로 청주, 합성청주, 된장, 간장 등에 사용한다.

4) 사과산 (maleic acid) 과일, 감귤류에 있고, 상쾌한 산미를 준다. 젤리, 과자의 산미료로 적당하며, 마가린, 마요네즈에 산미제 및 유화안정제로 사용된다.

5) 구연산 (citric acid) 살구 · 감귤류에 있고, 상쾌한 산미를 준다. 산미료로서 청량음료수, 치즈, 젤리, 잼, 드롭프스 등에 사용한다. 또 산화 방지제의 상승제(synergist)로도 사용한다.

6) 주석산 (tartaric acid) 포도에 있고, K 염으로 존재한다. 청량음료수, 젤리, 잼 등에 구연산, 젖산과 함께 사용한다.

7) 아스코르브산 (ascorbic acid) 과일, 채소류에 있고, 상쾌한 산미를 주며 산화방지효과가 있다. 과일통조림이나 주스류 제조에 사용한다.

8) 글루콘산 (gluconic acid) 곶감, 양조식품에 있고, 풍미있는 산미를 준다.

4. 쓴맛 성분의 종류와 특징

1) 알칼로이드

① 카페인 (Caffeine)

차, 커피에 있고, 녹차에는 2~3%, 홍차 3%, 커피 1%, 코코아에 0.2%의 카페인을 함유한다. 심장, 신장, 중추신경계에 흥분작용을 준다.

② 테오브로민 (Theobromine)

코코아, 초콜릿에 있고, 이뇨제(利尿劑) 작용을 한다.

③ 퀴닌 (Quinine)

키나에 있고, 쓴맛의 표준물질이며 쓴맛을 느낄 수 있는 한계값은 0.0016%이다. 말라리아에 특효를 보인다.

2) 배당체

① 나린진 (Naringin)

밀감에 있고, 효소 naringinase에 의해 분해되어 당이 제거된 aglycone (naringenin)은 쓴맛이 없어진다.

② 쿠쿠르비타신(Cucurbitacin)

오이의 꼭지부에 있고, A~L까지 12종이 알려져 있다.

③ 케르세틴(Quercetin)

양파껍질에 있고, rutin의 aglycone이다.

3) 케톤류

① 후물론(Humulon)과 루풀론(lupulon)

맥주의 방향성분이고, 쓴맛을 포함한다. 맥주의 쓴맛은 이밖에도 발효공정 중 이성화 또는 분해에 의해서 생성된 30여 종류의 고미성분으로 이루어지며 기포성(氣泡性), 지포성(持泡性), 항균력을 가진다.

② 튜존(Thujone)

쑥에 있고, 쓴맛을 가지나 독성이 없고 분자 안에 질소가 없다.

4) 무기염류

magnesium, chloride($MgCl_2$), calcium chloride($CaCl_2$)

간수에 있고, 두부응고제로 쓰인다. 이들의 쓴맛을 제거하기 위해 두부는 응고 후 3~4시간 물에 담가둔다.

5) 아미노산

L-tryptophan, L-leucine, L-phenylalanine

단백분해물이며, 콩 등의 단백질을 펩신(pepsin)으로 가수분해할 때 생기는 Arg-Leu, Gly-Leu처럼 말단에 Leu를 갖는 디펩티드(dipeptide)는 쓴맛을 띤다.

치즈가 변질하여 생기는 쓴맛과 건어물의 어복부위의 쓴맛도 역시 펩티드에 기인한다. 건어물에서는 펩티드 외에 Tyr에서 생긴 tyramine도 쓴맛을 띤다.

6) 기타

① 이포메아마론(Ipomeamarone)

흑반병에 걸린 고구마의 쓴맛성분이며 유독하다.

② 리모닌(Limonin)

감귤류에 있고, 과즙이 신선할 때는 쓴맛이 없으나 과즙을 저장하거나 가공처리하면 쓴맛을 띤다. 이것은 limonin에 기인하며 이와 같은 쓴맛을 지연성 쓴맛(delayed bitterness)이라고 한다.

③ 사포닌(Saponin)

콩, 도토리에 있고, 약한 유독성분이다. Saponin은 묽은 알칼리에 잘 녹으므로 도토리를 식품화하려면 묽은 알칼리로 잘 씻어 완전히 쓴맛성분을 제거해야 한다.

5. 매운맛 성분의 종류와 특징

1) 산 아미트류 (acid amide)

① Capsaicin (고추)

융점이 65℃인 판상결정(阪狀結晶)으로서 냉수에는 불용성이지만 알코올, 에테르, 클로로포롬, 벤젠 등에 가용성이다. 비등점은 210~220℃/0.01mmHg로서 대기중에 방치하면 차츰 휘산(揮酸)된다. 매운맛 강하고 체내에서 항산화 작용이 있다.

② Chavicine (후추)

후추에는 0.8%의 chavicine이 들어 있는데, 이의 *trans*형인 이성체 piperine은 매운맛이 없고, *cis*형인 chavicine만이 매운맛을 가진다.

③ Sanshool (산초)

조피나무(chinese pepper). 이것을 환원하면 무색침상결정(無色針狀決定; $C_{16}H_{33}ON$)이 얻어지는데 이것이 hydrosanshool 이다.

2) 황화합물류

① Sinigrin (흑겨자, 고추냉이)

흑겨자는 배당체인 sinigrin이 myrosinase(sinigrinase)의 작용으로 가수분해하여 allyl isothiocyanate를 생성하여 매운맛을 낸다.

$$CH_2=CHCH_2 \cdot N=C=S$$

(allyl isothiocyanate)

② Sinalbin (백겨자)

백겨자는 sinalbin이 myrosinase에 의하여 매운맛인 *p*-hydroxy-benzyl isothiocyanate를 생성한다.

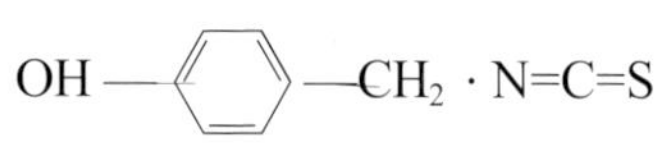

(*p*-hydrobenzyl isothiocyante)

3) 황화알릴류 (ally sulfide)

Divinylsulfide, diallylsulfide, diallyldisulfide, propylallylsulfide, allicin(부추유)

- 마늘, 파, 양파, 부추 등의 정유성분을 부추유(leek oil)라 하며 이들의 매운맛성분이다. allicin은 마늘, 양파의 매운맛 성분으로 alliin이 alliinase에 의해 가수분해된 allysulfonic acid의 혼합물이다.

4) 방향족 알데히드 (aldehyde) 및 케톤 (ketone)류

① Zingerone, shogaol, gingerol

생강의 매운맛 성분으로 guaiacol핵을 갖고 있으며, zingerone은 융점이 40℃인 결정체이고 shogaol은 유상물질이다.

한편 gingerol은 zingerone과 shogaol의 전구물질이다.

② Curcumin
심황(turmeric)의 매운맛과 황색의 성분이며 카레가루의 재료가 된다.
③ Vanillin
콩의 달콤한 방향성 매운맛 성분이며 값이 비교적 싸므로 흔히 쓰인다.
④ Cinnamic aldehyde
계피의 향신성분으로 과자나 소스 등에 쓰인다.

5) 아민류

Histamine, tyramine

- 부패한 생선, 변패된 간장에는 histidine 및 tyrosine이 세균에 의해 탈산화되어 histamine, tyramine이 생성되는데, 각각 매운맛을 가진다.

6. 감칠맛 성분의 종류와 특징

1) 아미노산과 그 유도체

① Glycine : 겨울철의 조개류, 게, 새우 등에 함유된 독특한 감칠맛 성분이다.
② Betaine (trimethyl glycine) : 여름철 오징어, 새우, 문어, 전복, 조개류, 게 등에 함유된 감칠맛 성분으로 glycine의 아미노기가 trimethy lamine이 되어 고리 모양으로 된 것으로 생체 속에서는 glycine 이나 choline에서 유도된다.
③ Creatine과 creatinine : 어류, 육류의 일반적인 감칠맛성분으로, 이들 성분은 glycine의 유도체이다.
④ Glutamine : 육류나 어류, 채소 중에 들어있는 감칠맛 성분으로서 glutamic acid의 r위치의 carboxyl기가 $CONH_2$로 된 amide이다.
⑤ Theanine : 햇빛을 가리고 재배한 녹차에 들어있는 것으로서 단맛을 띤 감칠맛 성분. 이 성분은 glutamic acid의 ethylamide이다.
⑥Asparagine : 어류나 육류 및 채소 중에 들어있는 감칠맛 성분으로서 aspartic acid의 amid이다.
⑦ Trichoromic acid 및 ibotenic acid : 파리버섯 중에 들어있는 감칠맛 성분으로서 분리된 새로운 아미노산으로, 이 양자의 감칠맛은 L-glutamic acid와 비슷하면서도 강도가 훨씬 세다.
⑧ Glutamic acid의 Na염(MSG) : MSG는 감칠맛의 대표적인 것으로 D형은 맛이 없고, L형의 monosodium은 맛이 있으며 disodium은 맛이 없다. 식물성 단백질에 15~35%, 동물성 단백질에 2~3% 함유됨. glutamic acid는 맛은 강하나 물에 잘 녹지 않기 때문에 1개의 —COOH를 Na염으로 만든 monosodium glutamate으로 만들면 물에 잘 용해된다. 모든 요리의 사용기준량은 0.1~0.3%가 좋다.

2) 펩티드류

① carnosine, methyl carnosine(anserine)carnosine : β −alanine + histidine : methyl carnosine : β −alanine +methylhistidine : 육류, 어류 등에 들어있는 감칠맛 성분이다.

② Glutathione(glutamyl cysteinyl glycine) : 동식물계 식품에 널리 분포되어 있는 tripeptide로 감칠맛을 가지고 있다고 하는데, 최근 감칠맛이 있는지 여부가 논란이 되고 있다.

3) 콜린(Choline) 및 그 유도체

① Choline : 일반적인 식품에 광범위하게 분포되어 있는 감칠맛이다.

② Trimethylamine oxide : Choline의 분해물질이라고 하며 어류의 감칠맛 성분이다. 감칠맛 성분이 환원하면 trimethylamine이 생성되는데, 이것은 어류의 냄새성분이 된다.

③ Carnitine : 일반식품, 특히 동물성 식품에 널리 분포되어 있는 것으로 감칠맛을 가지는데, 이 성분은 choline의 유도체이다.

4) 퓨린(purine)염기

• Guanine, hypoxanthine, adenine, xanthine : 어육류의 감칠맛 성분으로서 purine 염기에 속한다. 이들 염기와 ribose, 그리고 한 분자의 인산이 결합한 nucleotide가 될 때 감칠맛을 띤다. guanine의 산화생성물인 guanidine, methylguanidine 등도 어류나 육류의 감칠맛의 성분이다.

5) 기타

① Succinic acid : 청주 및 그 밖에 발효생성물과 조개류 등에 들어있는 감칠맛 성분으로서 일종의 유기산이다.

② Taurine(aminosulfonic acid) : 오징어, 문어 등에 함유된 것이다.

7. 떫은맛 성분의 종류와 특징

1) 시부올(Shibuol)

• 감 : 감의 떫은맛은 gallic acid와 phloroglucinol의 축합물인 shibuol에 의한다. 미숙한 감이 익어감에 따라 떫은맛이 적어지는 것은 과일의 호흡작용으로 발생한 알코올 및 acetaldehyde가 shibuol과 중합하여 불용성물질이 되기 때문이다.

2) 엘라그산 (Ellagic acid)

• 밤 : 2분자의 gallic acid가 축합한 것

3) 클로로겐산 (Chlorogenic acid)

• 커피, 고구마, 감자, 가지, 사과, 배 : caffeic acid와 quinic acid가 ester 결합한 형태의 분자로서 caffeic acid 부분에 —OH기 2개를 가지는 polyphenol 화합물이기 때문에 polyphenol oxidase에 의하여 갈변된다. 감자, 고구마, 사과 등의 흑변(黑變)도 이 때문이다.

4) 카테킨 (Catechin)

- 차, 과실 : 녹차의 떫은맛은 gallic acid와 catechin에 의한 것이며 이들 tannin은 홍차 제조 중 발효과정에 의하여 대부분 불용성으로 된다.
- epicatechin gallate, epigallocatechin
- gallate, epigallocatechin, epicatechin

17-4 후각의 생리현상

(1) 냄새의 전환

유향물질(有香物質)의 농도가 변하면 향의 성질도 동시에 변화하는 현상을 의미한다. 연한 바닐린(vanillin)향은 장미향 같으나 진하면 낡은 종이냄새가 나고 연한 낙산(butyric acid)은 과일향이지만 진하면 썩은 기름냄새로 변한다. 또 스케톨(skatol)은 미량으로는 방향이나 양이 많아지면 구린내로 변한다.

(2) 냄새의 조화

홍차에 위스키, 우유에 레몬, 고기에 후추는 잘 조화되지만, 버터에 신냄새, 쌀밥에 생선비린내는 좀처럼 어울리지 않는다. 또 합성주는 알코올의 냄새가 분리되어 느껴지나, 발효시킨 양조주는 알코올냄새가 잘 조화되어 있다. 이와 같이 유향물질의 향은 서로 조화가 되는 것과 조화가 되지 않는 것이 있다.

한편, 두 가지 이상의 비교적 닮은 향이 결합하여 그것이 완전히 융합되어 단일향으로 느껴지다가 차츰분리되어 느껴지는 것을 계기취(繼起臭)라 한다.

(3) 후각의 피로

같은 냄새를 오랫동안 맡고 있으면 후각신경이 피로하여 나중에는 그 냄새를 못느끼게 된다. 후각의 피로현상은 1~10분안에 일어나고 회복에도 1~10분이 걸린다.

(4) 후각의 생리적 이상

후각의 생리적 이상에는 후각과민(hyperosmia), 후각이상(parosmia), 후각감퇴(hyposmia)와 질병으로 기도가 막히거나 후점막이 그 기능을 잃었을 때의 후각손실(anosmia)이 있다.

17-5 향기성분

1. 향신료의 향기성분

① 분디(Japanese pepper)
과일, 잎에 있고 주성분은 geraniol($C_{10}H_{18}O$)이다.

② 고추(cayenne pepper)
열매에 있고 주성분은 capsaicin($C_{18}H_{27}NO_3$)이다.

③ 검은 겨자(black mustard)
종자부위에 있고 allylisothiocyanate(C_4H_5NS)이 주성분이다.

④ 흰겨자(white mustard)
종자에 있고 acrylisothiocyanate(C_3H_3NS)이 주성분이다.

⑤ 산규(horse-radish)
뿌리에 있고 geraniol($C_{10}H_{18}O$)이 주성분이다.

⑥ 마늘(garlic)
인경에 있고 diallyldisulfide($C_6H_{10}S_2$)이 주성분이다.

⑦ 생강(ginger)
지하경에 있고 zingerone($C_{11}H_{14}O_3$)이 주성분이다.

⑧ 강황(turmeric, curcuma)
뿌리에 있고 citral($C_{10}H_{16}O$)이 주성분이다.

⑨ 세이지(Sage, clary)
잎에 있고 salven($C_{10}H_{18}$)이 주성분이다.

⑩ 입사향초(thyme)
잎에 있고 carvacrol($C_{10}H_{14}O$)이 주성분이다.

⑪ 박하(peppermint)
잎에 있고 1-menthol($C_{10}H_{20}O$)이 주성분이다.

⑫ 차조기(소엽)
잎, 종자에 있고 perillaldehyde($C_{10}H_{14}O$)이 주성분이다.

⑬ 아니스(Anise)
종자에 있고 anethole($C_{10}H_{12}O$)이 주성분이다.

⑭ 파슬리(Parsley)
과일, 잎에 있고 apiole($C_{12}H_{14}O_4$)이 주성분이다.

⑮ 셀러리(Celery)
줄기, 종자에 있고 d-limonene($C_{10}H_{16}$)이 주성분이다.

⑯ 커민(Cumin)
과일에 있고 cuminyl alcohol($C_{10}H_{14}O$)이 주성분이다.

2. 식물성 식품의 향에 관계있는 알코올 및 알데히드류

① 주류 : ethanol
② 양파 : propanol
③ 감자 : pentanol
④ 차잎, 채소의 푸른잎 : hexenol
⑤ 차잎 : hexenal
⑥ 차잎, 복숭아 : linalool
⑦ 송이버섯 : matsutake alcohol(1-octen-3-ol)
⑧ 오이 : kyuric alcohol(2.6-nonadienol)
⑨ 커피 : furfuryl alcohol
⑩ 계피 : cinnamic aldehyde
⑪ 계피 : eugenol
⑫ 바닐라향 : vanillin

3. 식물성 식품의 향에 관계있는 에스테르(ester)류

① 복숭아 : ethyl formate
② 사과, 배 : amyl formate, isoamyl formate, isoamyl acetate
③ 파인애플 : ethyl acetate, ethyl butyrate
④ 코코아 : amyl propionate
⑤ 사과 : methyl butyrate
⑥ 살구 : amyl butyrate
⑦ 바나나 : isoamyl isovalerate
⑧ 송이버섯 : methyl cinnamate
⑨ 셀러리(celery) : sedanolide
⑩ 파슬리(parsley) : apiole

4. 식물성 식품의 향에 관계있는 테르펜(terpene)류

(1) monoterpene : isoprene 2분자

① 미나리 : myrcene
② 오렌지, 레몬, 박하 : limonene
③ 후추 : α-phellandrene
④ 레몬 : camphene
⑤ 차잎, 복숭아 : inalool

⑥ 레몬, 녹차, 장미유 : geraniol
⑦ 박하 : mentol, menthone
⑧ 카다몬(cardamon) : cineol
⑨ 레몬, 오렌지 : citral
⑩ 케러웨이유(caraway oil) : carvone

(2) sesquiterpene : isoprene 3분자

⑪ 생강 : zingiberene
⑫ 셀러리유 : β-selinene
⑬ 홉(hop) : humulene
⑭ 사향초유, 보리수꽃유 : farnesol

5. 식물성 식품의 향에 관계있는 유황화합물

① 무, 파, 마늘 : methyl mercaptan
② 양파 : propyl mercaptan
③ 단무지 : acetaldehyde dimethyl mercaptan
④ 순무, 양배추 : S-methyl cysteine sulfoxide
⑤ 파인애플 : methyl β-methyl mercapto propionate
⑥ 간장 : β-methyl mercaptopropyl alcohol,
β-methyl mercaptopropyl aldehyde
⑦ 커피 : furfuryl mercaptan
⑧ 양파, 무, 겨자, 고추냉이 : allyl isothiocyanate
⑨ 파, 마늘, 양파 : diallyl disulfide, diallyl trisulfide, divinyl sulfide
⑩ 무 : sulforaphen
⑪ 마늘 : alliin

6. 동물성 식품의 냄새성분

① Trimethylamine

어류의 체표면점액의 TMAO가 선도의 저하로 세균의 환원작용에 의해 생성된 것이며 주로 해수어의 비린내 성분이다.

TMAO함량은 민물고기 4~6mg%, 연골 바다고기 40~100mg%, 경골 바다고기 700~900mg% 정도이다. 만약 2~3μg 검출시 불량식품으로 간주된다.

② Piperidine, d-aminovaleraldehyde, d-aminovaleric acid

담수어의 선도저하에 따른 냄새성분이다. 어육, 수육, 혈액, 체표면에 있는 piperidine은 아미노산인 lysine에서 cadaverine을 거쳐 생성되며, 선도가 더욱 저하되면 δ-aminovaleral-dehyde, δ-aminovaleric acid가 생성된다.

③ Ammonia

육류나 어류의 선도가 상당히 저하되었을 때 발생하는 자극취로 요소가 세균의 작용으로 분해되어 생성된다. 상어의 체액에 2%, 담수어에는 미량이 포함되어 있다.

④ Methylmercaptan, H_2S, indole, skatole

수육, 어류가 부패될 때 단백질이 분해되어 나는 냄새는 이들의 혼합체이며, 유독물질인 ptomain을 생성하여 중독을 일으킬 수 있다.

⑤ 함질소이환상화합물

식품의 가열처리중 생성하는 탄내성분이다.

⑥ 카르보닐 화합물, 저급 지방산

신선한 생우유의 향기성분은 주로 acetone, acetaldehyde 등의 카보닐화합물과 저급지방산 및 methyl sulfide에 의한 것으로 생각되며 신선도가 떨어지면 δ-aminoacetophen-one에 의해 불쾌한 냄새가 난다. 발효유의 냄새는 젖산발효로 생긴 카르보닐화합물에 의한다.

⑦ diacetyl, acetoin

버터의 중요한 향기성분이다.

⑧ ethyl-β-methyl-mer-captopropionate

된장, 치즈의 성분

7. 식품의 가열향기성분

① 아미노 카르보닐 반응의 향기

아미노 카르보닐반응 진행으로 Strecker 분해에 의해 생성된 가열식품의 향기성분이다.

② 식빵의 향기

빵의 향기는 반죽의 발효에 의해 생성된 diacetyl 및 여러 가지 알코올류와 에스테르류에 기인하며 굽는 과정에서 아미노카르보닐 반응 등으로 70종 내외의 카르보닐 화합물이 생겨 빵의 향을 이룬다.

③ 캐러멜(Caramel)의 향기

당류의 가열 분해 산화물로 식품의 향기와 풍미물질(furfural, hydroxymethyl 력력미 등)이다.

④ 밥의 향기

밥을 지을 때 식욕을 돋구는 성분, 묵은 쌀의 이취성분은 n-caproaldehyde에 기인한다.

쉰밥의 냄새는 부틸산(butyric acid)에 기인한다.

⑤ 채소의 삶을 때 향기

채소를 삶을 때, formaldehyde, acetaldehyde, dimethyl sulfide, H_2S, ethylmercaptan, propylmercaptan이 생성되며 특히 양배추는 가열로 다량의 dimethylsulfide 생성된다.

⑥ 우유의 가열취

이것은 β-lactoglobulin이나 지방구 피막단백질의 열변성에 의해서 활성화된 SH기에서 유리된 H_2S나 휘발성황화물, Strecker 분해에 의한 carbonyl 화합물, 지방의 가수분해에 의해 생긴 methyl ketone, lactone 등에 의한 혼합취이다.

⑦ 훈연의 향기

건조로 저장성과 훈연성분의 살균력과 항산화 작용이다.

부록

부록 1 함께 먹으면 좋은 식품배합과 영양학적 효능

1. 곡류

1) 콩밥 (쌀+콩)

쌀에는 단백질을 구성하는 아미노산 중 필수아미노산인 리신이 적고 유황 함유 아미노산인 메티오닌(methionine)이 많은 편인데 비해 콩에는 단백질함량도 많고 아미노산 중 리신(lysine)이 많으나 메티오닌은 적다. 따라서 쌀과 콩을 합치면 단백질의 영양효과가 상승한다. 또 콩은 상대적으로 쌀에 적게 들어 있는 비타민 B_1을 많이 가지고 있다.

2) 쑥떡 (쌀+쑥)

쌀의 성분 중 지방, 섬유소, 칼슘, 철, 비타민 A · C가 부족하다. 쑥에는 칼슘과 섬유질, 철, 비타민 A · B_1 · C, 엽록소가 들어 있어 쑥을 함께 먹으면 쌀의 부족한 영양성분을 보충하며 인체의 저항능력을 높여주고 소화도 향상시킬 수 있다.

3) 송편 (쌀+솔잎)

솔잎에는 테르펜 (terpenean)계통의 독특한 방향물질이 있고 엽록소, 베타카로틴, 비타민 B 복합체, 비타민 C 등이 풍부해서 신경을 안정시키는 생리적 기능을 한다. 쌀은 맛이 밋밋하므로 송편 만들 때 솔잎을 함께 넣고 찌면 솔잎의 향과 일부성분들이 송편에 배어 솔잎 자체만으로는 먹기 어려운 좋은 성분을 이용할 수 있다.

4) 콩국수 (국수+콩국)

땀을 많이 흘리고 식욕이 떨어지는 여름철에 콩국은 건강식이다. 밀가루 중에는 단백질을 구성하는 필수아미노산인 리신, 메티오닌, 트레오닌(threonine), 트립토판(tryptophan) 등의 함량이 매우 적은데, 콩에는 이들 필수아미노산이 3~5배나 들어 있어 아미노산의 상승효과를 일으킨다. 또한 콩에는 밀에 매우 적은 비타민 B_1 · B_2 등 B군이 특히 많고 비타민 A와 D도 들어 있다.

5) 두부해초 무침 (두부+미역)

콩에는 5종의 사포닌(saponin)이 있는데 이것을 지나치게 많이 섭취하면 몸 안의 요오드(iodine)가 빠져나갈 수 있다. 따라서 요오드가 풍부한 미역 등 해조류와 함께 먹으면 신진대사를 원활히 해준다.

6) 옥수수+우유

옥수수의 주성분은 당질로 대부분 녹말이며, 포도당이 조금 들어 있고 단백질은 옥수수 알갱이의 겉껍질 부분에 있는 각질층에 많고 속에는 적게 들어 있다. 이런 옥수수의 결점을 보완하기 위해 완전식품인 우유를 함께 섭취하면 옥수수에 부족한 단백질과 비타민 A를 비롯하여 비타민 B군을 보충할 수 있다.

7) 스파게티+올리브유

스파게티(spaghetti) 요리를 할 때 올리브유를 쓰면 국수가닥을 삶아서 먹을 때 밀가루 조직을 부드럽게 하므로 혀에서 느끼는 촉감을 좋게 해줄 뿐 아니라 밀가루에 부족한 지방을 보충해준다. 또한 올리브유에는 피토스테롤(phytosterol)과 피토케미컬 (phytochemical)이 많이 들어 있다. 특히, 혈액의 응고를 막아주고 콜레스테롤이 침착되는 것을 막아주는 효과가 있다.

8) 약식 (찹쌀+대추)

약식은 맛이 좋고 소화가 잘 되며 영양의 균형을 이루는 음식이다. 찹쌀의 주성분은 녹말이 대부분이며 칼슘과 철분, 섬유의 함량이 적은 것이 단점이다. 대추는 쇠약한 내장을 회복시키며 이뇨효과도 높아 찹쌀에 부족한 철분, 칼륨, 섬유소를 보충해 주며, 대추의 빨간색은 시각적인 장식효과는 물론 식욕을 증진시킨다.

9) 팥죽 (팥+새알심)

찹쌀은 당질이 75%이며 주로 전분이나 비타민 B_1은 적게 함유하고 있기 때문에 당질대사에 절대적인 역할을 하는 비타민 B_1이 많이 함유된 팥과 함께 먹으면 좋다.

10) 냉면+식초

식초 중의 유기산은 입맛을 돋우고 에너지 대사를 원활히 하여 피로 회복에 효과가 있다. 냉면은 주로 여름철에 즐기는 음식으로 사리를 삶은 물이나 육수는 영양소가 풍부하여 대장균 등 세균이 번식할 우려가 크다. 식초를 넣으면 pH가 낮아져 세균의 번식을 막아주므로 위생상 중요한 역할도 한다.

11) 모밀국수+무

메밀가루는 루틴(rutin)을 가지고 있어 모세혈관을 튼튼하게 하는 작용을 하고 변비에 효과가 좋으나 껍질 부분에 살리실아민과 벤질아민이라는 성분이 있어 사람에게 조금 유해한 것으로 알려져 있다. 무에는 섬유소, 비타민 C, 효소가 풍부하여 이 같은 독성을 제거해준다.

12) 라면+녹색 채소

라면은 국수를 기름에 튀긴 제품으로 채소를 곁들이게 되면 밀가루 중에 부족한 섬유소, 무기질, 비타민 C 등 영양성분의 보충과 함께 지질의 산화를 막아주는 항산화 성분을 풍부하게 섭취할 수 있다. 채소에 풍부한 칼륨이 소금의 나트륨 배설을 도와주기도 한다.

2. 채소류

1) 김치찌개+멸치

멸치에는 칼슘이 많이 함유되어 있으나 소화흡수되기 어려운 불용성이다. 신김치 중의 유기산은 멸치 중의 칼슘을 용출시켜 이용되기 쉬운 형태로 만들어 주며 김치 중에 부족한 칼슘을 비롯한 무기질과 단백질이 멸치로 보충될 수 있다.

2) 오이, 당근+식초

오이나 당근은 비타민 C를 파괴하는 산화 효소 아스코르비나아제가 들어 있어 날것으로 다른 채소와 같이 먹을 경우 비타민 C가 손실된다. 아스코르비나아제는 산성과 열에 약한 특성을 가지고 있으므로 일반 채소와 날것으로 섞을 때에는 식초를 조금 치면 이 효소의 작용이 억제되어 비타민 C의 손실을 막을 수 있다.

3) 녹즙+식초

녹즙을 만들 때 가장 중요한 성분은 비타민 C인데 빛, 공기, 열, 아스코르비나아제에 의해서 쉽게 파괴된다. 당근이나 오이에 들어 있는 아스코르비나아제는 pH 5.6에서 가장 활발하게 작용한다. 녹즙에 식초를 넣으면 녹즙의 pH가 산성으로 되어 아스코르비나아제가 작용하지 못할 뿐 아니라 비타민 C 자체가 안정하여 비타민 C의 손실을 줄일 수 있다.

4) 당근+식용유

당근은 비타민 A의 모체인 카로틴(carotin)이 많고 양질의 섬유질과 인, 철, 마그네슘, 칼륨, 무기질의 공급원으로 우수하다. 카로틴은 지용성 비타민이므로 주스보다는 기름으로 조리해서 먹는 편이 흡수율이 높아 영양 효과가 좋다.

5) 시금치+참깨

시금치는 비타민 A와 C가 특히 많고 칼슘과 철분, 요오드 등이 풍부한 식품이다. 그러나 수산이 많아 과잉 섭취하면 결석이 생기기 쉽다. 결석이 가장 잘 형성되는 것은 칼슘 : 수산의 비율이 1:2일 경우인데 칼슘이 풍부한 참깨를 곁들여 먹으면 칼슘과 수산의 비율이 깨어져 수산이 몸 밖으로 배출된다.

6) 가지+기름

가지는 영양분이 적은 식품이지만 기름을 잘 흡수하는 성질이 있어 튀김용 재료로 좋은 식품이다. 가지의 나스닌(nasnin)은 성인병 예방효과가 있다.

7) 연근+식초

연근의 주성분은 당질이며 대부분이 녹말이다. 아미노산으로는 아스파라긴, 아르기닌(arginine), 티로신(tyrosine)이 많으며 레시틴(lecithin)과 펙틴(pectin)이 많다. 식초는 연근의 변색을 막아주고 유효성분의 성질을 방지해 주므로 연근을 조리할 때 넣으면 좋다. 또, 식초를 넣고 조리면 연근의 조직감이 아삭아삭해진다.

8) 우거지+선지

선지는 고단백에 철분의 함량이 많아 영양적 가치는 높지만 콜레스테롤 함량이 많고 과다 섭취하면 변비에 걸리기 쉬운 결점이 있다. 선지국을 끓일 때 우거지와 무, 콩나물과 같이 비타민과 무기질, 펙틴, 섬유소가 풍부한 식품을 넣는 것이 바람직하다.

9) 파+육류

파는 육류를 조리하거나 먹을 때 곁들이면 고기의 좋지 못한 냄새를 가려주고 위액분비를 촉진시켜 육류 소화를 도와주는 작용을 한다.

10) 토란국
(토란+다시마)

다시마는 알긴이라는 당질이 20%나 되며 무기질로 요오드의 함량이 높다. 이 두 가지 성분이 토란의 수산석회를 비롯한 유해성분의 체내 흡수를 억제시키는 특성을 가지고 있다. 요오드는 갑상선 호르몬을 잘 만들게 하여 대사를 촉진시키며 다시마의 감칠맛은 토란의 맛을 부드럽게 해준다.

11) 호박범벅
(늙은호박+강낭콩)

호박에는 비타민 A의 모체인 베타카로틴이 많고 강낭콩에는 단백질로 글로불린이 많아 단백가를 올릴 수 있는 좋은 배합이 되며, 그 밖에 필수아미노산으로 리신, 류신, 트립토판, 트레오닌이 풍부해 쌀 등 곡류와 섞으면 단백가 상승효과가 커진다. 또한 강낭콩에는 비타민 B복합체가 많아 당질대사를 도와준다.

12) 호박전
(애호박+달걀)

저혈압인 사람은 고단백이거나 비타민, 미네랄이 풍부한 식사를 섭취할 필요가 있는데 호박과 달걀의 배합은 자양강장의 상승효과를 얻을 수 있다. 또한 호박의 비타민 C와 식이섬유가 달걀에 부족한 영양소를 보충해준다.

13) 호박꿀단지
(호박+꿀)

호박에는 비타민 A · C · B_2가 많으며 이뇨효과와 부종 치료작용이 있어서 산후붓기가 있는 부인에게 가장 좋은 식품으로 권장된다. 이때 꿀은 단당류로 흡수가 쉽고 칼로리원으로서 속효성이 있고 영양가가 높으며 특수한 풍미를 가지고 있으므로 호박과 꿀을 같이 사용하면 좋다.

14) 호박죽(호박+팥)

호박은 비타민 A · C · B_2가 많으며 이뇨효과와 부종치료 작용이 있다. 팥은 변비에 탁월한 효능이 있고, 당질과 비타민 B_1이 많아 호박과 어우러지면 영양의 균형과 함께 이뇨효과를 상승시켜 준다. 호박죽에 팥을 넣으면 맛을 좋게 해주고 노란 바탕에 붉은 팥이 섞이면서 시각적 효과도 좋아진다.

3. 과일류

1) 감+배

감과 배는 이뇨작용이 탁월해서 열을 체외로 배출시키고 염증을 진정시키는 외에 술을 해독하는 작용이 있어 예로부터 숙취에 잘 듣는 식품으로 일컬어져 왔다.

2) 바나나+레몬

갈변 방지효과가 매우 큰 레몬즙을 짜서 바나나와 섞어 두면 바나나의 색깔이 변하지 않을 뿐 아니라 바나나의 향도 오래 보존되어서 좋다. 유기산이 적은 바나나와 유기산이 많은 레몬은 맛도 잘 어울린다.

3) 배+생강

배는 차가우므로 열 때문에 가슴이 답답하고 갈증이 나는 데 먹으면 좋다. 배에는 유기산이 비교적 적으므로 자극적인 향미가 있는 생강을 곁들이면 생리활성 효능을 높여준다. 생강은 예로부터 약의 중화효과가 있으므로 한약을 달일 때 많이 이용되었다.

4) 홍차+레몬

레몬은 비타민 C가 풍부하다. 레몬은 상큼한 맛의 주성분인 구연산을 많이 가지고 있어 식초 대용으로 쓰인다. 홍차는 비타민 C가 많은 녹차잎을 발효시켜 만든 차인데, 유감스럽게도 비타민 C가 모두 파괴되는 것이 결점이다.

레몬은 홍차에 없는 비타민 C를 보충시켜 주며 홍차의 고유한 풍미를 증진시켜 준다.

4. 육어류

1) 생선조림 (생선+무)

생선을 조릴 때 무를 냄비 바닥에 깔고 생선을 얹어 조리면 생선이 눌어붙지 않을 뿐 아니라 무가 가지고 있는 매운 성분 이소티오시아네이트가 생선 비린내를 가시게 한다. 고등어는 철분이 많고 흡수율도 높다.

무에는 비타민 C와 소화효소가 많으므로 생선이 가지고 있지 않은 영양을 보완해주고 맛을 향상시킨다.

2) 굴+레몬

굴은 단백질과 철분이 풍부하나 수분의 함량이 많아 세균이 번식하기 쉽고 자가효소가 들어 있어 시간이 지나면 성분의 변화를 일으켜 탄력성을 잃게 된다. 굴에 레몬즙을 떨어뜨리면 좋지 않은 냄새를 가려주고 세균의 번식을 억제하여 살균효과가 있으며 레몬에 함유된 아스코르브산이 철분의 장내 흡수를 도와준다. 또한 굴을 탄력 있게 해준다.

3) 등푸른생선+식초	비린내가 많은 등푸른생선을 조리할 때 식초를 넣으면 식초의 유기산이 생선 단백질을 단단히 해주고, 살균작용 및 잡맛과 생선의 비린내를 없애는 데 효과적이며 육류나 뼈째 먹는 생선, 다시마를 부드럽고 연하게 한다. 식초와 물을 1:1 비율로 만들어 씻게 되면 끈기가 제거되고 삶거나 조릴 때도 모양이 흐트러지지 않는다.
4) 미더덕+콩나물	미더덕은 단백질이 많고 글리코겐, 칼슘, 인, 철, 비타민 C도 소량 들어 있다. 콩나물을 넣으면 비타민 C를 보완함으로써 영양의 균형을 이룰 뿐 아니라 콩나물의 아삭아삭 씹히는 질감이 미더덕 맛을 돋우어 주는 역할을 하게 된다.
5) 문어+무	문어의 살은 단단해서 씹는 맛은 있으나 소화가 잘 안 되는 것이 흠이다. 무즙은 문어살을 연하게 해주면서 냄새를 없애준다.
6) 복어+미나리	복어의 테트로도톡신(tetrodotoxin)은 동물성 자연독 중 가장 강하다. 복어탕을 끓일 때 미나리를 넣으면 맛이 좋아질 뿐 아니라 해독작용도 있다. 미나리는 피를 맑게 하는 것으로 알려져 있으며 비타민이 풍부하고 독특한 향미 성분을 가지고 있는 알칼리 식품이므로 신진대사를 촉진시키고 저항력을 높여준다.
7) 생선+생강	생선과 조개 같은 어패류에는 장염비브리오균이 오염되어 식중독을 일으킨다. 생강의 매운 성분은 진저롤(gingerol), 쇼가올(shogaols)이며 이들 성분은 세균에 대한 살균력을 나타낸다.
8) 재첩국 (재첩조개+부추)	재첩은 칼슘, 철, 인, 비타민 B_2 · B_6 · B_{12}가 풍부한데다 질 좋은 단백질을 가지고 있다. 그러나 비타민 A가 적고 많이 먹으면 몸이 냉해지는 단점이 있는데 부추는 비타민 A의 모체인 베타카로틴이 매우 많고, 몸이 따뜻해지는 성분이 있으므로 감기나 냉증인 사람에게 좋다.
9) 조개탕+쑥갓	조개는 아미노산(히스티딘, 리신 등)이 많고 지방이 적으며 글리코겐이 풍부한 영양식품이다. 쑥갓은 칼슘이 많고 비타민 A와 C가 풍부한 알칼리성 식품이며 엽록소 또한 풍부해서 적혈구 형성에 도움을 주고 혈중 콜레스테롤을 저하시켜 주는 효과가 있다.
10) 추어탕 (미꾸라지+산초)	산초는 상쾌한 향이 있어 미꾸라지 비린내를 제거하는 데 가장 잘 어울리는 향신료이며 위장을 자극해서 신진대사를 촉진시키는 기능이 있다.

11) 북어국 (황태+달걀)

황태는 간을 보호해 주는 메티오닌 등의 아미노산 성분이 많아서 해장국으로 또는 입맛을 잃었을 때 좋다. 북어국을 끓일 때 달걀을 이용하는 까닭은 시각적인 효과와 더불어 북어가 가지고 있는 단백질의 질을 상승시켜 단백질 효율을 높여주는 효과가 있기 때문이다.

12) 햄, 소시지+겨자

고기의 누린내는 고기의 맛을 떨어뜨린다. 이때 향신료를 쓰는데 겨자의 매운 성분은 이소티오시아네이트로 (isothiocyanate)맵고 향기로워 육류의 좋지 않은 냄새를 없애주는 역할을 한다.

13) 육류+키위

키위의 과즙에는 단백질 분해효소 악티니딘(actinidine)이 들어 있다. 고기를 먹고 난 후의 후식으로도 좋고 연육제로도 활용된다. 질긴 고기 위에 얇게 저민 키위를 약 20분간 올려놓으면 연하고 맛있는 요리를 할 수 있다.

14) 육류+파인애플

파인애플에는 브로멜린(bromelin)이라는 단백질 분해효소가 들어 있다. 고기를 먹고 난 후의 후식으로도 좋고 연육제로도 활용된다. 질긴 고기 위에 파인애플즙을 뿌려 놓으면 연하고 향이 좋으며 맛있는 요리를 할 수 있다.

15) 삼계탕 (닭고기+인삼)

삼복 중의 보신 식품으로 손꼽히는 것이 삼계탕이다. 더위 때문에 스트레스를 받으면 몸속에 단백질과 비타민 C의 손실이 많아진다. 닭고기는 훌륭한 고단백 식품이고 인삼에는 스트레스를 억제하는 효과가 있으며 특별한 약리작용을 하는 사포닌이 20여 종이 있어 닭고기와 함께 섭취하면 더위를 이기는 데 좋다.

16) 옻닭 (닭고기+옻)

옻은 성질이 따뜻하고 어혈을 풀어주고 골수를 충족시켜 주며 몸을 따뜻하게 해준다. 옻과 닭을 함께 끓여 먹는 옻닭은 단백질을 보충시켜 주며 몸을 따뜻하게 해는 강장식품이다.

17) 닭고기+대추

중국에서는 예로부터 하루에 대추 3개만 먹으면 나이를 먹지 않는다는 말이 전해져 온다. 또한 대추를 오래 씹으면 다량의 타액이 분비되어 치아를 보호한다고 한다. 닭고기는 기혈을 보충하고 점막을 강화하므로 대추의 약효를 보조하는 보조식품이라 할 수 있다.

18) 돼지고기+무

돼지고기는 한방에서는 피를 보충하고, 체액분비를 증가시키며 윤기 있고 매끄러운 피부로 가꿔주는 효과를 가진 식품이다. 무가 체내의 독소를 배출시키며 동시에 돼지고기가 인체에 자양효과를 준다.

19) 돼지고기+표고버섯

돼지고기에는 콜레스테롤이 다량으로 들어 있어 성인병에 걸릴 위험이 크다. 포고버섯에는 식이섬유가 많아 함께 먹는 식품 중의 콜레스테롤이 체내에 흡수되는 것을 억제하여 체내 콜레스테롤치와 혈압을 떨어뜨리는 역할을 하고, 돼지고기의 누린내를 없애면서 독특한 맛과 향을 더한다.

20) 보쌈 (돼지고기+새우젓)

돼지고기의 주성분은 단백질과 지방인데 단백질이 소화되려면 분해효소인 프로테아제를 필요로 한다. 새우젓은 발효되는 동안에 많은 양의 프로테아제(protease)가 생성하여 소화제 역할을 하며 강력한 지방분해 효소인 리파아제도 함유되어 기름진 돼지고기의 소화를 도와준다.

21) 감자탕 (돼지갈비+감자)

돼지갈비는 돼지고기 중에서도 지방분이 많기 때문에 장에 윤활유 구실을 해주어 변통을 좋게 할 뿐 아니라 비타민 B_1이 풍부하기 때문에 스트레스성 변비에 효과가 있으며 콜라겐이 장을 튼튼하게 해주어 체력을 보강한다.

이 콜라겐의 생성에 필수 불가결한 것이 감자의 비타민 C다.

22) 불고기+깻잎

쇠고기의 주성분은 단백질이며 칼슘과 비타민 A가 매우 적고 비타민 C는 전혀 없으므로 칼슘과 철분, 비타민 A · C가 많고, 향미가 좋은 깻잎과 함께 먹으면 영양의 균형을 이루고 엽록소의 효과도 기대할 수 있다.

엽록소와 비타민 C가 풍부한 깻잎은 암의 발생을 예방하는 효과도 있다.

5. 유제품류 및 기타

1) 쇠고기+배

쇠고기를 재워둘 때 배즙을 사용하는 것은 배에 전분 분해효소, 단백질 분해효소가 함유되어 있어 단단하고 질긴 고기의 단백질이 분해되어 아미노산이 생성되므로 고기가 연해지고 맛이 좋아진다.

2) 스테이크+파인애플

우리나라 전통적인 연육제인 배와 무는 단백질과 지방 분해효소가 있어 고기와 함께 재워 두면 연육효과가 크다. 서양에서의 무화과, 파파야, 파인애플 등을 연육제로 사용하는데, 배즙과는 비교가 안 될 정도로 강력하다.

3) 간+우유

간에는 각종 효소가 함유되어 있기 때문에 살코기에 비해 신선함을 유지하기 어렵다. 간은 독특한 냄새가 심하게 나서 기호성이 떨어지는데, 절단한 간을 우유에 담가두면 간의 나쁜 냄새와 맛이 많이 제거된다.

우유의 미세한 콜로이드 입자가 간의 좋지 못한 성분을 흡착하기 때문이다.

4) 딸기쉐이크 (우유+딸기)

딸기는 과일 중에서 비타민 C가 가장 많다. 딸기에는 단백질과 지방이 들어있지 않아 단일식품 중에서 가장 완전한 식품으로 알려져 있는 우유와 함께 섭취하면 균형이 잡힌다. 또한 딸기에 우유를 섞으면 신맛이 줄어 먹기 좋다.

우유 대신 크림을 얹어 먹으면 수분이 적으므로 영양이 농축되어 지방과 단백질의 함량이 높아진다.

5) 매쉬드 포테이토 (우유+감자)

감자에 풍부하게 들어있는 비타민 C는 가열해도 쉽게 파괴되지 않으며, 변비에도 좋다. 우유는 변을 부드럽게 하고 차가운 수분이 장을 자극해서 변의를 촉진시켜 준다. 우유의 유당과 감자의 섬유질, 비타민 C가 모두 같이 작용해서 변비를 해소시킨다.

6) 우유+커피

커피의 성분인 카페인은 뇌와 근육의 자극제로 흥분작용을 일으킨다. 공복에 커피를 마시면 위산 분비가 많아지므로 중화하는 성분인 우유나 치즈를 곁들여 먹는 것이 좋다. 치즈는 고열량 식품이면서 소화가 잘 되고 자극성 음식으로 인한 각종 자극으로부터 위벽과 소화기관을 보호해 준다.

7) 수정과+잣

수정과를 만들 때 넣는 생강이나 꿀은 맛을 좋게 해 주며, 잣은 맛뿐 아니라 영양의 균형과 곶감의 수렴작용을 보완해 준다. 수정과에 잣을 넣으면 곶감 속에 들어 있는 탄닌과 철분의 결합으로 탄닌산철이 되는 것을 막아 빈혈과 변비를 예방하는 효과가 있다.

8) 소주+오이

소주의 자극성 알코올의 불쾌감을 제거하기 위해서는 오이를 가늘게 썰어 소주 안에 넣으면 소주의 자극취가 가시고 순한 맛이 된다. 이것은 95.5%나 되는 오이의 수분과 오이의 향미가 자극치를 흡수하기 때문이다.

술을 많이 마시면 체내의 칼륨이 배설되므로 칼륨이 풍부한 오이를 함께 먹는 것은 염분배출과 노폐물 배출이 잘 되어 몸을 맑게 한다.

9) 인삼+벌꿀

인삼의 일반성분은 당질 67%, 단백질 13%, 지방 3%, 무기질 3% 등이며 약리작용을 나타내는 사포닌이 20여 종 들어있다. 인체에 유용한 인삼이지만 열량은 매우 낮은 편이어서 꿀을 함께 섭취하면 인삼에 부족한 칼로리를 보충할 수 있다.

꿀의 주성분은 과당, 포도당, 설탕과 덱스트린 등이다. 꿀을 매일 먹으면 신체를 보하게 되고 피부가 부드러워 진다.

부록 2 함께 먹으면 좋지 않은 음식배합의 예

1) 도토리묵 + 감

도토리묵은 주성분이 녹말이지만 특수성분으로 탄닌을 가지고 있다. 도토리묵과 감은 함께 먹는 경우는 드물지만 후식으로 함께 먹으면 변비가 심해지고 빈혈증이 나타나며 적혈구를 만드는 철분이 탄닌과 결합해서 소화 흡수를 방해한다.

2) 문어 + 고사리

문어는 영양가는 높지만 소화에 부담이 가는 식품이다. 고사리에는 섬유질이 3% 이상 들어 있어서 문어와 고사리를 먹으면 위장이 약한 사람은 소화불량에 걸리기 쉽다.

3) 미역 + 파

파와 미역은 모두 미끈미끈한 성분인 알긴산을 가지고 있으므로 미역요리에 파를 넣으면 음식 맛이 어울리지 않고 알긴산의 흡착력이 떨어지게 된다.

4) 바지락 + 우엉

바지락은 철분이 많아 빈혈 예방효과가 크지만 우엉과 함께 조리하지 않는 것이 좋다. 우엉에는 식물성 섬유질이 많은데 이것은 바지락의 철분 흡수율을 떨어뜨리기 때문이다.

5) 선지국 + 홍차, 녹차

해장국에 사용하는 선지는 고단백에 철분이 많아 빈혈증에 특효를 가지고 있다. 그러나 선지를 먹고 후식으로 홍차나 녹차를 마시게 되면 탄닌철이 만들어져 철분의 이용도가 반감된다.

6) 시금치 + 근대

시금치는 옥살산(수산)의 함량이 대단히 많다. 이것이 인체 내에서 수산석회가 되면 결석이 만들어진다. 근대에도 수산이 많이 들어 있어 이 두 가지 채소를 같이 먹으면 신석증이나 담석증의 염려가 있다.

7) 장어 + 복숭아

장어는 고단백 식품이므로 평소에 지방섭취가 부족한 사람에게는 소화가 더디게 된다. 후식으로 복숭아를 먹을 경우 복숭아에는 신맛을 내는 유기산이 있어 자극을 주면 설사를 일으키기 쉽다.

8) 팥 + 소다

팥을 빨리 익히려고 소다를 넣고 가열하면 빨리 무르기는 하나 비타민 B_1이 알칼리성인 소다에 의해 파괴된다.

9) 토마토, 딸기 + 설탕

설탕이 인체 내에서 이용되려면 비타민 B_1이 꼭 필요하다. 토마토나 딸기 중의 비타민 B_1이 설탕의 대사에 사용되므로 비타민 B_1의 손실이 따르게 된다.

10) 오이+무

오이에는 비타민 C가 존재하지만 칼질을 하면 세포에 있던 아스코르비나아제라는 효소가 나오게 되고 이것이 비타민 C를 파괴하게 된다. 따라서 오이와 무를 섞으면 무의 비타민 C가 파괴된다.

11) 김+기름

김에는 비타민이 풍부해서 김 한 장에 달걀 2개분에 해당하는 비타민 A가 있고 비타민 B_1 · C · D도 들어있다. 지방은 적은 편이지만 칼륨, 철, 인 등 무기질이 풍부한 알칼리성 식품이다. 김의 독특한 향기와 맛은 아미노산인 시스틴(cystine)과 당질인 만닌에 기인된다.

김에는 카로티노이드가 풍부하여 기름과 함께 먹으면 흡수율이 좋아진다. 따라서 김에 기름을 바르고 구우면 색, 영양이 좋아지게 된다. 그러나 김에는 또한, 클로로필이 풍부하여 기름과 공기, 빛이 있는 조건하에서는 매우 빨리 산화되어 유해한 과산화지질이 생긴다. 따라서 기름 바른 구운 김은 밀봉 및 빛을 차단한 포장용기가 좋으며 가능한 빨리 소비하는 것이 좋다.

부록 3 섭취시 주의를 요하는 식물성 식품

1) 감

적당히 먹으면 고혈압에 효과가 있다. 그러나 지나치게 많이 먹으면 감 속의 탄닌산이 체내에서 철분과 결합되는 성질이 있으므로 철분 부족으로 빈혈을 일으킬 위험이 있다. 탄닌산은 변비의 원인이 되기도 한다.

2) 대추

허약을 보하는 데 좋은 식품으로 꼽히나, 설익은 대추를 먹는 것은 금물이다. 설익은 대추는 비위를 손상시키며, 습열을 도우므로 설사의 원인이 된다.

3) 배

효소가 많아 적당히 먹으면 소화를 촉진시키고, 석세포가 있어 변비에도 좋다. 석세포는 배뿐만 아니라 매실 따위의 과육에 들어 있는 까칠까칠한 세포를 말한다. 그러나 과식을 하면 속이 냉해지므로, 소화기가 약한 사람은 금물이다.

4) 복숭아

복숭아는 혈액순환을 돕는 과일이지만, 장어와 함께 먹으면 설사를 한다.

5) 다래

소화 불량, 소갈 등에 효과가 있으나, 위를 차게 하는 성질이 있으므로, 위가 튼튼하지 못한 사람에게는 금기 식품이다.

6) 은행

하루에 150개 이상 먹으면 구토, 복통, 설사, 호흡곤란, 어지럼증 등의 중독 증상이 일어난다. 이는 은행 성분 중에 시안화수소산 배당체가 있기 때문인데, 설익은 열매를 먹으면 중독 증상이 한층 더 심하다.

7) 호두

하루에 3알 정도만 상식하면, 노화 방지, 강장 효과 등을 기대할 수 있다. 하지만 열량이 높은 식품이므로 많이 먹으면 비만이 되기 쉽다.

8) 밤

원기와 신기를 보하는 식품이다. 그러나 비만, 산후, 변이 굳은 사람에게는 금기 식품이다.

9) 잣

자양 강장 식품으로 널리 알려진 식품이다. 그러나 잣을 물에 넣었을 때에 가라앉는 것은 독소가 있으므로 먹으면 해롭다. 또, 잣은 설사나 습기로 인해 생기는 습담(濕痰)에는 금기 식품이다.

10) 인삼

소양인에 속하는 사람에게는 부작용이 많으므로 먹지 않는 것이 좋다. 또, 인삼에는 발열 물질이 많이 함유되어 있어 혈압을 일시에 높일 우려가 있는데, 최고 혈압이 180mmHg 이상인 사람은 금물이다.

11) 미역

산후에 좋은 식품이나, 염분의 함량이 많아 너무 오랜 기간 먹으면 몸이 부을 수도 있다.

12) 참깨

기운을 돕고, 허한 것을 보해 주나, 비위가 약하고 설사 기미가 있을 때에는 금물이다.

13) 시금치

임신부나 발육기의 어린이에게 아주 좋은 식품이지만, 옥살산이 있어 신장이나 방광에 결석이 생기게 할 우려가 있다. 따라서 많은 양을 오랜 기간 먹는 것은 좋지 않다. 그러나 3kg의 시금치를 생것으로 1개월간 계속 먹었을 때에 결석의 우려가 있다는 한 영양학자의 보고를 보면, 우리의 식탁에 오르는 정도의 시금치는 별 문제가 없다고 본다.

14) 죽순

고혈압, 비만 등에 유용한 식품이지만, 소화가 잘 안되므로 소화기가 약한 사람에게는 좋지 않다. 또, 비병이 있는 사람에게는 생죽순이 금기로 되어 있다.

15) 알로에

항암, 해독, 살균, 내장 기능 항진 등에 효과가 있어, 요즘 건강식품으로 꼽히고 있다. 그러나 이 식품은 부작용이 많이 일어나므로, 알로에의 생즙을 귀밑에 문질러 보아 통증이나 발진이 일어나는 사람은 금하는 것이 좋다. 또, 알로에는 골반부에 충혈을 일으키므로, 임신이나 월경 중의 여성은 사용해서는 안된다.

15) 후추

소화를 촉진시키는 향신료이나, 후추의 매운 성분이 위에 출혈과 염증을 일으킬 염려가 있으므로 과용은 금물이다. 특히, 위궤양이나 십이지장 궤양의 증상이 있는 사람에게는 출혈의 위험이 더욱 크며, 혈압 상승작용이 있으므로 고혈압 환자에게는 좋지 않다.

16) 마늘

매일 한두 쪽 정도를 상식하면 강장, 강정의 효과를 기대할 수 있다. 그러나 한꺼번에 너무 많이 먹으면 위점막을 자극하여 위에 염증을 일으킬 우려가 있다.

17) 참기름

정력을 증강시키는 데 유효하고, 간기능 저하, 고혈압, 동맥경화 치료에도 효과가 있다. 그러나 소화가 잘 안되므로, 소화기능이 약하거나 소화불량인 사람에게는 좋지 않다.

18) 커피

적당량을 마시면 머리를 맑게 해 주어 정신활동에 도움이 된다. 그러나 지나치게 마시면 편두통이 오고, 가슴이 울렁거리며, 습관적으로 계속 마시면 중독증을 일으킨다.

부록 4 섭취시 주의를 요하는 동물성 식품

1) 조개

간장 질환, 담석증 환자에게 좋은 영양 식품으로 꼽힌다. 그러나 산란기의 조개는 독성이 있어 심한 식중독을 일으킬 수 있으므로, 이때는 식용을 금해야 한다.

2) 성게

빈혈이나 몸이 찬 사람에게 좋은 식품이나, 한꺼번에 많이 섭취하면 구역질이 나는 수가 있다. 그것은 성게에 들어 있는 리소레시틴(lysolecithin)이 혈구를 녹이는 유독 성분이기 때문이다.

3) 오징어

단백질이 풍부한 영양식이다. 그러나 강한 산성 식품이므로, 위산 과다증이나 소화불량이 있는 사람은 금하는 것이 좋다.

4) 고등어

단백질과 지방분이 풍부한 식품으로 꼽힌다. 하지만, 고등어는 부패균이 빨리 번식되므로, 아주 싱싱한 것이 아니면 식용을 금해야 한다. 특히, 부패가 시작되면서 고등어의 단백질 성분에 들어 있는 히스티딘(histidine)이 히스타민(histamine)이라는 유해 성분으로 변화되어, 알레르기를 유발하며 여러 가지 부작용을 일으키는 경우가 많다.

5) 꽁치

빈혈과 성인병에 유익하나, 특이 체질인 사람은 설사, 두드러기 등의 부작용이 있으므로 식용을 금해야 한다.

6) 복어

알과 간장에 무서운 독성이 있으므로, 이 부분을 잘 제거하고 먹어야 한다. 알에 들어 있는 독소는 테트로도톡신이고, 간에 들어 있는 독소는 레파르키신인데, 이들 독소는 치사율이 매우 높으므로 체내에 흡수되지 않도록 특별한 주의가 필요하다.

7) 뱀장어

정력제로 꼽히지만 소화가 잘 안 되므로, 어린이나 위장이 허약한 사람은 금하는 것이 좋다.

8) 달걀

필수아미노산을 가장 이상적으로 포함한 완전식품으로, 이용도가 매우 높다. 그러나 달걀의 노른자는 콜레스테롤 함량이 높고, 또 흰자에 들어 있는 아비딘(avidin)이 비오틴(biotin)의 흡수를 방해하여 피부염이나 탈모증세를 일으킬 우려가 있으므로, 하루 2.5개 이상은 금물이다.

부록 5 음식 알레르기 식사요법시의 식품선정표

1. 우유

(1) 식품 성분명

우유, 카제인, 카제이네이트, 유장, 락트알부민, 락토오스, 소디움 카제이네이트, 크림, 탈지분유, 칼슘 카제이네이트

(2) 피해야 할 식품

치즈, 아이스크림, 요구르트, 크림 수프, 버터, 우유가 포함된 제품, 우유가 함유된 캔디, 푸딩, 커스터드

(3) 대체 식품

모카, 커피 크림, 두유, 두부, 이태리빵, 불란서빵, 코코넛 우유, 칼슘 및 비타민 제제

2. 달걀

(1) 식품 성분명

알부민, 난백, 난황

(2) 피해야 할 식품

제과 제품, 국수(달걀이 포함된 것), 커스터드, 푸딩, 마요네즈, 샐러드 드레싱

(3) 대체 식품

달걀이 포함되지 않은 제과 제품, 스파게티, 쌀

3. 밀

(1) 식품 성분명

밀가루, 밀배아, 밀기울, 밀전분, 글루텐, 식용전분, 식용검

(2) 피해야 할 식품

밀가루가 포함된 조리식품(튀김옷 포함), 밀가루 제품, 과자, 크래커, 마카로니, 스파게티, 국수, 그레비 소스, 간장, 핫도그, 소시지

(3) 대체 식품

쌀로 만든 빵, 떡, 씨리얼, 보리, 쌀, 오트밀, 옥수수 가루, 당면, 팝콘, 옥수수 전분

4. 대두

(1) 식품 성분명

대두분, 콩기름, 식물성 기름, 콩단백질, 식물성 검, 식물성 전분, TVP(textured vegetable protein)

(2) 피해야 할 식품

간장, 데리야키 소스, 우스터 소스, 참치 통조림, 대두로 만든 씨리얼이나 제품, 대두콩, 두유, 두유제품, 마가린

(3) 대체 식품

견과류 우유, 코코넛 우유

5. 옥수수

(1) 식품 성분명

옥수수 가루, 옥수수 전분, 옥수수 기름, 옥수수 시럽, 옥수수 당, 옥수수 술, 식물성 기름, 전분, 식물성 검

(2) 피해야 할 식품

제과 식품, 옥수수 빵, 팝콘, 팬케이크 시럽, 사탕 종류, 베이킹파우더

(3) 대체 식품

설탕, 메이플시럽, 꿀, 베이킹소다(팽창제)

6. 초콜릿

(1) 식품 성분명

코코아, 코코아버터

(2) 피해야 할 식품

사탕, 초콜릿 제과 제품, 콜라

7. 육류

(1) 식품 성분명

쇼트닝, 라아드, 젤라틴

(2) 피해야 할 식품

통조림 수프, 다시다, 그레비 소스, 핫도그, 런천미트, 베이컨, 소시지

(3) 대체 식품

순식물성 쇼트닝

부록6 보양식품의 종류

1. 보기(補氣)식품

(1) 증상 · 효능

기(氣)가 허한 것을 보충해 주는 식품이다. 사람이 기가 허하면 저절로 땀이 나고, 가슴이 두근거리며, 기운이 없게 된다. 또, 조금만 움직여도 숨이 차거나, 감기에 잘 걸리게 된다. 이 같은 증상이 있는 사람에게 유익한 식품이다.

(2) 종 류

① 근 채 류 : 인삼, 마, 고구마, 생강

② 경엽채류 : 파, 감자
③ 과 채 류 : 유자, 잣, 앵두, 매실, 포도, 개암
④ 곡　 류 : 수수, 찹쌀
⑤ 어 패 류 : 잉어, 미꾸라지, 장어, 대구
⑥ 기　 타 : 꿀

2. 보혈식품

(1) 증상 · 효능

심장 혈관 계통의 생리적 기능을 조절하여 준다. 얼굴색이 누렇고, 입술과 손톱, 발톱의 색깔이 창백한 사람, 또는 가슴이 두근거리며, 머리가 어지럽고, 숨결이 밭은 사람에게 적절한 식품이다.

(2) 종 류

① 근 채 류 : 연근, 당귀, 도라지
② 엽 채 류 : 냉이, 시금치
③ 과 채 류 : 대추, 오미자, 복숭아, 토마토, 가지
④ 해 조 류 : 다시마, 미역
⑤ 어 패 류 : 붕어, 소라, 꽁치
⑥ 육　 류 : 쇠고기, 메추라기
⑦ 기　 타 : 국화

3. 보양식품

(1) 증상 · 효능

체내에서 운동에너지를 만들어 활동력을 높여 주는 작용을 한다. 허리와 무릎이 시큰거리면서 아프거나 힘이 없고, 온몸이 나른하며 몸과 팔, 다리가 차고 맥이 없는 증상이 있는 사람에게 알맞은 식품이다.

(2) 종 류

① 근 채 류 : 오갈피(오가피), 콩나물, 마늘
② 엽 채 류 : 미나리, 부추, 쑥, 두충

③ 과 채 류 : 오디, 산딸기
④ 곡　 류 : 팥, 좁쌀, 호두
⑤ 어 패 류 : 조기, 새우, 멸치, 해삼, 전복
⑥ 육　 류 : 염소고기, 닭고기, 꿩고기, 개고기, 오리고기, 사슴고기, 멧돼지고기, 번데기, 메뚜기
⑦ 견 과 류 : 호두
⑧ 기　 타 : 겨자씨, 삼씨

4. 보음식품

(1) 증상 · 효능

진액(津液), 정(精), 혈(血) 등의 부족으로 손바닥, 그리고 가슴 속이 달아오르며, 조열(潮熱)이 나고 몸이 여위는 사람, 또는 식은땀이 나면서 입과 목이 마르고, 맥이 약하게 뛰는 사람에게 좋은 식품이다.

(2) 종 류

① 곡　 류 : 콩, 율무, 메밀, 옥수수, 땅콩, 밤, 두부
② 근 채 류 : 당근, 더덕, 무, 우엉
③ 경 채 류 : 토란, 달래
④ 엽경채류 : 상추, 질경이
⑤ 과 채 류 : 수박, 모과, 오이, 호박
⑥ 어 패 류 : 가물치, 쏘가리, 청어, 조개
⑦ 육　 류 : 토끼고기, 돼지고기, 자라고기
⑧ 견 과 류 : 들깨, 참깨
⑨ 기　 타 : 버섯류

부록 7 계절에 따른 대표적인 보양식

1. 봄

① 봄나물(냉이, 달래, 쑥갓, 미나리, 두릅, 상추), 매실 등
② 도미, 조기, 조개류
③ 돼지고기 등
④ 보리, 밀, 콩 등

2. 여 름

① 추어탕, 장어구이, 영계백숙, 삼계탕, 초계탕, 닭살 냉채, 영양탕
② 각종 채소, 과일류
③ 씀바귀, 익모초
④ 콩국, 미숫가루
⑤ 신맛나는 생채, 냉국 등
⑥ 칡뿌리차, 생맥차(맥문동, 오미자, 인삼), 오미자차, 제호탕
⑦ 유산균 발효 음식, 엿기름

3. 가 을

① 꽁치, 정어리, 고등어 등
② 더덕, 마, 도라지, 무 등
③ 모과, 유자, 귤, 사과, 배, 머루, 다래, 개암, 밤 등 과실류

4. 겨 울

① 곰탕, 설렁탕
② 염소고기, 자라의 살 등
③ 굴, 대구, 잉어, 참치, 김 등
④ 호두

부록 8 각종 질병에 대해 알려진 보양식품

(1) 고혈압과 동맥경화

고혈압과 동맥경화는 혈중 콜레스테롤 함량이 높다. 동맥에 경화가 오면 혈압이 높아지기 쉽고, 혈압이 높으면 동맥경화가 되기 쉽다. 이 두 병을 예방하려면 간, 달걀, 육류의 기름기, 버터 등과 같이 콜레스테롤이 많이 함유된 식품을 피해야 한다.

혈압을 내리기 위해서는 소금기와 당분을 가능한 한 섭취하지 말아야 한다. 그 대신, 비타민과 엽록소가 풍부한 시금치, 당근 등의 녹황색채소를 비롯하여, 나트륨을 몸 밖으로 배출하는 칼륨이 많이 들어 있는 양배추. 사과, 레몬 등이 좋다.

(2) 심장병

심장병은 고혈압, 동맥 경화, 비대증, 지나친 동물성 식품의 섭취 등이 원인이 될 수 있다. 심장병의 예방을 위해서는 식물성 식품을 섭취하는 것이 좋다. 심장병의 예방과 치료를 위한 보양 식품으로는 양배추, 평지(유채), 고구마, 감자, 토마토, 귤, 딸기, 다시마 등이다.

이들 식품에 함유된 비타민과 미네랄이 이뇨 효과를 높이고 붓는 것을 방지하여, 심장의 움직임을 활발하게 하기 때문이다. 한편, 심장병일 때에는 부종을 일으킬 우려가 있으므로, 수분을 많이 섭취하지 않는 것이 좋다.

(3) 당뇨병

당뇨병의 증상으로는 소변을 보통 때보다 자주 보고, 항상 배가 고픈 듯하여 많이 먹으며, 목이 자주 말라 물도 많이 마신다.

우리가 음식으로 먹은 당은 췌장에서 분비되는 인슐린의 작용으로 흡수되어 일부는 각 세포로 가서 에너지로 변하여 이용되고, 나머지는 지방으로 지방세포 안에 축적된다. 그러나 인슐린이 제대로 분비되지 않거나(제1형) 인슐린의 감수성이 둔화되어 작용을 하지 못하면(제2형) 당이 대사되지 못하여 당자체가 소변으로 배설되는데 이것이 곧 당뇨라는 것이다.

당뇨병에 걸리면 당이 몸 안에서 제 기능을 못 하고, 대신 쌓여 있던 기존의 지방 조직이 에너지를 공급해 주므로 체중이 차차 줄게 된다. 당뇨병은 일반적으로 과식과 비만이 원인이 될 수 있다.

당뇨병의 치료를 위해서는 당분을 줄이고, 주식도 쌀 대신에 현미나 보리로 하는 것이 좋다. 또 양질의 단백질을 많이 섭취하는 것이 중요하다.

이 밖에 비타민 B_1 · B_2 · B_6 · C 및 인, 칼슘, 시트르산, 엽록산 등이 많이 들어 있는 채소나 과일을 섭취하는 것이 좋다.

(4) 간장병

간은 우리 몸 안의 장기 중에서 가장 크다. 간의 역할은, 몸 안에서 쓰고 남은 영양소가 저장되어 있다가 몸의 각 부분 중 필요한 곳이 생기면 공급하는 것이다. 따라서 간에 이상이 생기면 온몸의 기혈이 순조롭게 돌아가지 못하고, 비위(脾胃)의 기능과 영양 물질을 온몸에 공급하는 작용도 정상적으로 이루어지지 못한다.

간장병의 예방과 치료를 위한 보양 식품은 비타민 B군과 단백질 함량이 많은 식품이어야 한다. 육류, 우유, 달걀, 콩류, 호도, 신선한 채소, 해조류 등이다.

한편, 간에 중성지방이 쌓이게 되는 현상, 즉 지방간을 예방하기 위해서는 비타민 E가 많은 잇꽃기름, 배아유, 돼지고기, 마늘 등을 섭취하는 것이 좋다.

(5) 신경통

신경통이란, 일정한 감각 신경의 분포 구역에 발작적으로 심한 아픔이 일어나는 병증이다. 대개 과로했거나 감기 증상이 있을 때, 또는 영양 장애가 있을 때에 증상이 나타난다.

신경통을 예방 · 치료하기 위한 보양 식품으로는 당근, 오이, 감자, 미나리, 양배추, 쑥 등의 채소와 귤, 사과 등의 과일이 있다.

(6) 비만

비만의 원인은 여러 가지이나 대개 과식으로 인한 열량 초과, 뇌하수체와 갑상선 분비선의 이상, 운동 부족, 감정적 장애 등이다. 그러나 일반적으로 볼 때, 비만의 가장 큰 원인은 과식으로 인한 열량초과라고 볼 수 있다.

체중 조절을 한다고 하여 무조건 한두 끼니를 굶는 것은 오히려 비만을 초래하는 결과가 되기 쉽다. 왜냐하면, 끼니를 거르면 허기가 져서, 아무래도 다음 끼에 더 많은 열량을 섭취하게 되기 때문이다. 열량을 한꺼번에 섭취하면 위나 장에 부담을 주고, 또 소화액이 많이 분비되어 지방의 축적이 증가된다.

인체는 먹지 않을 때를 대비해 영양분을 조금이라도 저장해 두려는 기전이 작용하여 피하 지방이 발달하게 된다. 그러므로 체중을 줄여야 할 때라도 하루에 세 끼 식사는 규칙적으로 하는 것이 좋다.

낮은 열량섭취와 함께 체지방의 산화를 위해서는, 자신의 몸에 적당한 운동을 선택하여 매일 규칙적으로 하는 것이 효과적이다.

비만증에 좋은 보양 식품은 단백질이 많고 지방질이 적은 도미, 참치 등의 흰살 생선과 콩제품이다. 또, 무기질과 비타민이 풍부하면서 섬유소가 풍부한 당근, 시금치, 쑥갓, 상추, 오이, 무, 양배추, 배추, 토마토, 사과, 딸기 등의 채소와 과일 및 해조류, 낮은 열량 식품인 해파리, 죽순 등도 비만인 사람에게 권장되는 식품이다.

(7) 중금속 해독

오염된 식품을 계속 먹을 경우, 인체는 각종 증세를 나타내게 된다. 그 중에서 가장 심한 것이 중금속 중독이다. 중금속 중독의 초기 증상은 두통이 나면서 가슴이 답답하고 메스꺼우며, 팔 다리의 관절이 저리고 아프다. 심하면 신경 계통에 이상이 오고 정신이 혼란해진다. 뿐만 아니라, 침의 분비가 많아지고 땀이 많이 나며, 피부에 부스럼, 딱지 등이 일어난다. 또, 체온이 떨어지고, 맥박이 1분에 60회 정도로 느려지며, 혈압도 60~90mmHg으로 낮아진다.

이러한 증상들과 함께 식욕이 감퇴하고, 윗배가 더부룩하며 구토가 난다. 증세가 한층 심해지면 환각 증세와 함께 헛소리를 많이 하며, 손을 떨게 된다.

중금속 중독으로부터 우리의 몸을 보호하려면, 평상시에 콩으로 만든 음식을 많이 먹는 것이 좋다. 중금속 해독에 효과가 큰 약용식으로는 예부터 감두탕이 있으며, 보리도 효과가 좋다.

〈중금속 해독 효과에 좋은 음식〉

- **감두탕** : 감두탕은 감초의 '감(甘)' 자와 콩의 '두(豆)' 자를 합한 이름이다. 감초는 비기(泌器)와 폐기(肺器)를 보하고, 기침을 멈추는 효과가 있다. 또, 열을 내리고 독을 풀며, 새 살이 잘 돋아나게 하는 작용을 한다. 해독 작용은 감초의 단맛이 하는 것으로, 체내에서 독극성 물질을 쉽게 분해시키거나 몸 밖으로 빠르게 배설하는 작용을 돕는다. 콩은 몸 안에 흡수된 독성 물질을 쉽게 배설시키도록 도와주거나 다른 물질로 분해시켜서, 독성 작용을 약화시켜 준다.
- **보리** : 보리에 있는 피틴산은 6개의 인산이 결합되어 있어 중금속 물질인 메틸 수은, 농약에 들어 있는 페닐 수은, 방사선 물질인 스트론튬(strontium) 등과 결합하여, 몸 안에 흡수되지 않는 화합 물질로 변하여 몸 밖으로 내보내는 작용을 한다.

참고 문헌

1. 윤옥희, "한국요리", 지구문화사, 2004
2. 진양호, "서양조리입문", 지구문화사, 2006
3. 장수경 외 3인, "식품조리학", 백산출판사, 1990
4. 조재선, 신고 "식품재료학", 문운당, 1990
5. 윤서석, "한국 식품사연구", 신광출판사, 1988
6. 권석준, 염혜원, 이준식, "유지의 기능성과 신소재 개발", '93 조리과학회 추계 발표회
7. 김현육, 김영교, 김영주, "우유와 유제품의 과학", 선진문화사, 1979
8. 하대중, "조리원리", 대왕사, 1998
9. 박영선, 이정숙 공저, "조리과학", 효일문화사, 2000
10. 조미자 외 2인 공저, "한국 전통식품과 조리", 효일문화사, 1997
11. 모수미 외 3인 공저, "조리학", 교문사, 2000
12. 이진순 외 3인, "새로운 조리원리", 지구문화사, 2000
13. 윤옥현, 정두례, 최순남 외 3인, "최신 조리원리", 효일문화사, 1998
14. 박희준, 추상용 공저, "서양조리", 학문사, 2000
15. 고희철, 김숙희, 강병남, 김장익 공저, "한국조리", 학문사, 2000
16. 한복려, "우리김치 백가지", 현암사, 1999
17. 이혜수, 조영 공저, "조리원리", 교문사, 2001
18. 윤숙자 외 5인 공저, "한국전통음식", 지구문화사, 2006
19. 황혜성, "전통의 맛 떡 · 한과", 주부생활, 1985
20. 이춘자 외 2인 공저, "김치", 대원사, 1998
21. 정현숙 외 3인, "새로운 조리과학", 지구문화사, 1998
22. 박병학, "일본요리", 영운출판사, 1992
23. 장혁래, "중국요리입문", 지구문화사, 1996
24. 김충호, "빵과 과자만들기", 백산출판사, 1997

25 오석태 외 공저, "고급서양조리", 지구문화사, 2011

26. 김종금, "현대일본요리", 홍익재, 1991

27. 진양호, "현대 서양요리", 형설출판사, 1990
28. 한영용, "아름다운 혼례음식", 디자인하우스, 1999
29. 정영도 외 11인 공저, "식품조리재료학", 지구문화사, 2000
30. 한국식품영양학회 감수, "식품재료사전", 한국사전연구사, 1999
31. 박일화, "식품과 조리원리", 수학사
32. 이재홍 외, "제과제빵 기술", 지구문화사, 2009
33. 문수재 · 손경희, "식품학 및 조리원리", 수학사
34. 김정숙 외, "New 식품학", 지구문화사, 2010
35. 황혜성, 한복려, 한복진, "한국의 전통음식", 교문사, 1995
36. I.D.Morton, A.J.Macleod : "Food Flavors, Part A. Introduction", AVI Publishing Company, INC. 1967
37. Arsdale, Van, "Foods and Principles of Cookery", Prentice-hall, 1975
38. Bennion, Marion, "Introductory Food". 9th ed. Macmillan, 1990
39. McWilliams, Margaret, "Foods : Experimental Perspectives", Macmillan, 1989
40. Charley, Helen, "Food Science", John Wiley&Sons, Inc., 1982
41. Cote, Patricia, "People, food and Science", Ginn and Company, 1968
42. Ellen Sinclai, "Women's Weerly Cbinese Cooking Class cookbook", Australia Consolidated Press Ltd.
43. Potter, Norman N, "Food Science", 3rd ed. Avi Publishing cmpany, Inc., 1978
44. Jasper Spencers-Smith, "The Book of Chinese Cooking", HPBooks, 1991
45. Jenny Stevensens, "Ken Hom's Chihese Colrery", British Broadcasting Co., 1984
46. Julee Rosso, Sheila Lukins, "The New Basics Cook Book", Workman Publishing, 1989.
47. McWilliams, Margaret, "Food Fundamental", 4th ed, John Wiley & Sons, Inc., 1985
48. DeMAN : "Priciple of food chemistry", AVI, 1992

찾아 보기

ㄱ

가열해동 32
가자미(도다리, flounder) 229
가지(eggplant) 123
간장(soy sauce) 100
갈매기살 212
갈변반응 128
감(甘, 단맛) 280
감(persimmon) 147
감자(potato) 83
갑각류(crustaxea) 232
갓(leaf mustard) 115
거품(foam) 17
결구배추 134
경질치즈 251
계량방법 15
고(苦, 쓴맛) 280
고구마(sweet potato) 81
고다 치즈(gouda cheese) 251
고들빼기 133
고등어(mackerel) 226
고추(capsaicin) 125, 288
곤약(adevil's tongue) 88
공기해동 32
과당(fructose) 283
과일주(fruitwine) 268
구연산(citric acid) 286
국수류(alimentary paste) 71
굴(oyster) 234
귀리(oats) 78
귤(mandarin) 147
그릴링(grilling) 34
글레이즈(glaze) 57
글루콘산(gluconic acid) 286
글루타민(glutamine) 69
글루텐 형성 69
글리아딘(gliadin) 70
김(해태, laver) 164
김치(kimchi) 132
꼬흐네(Cornet) 28
꽁까세(Concasser) 28
꽁치(pacific saury) 226
꽃갈비(short rib) 202
꾸리살(chuck tender) 195

ㄴ

나린진(naringin) 286
나페(napper) 248
난백의 기포성 241
난황의 유화성 241
냄새제거 효과 103
녹두(綠豆, mung bean) 108
누룩(yeast) 266
누아제뜨(Noisette) 28
느타리 버섯 174
닉스타말(nixtamal) 78

ㄷ

다시마(kelp) 163
달래(wildgarlic) 116
닭고기(chicken) 218
담북장 97
당알코올 284
대구(cod) 229
대두유(soybean oil) 180
대비효과(contrast effect) 281
대체유지(fat replacers) 178
대추(jujube) 149
대합(hard clam) 234
더덕(wild ianceolate root) 121
더치스 포테이토 86
데미타스(demitasse) 263
데치기(삶기, blanching) 44
덱스트린(dextrin) 63
도가니살(knuckle) 198
도라지김치 133
도우(dough) 70
돈지(lard) 177
동두부 94
동부(cowpea) 110
동치미 133
된장 95
두부(bean curd) 93
두유(soybean milk) 93
두족류(cephalopods) 232
뒷사태살 211
드리핑 현상 32
등갈비 213
등심(ribeye roll) 194
딜(dill) 27
뚜흐네(Tourner) 28
딸기(strawberry) 151
땅콩(peanut) 109

ㄹ

라드(lard) 180
렌티난(lentinan) 170
로그포르 치즈 251
롱델(Rondelle) 28
루스 티(lose tea) 262
리놀레산(linoleic acid) 64
리모닌(limonin) 287
리신(lysine) 64
리큐르(ligueur) 155
림버거 치즈 249
뤼스(Russe) 28

ㅁ

마(yam) 89
마가린(margarine) 177
마늘(garlic) 122
마리네이드(marinade) 27
마세두안(Macedoine) 28
막걸리 272
막된장 97
막장 97
맛의 변조(modulation) 282
맛의 상쇄 282
맛의 상승(synergistic effect) 282
맛의 상실 283
맛의 억제(inhibitory effect) 282
망고(mango) 155
매생이 161
매실(japanese apricot) 149
맥아당(maltose) 284
멍게(sea squirt) 235
메기(japanese cat fish) 232
메일러드 반응 66
메추리(quail) 218
메티오닌(methionine) 64
멜론(melon) 154
면실유(cotton seed oil) 179
명태(pollack) 230
모과(chinese quince) 146
목심(neck meat) 195
목이버섯(jew's ear) 174
뫼니에르(meunieve) 42
무(radish) 117
무지개 송어(rainbow trout) 232
미각의 피로(fatigue) 282
미강유(rice bran oil) 179
미꾸라지(loaches) 231
미맹(taste blindness) 283
미역(brown seeweed) 162

ㅂ

바구미 108
바나나(banana) 154
바닷가재(lobster) 234
바지락(short neck clam) 234
바또네(Batonnet) 28
반경질 치즈 251
발연점 186
발효식초 274
밤(chestnut) 152
방어(amberfish) 227
배(pear) 145
배당체 286
배추(a chinese cabbage) 113
백겨자(sinalbin) 288
백김치 133
뱀장어(water eel) 230
버터(butter) 177, 248
베니 포테이토(berny potato) 87
병어(pomfret) 230
보리(barley) 74
보섭살(D-rump) 198
보일드 포테이토(boiled potato) 87
복숭아(peach) 148
복족류 235
볶기, 지지기 205
볼기살 210
부채살(flat iron) 196
붕어(round crucian carp) 232
브로일링(broilling) 34
브리누아(Brunoise) 28
브리크 치즈(brich cheese) 251
블랜칭(blanching) 45
블루베리 151
비엔나 커피(vienna coffee) 263
비열(specific heat) 23
비효소적 갈변 159
뻬이잔느(Paysanne) 28
뽕느프(Pont-Neuf) 28
쁘랭따니에(Printanier) 28

ㅅ

사과(apple) 144
사과산(maleic acid) 286
사포닌(saponin) 287
사후경직(rigor mortis) 190
샤또(Chateau) 28
산(酸, 신맛) 280
산도(pH) 55
산딸기(korean bramble) 152
산초(sanshool) 288
산패(rancidity) 187
산화(oxidation) 21
살구(apricot) 149
살균효과 103
살리스버리 스테이크 37
살치살(chuk flap) 194
살피콘(Salpicon) 28
삼치(chub mackerel) 228
삼투압(osmosis) 19
상추(lettuce) 115
새우류(shrimps) 233
샐러드 86
생강(ginger) 122
생황장 98
석이버섯(manna lichen) 174
섞박지 133
설깃살 211
설탕(sucrose) 283
섭씨(celsius, centigrade) 14
셀러리(celery) 117
소르빈산 269
송이버섯 172
쇼트닝(shortening) 178
수소이온농도(pH) 21, 58
수수(sorghum) 78
수육, 편육 205
숙성(ripening, aging) 190

순간 볶음(sauteing) 185
순무(turnip) 117
술밑(술덧) 270
스크램블 에그(scrambled egg) 242
스크랩 차(scrap tea) 261
스톱 워치(stop watch) 15
슬라이드칩스 86
시금치(spinach) 113
시부올(shibuol) 290
쉬브(Cheveux) 28
쉬포나드(Chiffonade) 28
식용유(oil) 178
식품의 오미(五味) 280
신(辛, 매운맛) 280
쑥갓(crown daisy) 115

ㅇ

아게모노 186
아롱사태(digital muscle) 201
아미노산 284
아밀로오스(amylose) 62
아보카도(avocado) 154
아스코르브산(ascorbic acid) 286
아스파라거스(asparagus) 117
아세(Hacher) 28
아이리시 커피(irish coffee) 263
아이스 티(iced tea) 263
아황산 269
안나 포테이토(anna potato) 87
안심(tenderloin) 193
안창살(outside shirt) 203
안토시안 127
알긴산(alginic acid) 162
알칼로이드 286
앞다리살 209
앞치마살(flank steak) 200
애호박(a young pumpkin) 123
앵두(cherry) 149
약리효과 103
약용주 273
양고기(ram, mutton) 222
양배추(cabbage) 112
양송이(agaricus bisporus) 173
어(魚)간장 101
어유(fish oil) 181
업진살(short plate) 199
에너지 전달 22
에담 치즈(edam cheese) 251
에도(江戸)미소 97
에르고스테롤 169
에멘탈 치즈 251
에멩세(Emincer) 28
에스프레소 커피 263
엘라그산(ellagic acid) 290
역가(titer) 285
연근(lotus root) 119
연부현상 136
연유(condensed milk) 255
연화(shortening) 187
열용량(heat capacity) 23
열응고성 240
엽록소 127
엽차(leaf tea) 261
오돌삼겹 213
오디(mulberry fruit) 151
오리(duck) 고기 221
오믈렛(omelet) 243
오이(cucumber) 122
오징어(squids) 232
옥수수유(corn germ oil) 179
올레산(oleic acid) 64
올리베트(Olivette) 28
완두(pea) 109
요구르트(yogurt) 255
용출(extraction) 21
용해도(solubility) 19
우둔살(top round) 196
우뭇가사리(agar) 165
우엉(burdock) 119
우지(beef tallow) 180
위스키(whisky) 270
유자(citron) 148
유화(emulsification) 187
육량등급 193
육질등급 192
율무(job's tears) 79
은행(ginko-nut) 153
음양조 266
이포메아마론(ipomeamarone) 287
익스트루더 방법 77
인공조미료(msg) 163
인삼(ginseng) 120
인스턴트 커피(instant coffee) 263
일본간장 100
잉어(carp) 231

ㅈ

자두(korean plum) 149
자반 238
잠두(a broad [horse] bean) 110
전갱이(borse mackerel) 228
전기해동 32
전복(abalone) 235
전분의 노화(retrogradation) 56
전분의 당화 59
전분의 호화(gelatinization) 52
전지분유 253
점성(viscosity) 17
정맥(精麥) 74
정어리(sardine) 227
젖당(lactose) 284
젖산(lactic acid) 286
제비추리(neck chain) 203
젠채 185
젤라틴(gelatin) 256
조(millet) 79
조기(yellow tailer) 229
조리효과 103
조선간장 100
좌채 185
주석산(tartaric acid) 286
죽순(bamboo) 120
즙장(집장) 97
증류주 271
짜채 186

ㅊ

차돌박이(brisket point cut) 199
참기름(sesame oil) 179
참치(다랑어, tuna) 228

채끝살(striplion) 194
청각(sea staghorn) 161
청수해동 32
청주(정종) 266
청태장 98
체다 치즈(chedder cheese) 251
초산(acetic acid) 285
춘장 107
치마살(flap meat) 200
치즈(cheese) 249
칠면조(turkey) 218

ㅋ

카로티노이드 127
카사바(cassava) 89
카제인(casein) 245
카테킨(catechin) 291
카텝신(cathepsin) 190
카페오레(cafe au lait) 263
카페인(caffeine) 286
카푸치노(coffee capuccino) 263
캐러멜(caramel) 295
커드(curd) 252
커틀릿(cutlet) 42
케르세틴(quercetin) 287
케이크(cake) 73
코지(peptizea) 97
코티지 치즈(cottage cheese) 249
콘 플레이크(corn flake) 76
콘칩(corn chip) 77
콜라겐(collagen) 225, 256
콜라음료 264
콜로이드(colloid) 18
콜린(choline) 290
콩나물(bean sprouts) 94
쿠쿠르비타신(cucurbitacin) 287
퀴닌(quinine) 286
퀵 브레드(quick bread) 73
큐티큘라(cuticula) 61
크로켓 86
크리밍성 180
크림 치즈(cream cheese) 249
크림퍼프(cream puff) 241
클로로겐산(chlorogenic acid) 290
클로로필(chlorophyll) 45
키조개(pen shell) 235

ㅌ

타임 스위치(time swatch) 15
타피오카(tapioca) 57
탁주 272
탄산음료 264
탄산칼슘 269
탄성(elasticity) 20
탈지대두(fat removed soybean) 94
탈지분유 254
탈지유(defat milk) 255
테오르로민(theobromine) 286
토란(taro) 89
토마토(tomato) 124
토스팅(toasting) 77
토시살(hanging tender) 213, 202
토장 97
토핑(topping) 249
톳(bundle) 164
통배추김치 133
튀김 두부(fried soybean curd) 94
튜존(thujone) 287
트랑숑(Troncon) 28
트레오닌(threonine) 64
트립토판(tryptophan) 64

ㅍ

파김치 133
파래(a green laver) 160
파리지엔(Parisienne) 28
파마산 치즈(permesan cheese) 251
파스타(pasta) 71
파슬리(parsley) 115
파인애플(pineapple) 153
팜유(palm oil) 180
팥장 98
팽윤(swelling) 20
페이스트리(pastry) 73
펙틴 분해효소 270
포도(grape) 150
포도당(glucose) 283
포치 에그(poached egg) 242
포테이포 폰당(potato fondant) 88
표고버섯(pyogo mushroom) 170
표면장력(surface tension) 17
퓨린(purine) 염기 290
프라이드 에그(fried egg) 241
프라이드 포테이토 86
플라보노이드 127
피클(pickle) 27
필링(feeling) 57

ㅎ

한천 257
할맥(割麥) 75
함(鹹, 짠맛) 280
항정살 210
해삼(sea cucumber) 235
해수어 226
헤모글로빈 127
호두(walnut) 153
호박산(succinic acid) 286
혼드뷰 소스 150
홀스타인종(holstein) 244
홍두깨살(eye round) 197
홍차(紅茶, black tea) 261
홍합(mussel) 234
화씨(fahrenheit) 14
황화합물 285
효소적 갈변 157
후물론(humulon) 287
후추(chavicine) 288
휘핑(whipping) 248
흑겨자(고추냉이, sinigrin) 288

INDEX

beating 248
DHA(docosahexaenoic acid) 226
EPA(eicosapentaenoic acid) 226
mannitol 284
Microwave 조리 47
sorbitol 284
xylitol 284

이론과 실무

식품조리과학

2007년 3월 15일 초판 발행
2009년 3월 20일 재판 발행
2011년 2월 20일 3판 발행
2012년 2월 20일 개정판 발행

저 자 김숙희/진양호/노용환/안미령/전태연

발행인 주 병 오

발행처 지구문화사

경기도 파주시 문발동
파주출판문화정보산업단지 518-2
영업부 (031) 955-7566 · 7577
편집부 (031) 955-7731~3
FAX (031) 955-7730

등록번호 1979년 7월 13일 제 9-57 호

ISBN 978-89-7006-575-5 정가 22,000 원